城市污水处理及热力能源发电施工案例集成技术

中建铁路投资建设集团有限公司　主编

中国建筑工业出版社

图书在版编目(CIP)数据

城市污水处理及热力能源发电施工案例集成技术 /
中建铁路投资建设集团有限公司主编. — 北京：中国建
筑工业出版社，2020.12
ISBN 978-7-112-25677-8

Ⅰ.①城… Ⅱ.①中… Ⅲ.①城市污水处理—污水处
理厂—施工技术②热电厂—施工技术 Ⅳ.①X505
②TM621

中国版本图书馆 CIP 数据核字（2020）第 241399 号

　　为助力社会发展，改善民生环境，中建三局集团有限公司在沈阳承建四项环保工程，
分别为仙女河污水处理厂提标升级改造工程、沈阳市北部污水处理厂提标升级改造工程、
沈阳西部垃圾焚烧发电厂工程和辽中区 2 号热源厂集中供热工程，涉及污水治理、垃圾焚
烧发电、热力能源。公司依托以上 4 个项目的工艺特点以及施工技术总结出《城市污水处
理及热力能源发电施工案例集成技术》，内容主要包括：第 1 章　污水处理工艺技术发展
背景与发展趋势、第 2 章　沈阳仙女河污水处理厂污水处理相关技术、第 3 章　沈阳北部
污水处理厂污水处理相关技术、第 4 章　热力能源工艺技术发展背景与发展趋势、第 5 章
沈阳西部垃圾焚烧发电厂垃圾焚烧发电相关技术、第 6 章　辽中热源厂集中供热工程工艺
相关技术。

　　本书为今后类似的基础设施工程建设积累了宝贵的施工经验，对社会环境的改善、居
民生活水平的提高将起到巨大的积极作用。

责任编辑：王华月
责任校对：芦欣甜

城市污水处理及热力能源发电施工案例集成技术
中建铁路投资建设集团有限公司　主编

*

中国建筑工业出版社出版、发行（北京海淀三里河路 9 号）
各地新华书店、建筑书店经销
北京红光制版公司制版
北京市密东印刷有限公司印刷

*

开本：787 毫米×1092 毫米　1/16　印张：14¼　字数：349 千字
2020 年 12 月第一版　2020 年 12 月第一次印刷
定价：**78.00** 元
ISBN 978-7-112-25677-8
（36484）

本 书 编 委 会

主　　　编： 万　超

常务副主编： 潘广学

副　主　编： 杨向华　蒋景武　邢振华　代广伟

编　　　委： 朱　政　郝亚忠　李　阳　崔振州　李则明

刘金明　周翰东　张支援　耿　铭　何少龙

郑凯旋　张　弛　丁博韬　胡明媚　赵　丽

卢　山　林　立　张春风　郑　阳　陈莎莎

许家玮　李向宇　李纯强

序　言

习近平总书记指出："良好生态环境是最公平的公共产品，是最普惠的民生福祉。"党的"十九大"更是把"坚持人与自然和谐共生"纳入新时代坚持和发展中国特色社会主义的基本方略，提出"建设生态文明是中华民族永续发展的千年大计"。

"生态兴则文明兴，生态衰则文明衰"。在中国特色社会主义新时代，国有企业当有新作为。多年来，伴随着对东北区域市场的开拓，和业务转型的加速推进，中建铁路投资建设集团有限公司在沈阳先后承建了仙女河污水处理厂提标升级改造工程、沈阳市北部污水处理厂提标升级改造工程、沈阳西部垃圾焚烧发电厂工程和辽中区2号热源厂集中供热工程等四项环保领域工程，全面助力沈阳坚决打赢打好污染防治攻坚战。

随着以上项目的深化推进，公司依托其施工过程中的工艺特点和施工技术，及时总结归纳其重点、难点，形成《城市污水处理及热力能源发电施工案例集成技术》一书，本书主要包含了项目简介、工艺介绍、施工技术集成等方面的内容。相信本书的经验总结将为今后类似基础设施工程积累宝贵施工经验，亦将对社会环境的改善和居民生活水平的提高起到积极影响作用。

中建铁投集团发展公司

党委书记、董事长

前　言

随着社会的不断发展，城市化进程的加快，环境污染问题日益突出，环境治理工程越来越受到人们的重视，尤其是对居民生活影响较大的污水处理、垃圾处理以及供热方面，更是受到社会广泛的关注。

近年来，国家对东北地区的经济发展与环境治理的重视度显著提高，中建铁路投资建设集团有限公司作为中国建筑的优秀排头兵，毅然投身于"振兴东北"的热潮中，为东北地区的基础设施工程助力腾飞，为百姓的幸福生活添上靓丽的一笔。

为了指导此类工程日后的施工，中建铁路投资建设集团有限公司结合本公司所承建的沈阳仙女河污水处理厂项目、沈阳北部污水处理厂项目、沈阳西部垃圾焚烧发电厂项目以及辽中热源厂项目 4 个基础设施项目的施工经验，从城市污水处理、垃圾焚烧发电以及热力能源供热方面对施工工艺以及施工过程中产出的科技成果进行总结，最终总结出了《城市污水处理及热力能源发电施工案例集成技术》一书。

此项成果的总结对日后同类基础设施工程的施工，从施工效率、施工成本以及新型工艺、设备等方面提供了较为深远的指导作用。

目　录

第 一 篇

污水处理篇

第1章　污水处理工艺技术发展背景与发展趋势

1.1　国内外发展背景

城市污水处理历史可追溯到古罗马时期，那个时期环境容量大，水体的自净能力也能够满足人类的用水需求，人们仅需考虑排水问题即可。而后，城市化进程加快，生活污水通过传播细菌引发了传染病的蔓延，出于健康的考虑，人类开始对排放的生活污水处进行处理。早期的处理方式采用石灰、明矾等进行沉淀或用漂白粉进行消毒。明代晚期，我国已有污水净化装置。但由于当时需求性不强，我国生活污水仍以农业灌溉为主。1762年，英国开始采用石灰及金属盐类等处理城市污水。

十八世纪中叶，欧洲工业革命开始，其中，城市生活污水中的有机物成为去除重点。1881年，法国科学家发明了第一座生物反应器，也是第一座厌氧生物处理池—moris池诞生，拉开了生物法处理污水的序幕。1893年，第一座生物滤池在英国Wales投入使用，并迅速在欧洲北美等国家推广。技术的发展，推动了标准的产生。1912年，英国皇家污水处理委员会提出以BOD_5来评价水质的污染程度。

1914年，Arden和Lokett在英国化学工学会上发表了一篇关于活性污泥法的论文，并于同年在英国曼彻斯特市开创了世界上第一座活性污泥法污水处理试验厂。两年后，美国正式建立了第一座活性污泥法污水处理厂。活性污泥法的诞生，奠定了未来100年间城市污水处理技术的基础。

活性污泥法诞生之初，采用的是充-排式工艺，由于当时自动控制技术与设备条件相对落后，导致其操作繁琐，易于堵塞，与生物滤池相比并无明显优势。之后连续进水的推流式活性污泥法（CAs法）出现后很快就将其取代，但由于推流式反应器中污泥耗氧速度沿池长是变化的，供氧速率难以与其配合，活性污泥法又面临局部供氧不足的难题。1936年提出的渐曝气活性污泥法（TAAs）和1942年提出的阶段曝气法（SFAS），分别从曝气方式及进水方式上改善了供氧平衡。1950年，美国的麦金尼提出了完全混合式活性污泥法。该方法通过改变活性污泥微生物群的生存方式，使其适应曝气池中因基质浓度的梯度变化，有效解决了污泥膨胀的问题。

1.2　发展趋势

近年来，环境污染问题日益突出，环境治理也越来越受到重视。在城市污水处理方面，除了新建污水处理厂，政府也开始着手对一些运行多年，出水指标无法满足现阶段环保要求的污水处理厂进行提标升级，相对于新建污水厂，老旧水厂的提标改造存在施工难度大、原始资料缺失、无法停减产、管线复杂等问题。且一级A出水要求，是现阶段比较低的出水标准，相对于一线城市，污水厂已向中水厂、出水地标四类水体等要求为目标进行升级改造或新建。面对不同的进水水源，一些新的处理方法，如：ACOA 活性催化氧化工艺为新型催化湿式氧化技术，在常温常压下，通过特定活性催化剂及曝气水环境下对含苯环有机物中苯环腈链进行强效分解工艺；MBS 磁裂解技术等应运而生，相对于传统工艺对水处理更具有针对性。而工艺成熟、运行相对稳定的 AAO、MBR、SBR、氧化沟、两级生物滤池等工艺也在随科技发展在不断更新进步。近年来，污水厂大多采用：预处理＋生物处理＋过滤消毒的运行相对效果相对稳定、运行费用相对较低的方式进行城镇污水处理。

第 2 章 沈阳仙女河污水处理厂污水处理相关技术

2.1 项目简介

2.1.1 项目整体概况

沈阳市仙女河污水处理厂提标升级改造工程位于沈阳市于洪区，现有仙女河污水处理厂院内及污水处理厂东北侧绿化大队部分用地。本次工程为现状污水处理厂的提标改造工程，工程建设规模与沈阳市仙女河污水处理厂现状规模一致，即 40 万 m³/d。本工程实施后，污水处理厂出水达到《城镇污水处理厂污染物排放标准》（GB 18918—2002）中一级 A 标准。

此外，建设应急处理设施对施工期间污水进行处理，应急处理设施建设规模为 40 万 m³/d，出水达到《城镇污水处理厂污染物排放标准》（GB 18918—2002）中二级标准。工程投产后，应急处理设施作为反冲洗废水处理设施保留利用。

本工程新建构（建）筑物包括：曝气生物滤池（1 座）、后置反硝化生物滤池（1 座）、加砂沉淀池（1 座）、紫外线消毒渠（1 座）、巴氏计量槽及回用水泵池（1 座）、反冲洗鼓风机房及除臭间（1 座）、加药间及换热站（1 座）、变电所（1 座）、污泥脱水间（1 座）、污泥料仓间（1 座）、1 号综合楼（1 座）、2 号综合楼（1 座）、进水仪表间（1 座）、出水仪表间（1 座）、预处理构筑物（应急处理区，1 座）、高效沉淀池（应急处理区，1 座）、加药间（应急处理区，1 座）、巴氏计量槽及提升泵池（应急处理区，1 座）、出水仪表间（应急处理区，1 座）。

项目示意图见图 2-1：

图 2-1　仙女河项目示意图

沈阳市仙女河污水处理厂提标升级改造工程初步设计说明书对现有一期工程所属细

格栅间、高密度沉淀池、生物滤池、污泥缓冲池、污泥脱水间进行改造，对现有二期工程所属细格栅间、高密度沉淀池、生物滤池、污泥缓冲池进行改造。改造内容包括更换工艺设备、工艺管道以及相应的机电、仪表自控及土建改造工程量。增设全厂除臭系统，除臭标准按《城镇污水处理厂污染物排放标准》（GB 18918—2002）中的厂界二级标准执行。

2.1.2 各单体概况

1. 粗格栅

（1）土建工程概况

污水从揽军泵站进入污水处理厂的第一站，用来去除可能堵塞水泵机组及管道阀门的较粗大悬浮物，并保证后续处理设施能正常运行。

机械粗格栅采用钢绳牵引式格栅除污机，粗格栅井渠宽1.3m，格栅上部设置工作台。

粗格栅间设4台格栅，粗格栅间设维护结构，平面尺寸17.20m×9m，高度7.45m。

粗格栅混凝土强度等级为C30，抗渗等级P8，防冻等级F200，垫层混凝土强度等级C20，填充混凝土强度等级C15，钢筋采用HPB300级钢筋及HRB400级钢筋。

项目粗格栅系统见图2-2：

图2-2 粗格栅系统

（2）安装工程概况

粗格栅主要设备包括：回转式格栅、螺旋输送机、螺旋压榨机、电动闸门等，主要通过这些设备完成对水中大体积垃圾的过滤作用。详见表2-1。

设备信息表 表2-1

序号	设备编号	设备名称	规格	单位	数量	备注
1	401M-01	回转式格栅	$B=1600mm$，$b=20mm$，$N=2.2kW$	套	5	
2	401M-02	螺旋输送机	$\phi320$，$N=5.0kW$，$L=16m$	套	1	
3	401M-03	螺旋压榨机	$\phi300$，$N=2.2kW$	套	1	
4	401M-04	电动闸门	$1500×2000$，$N=1.5kW$	套	10	

2. 细格栅

（1）土建工程概况

污水经粗格栅去除掉大体积悬浮物后，流入细格栅间，细格栅用来去除水中的较小颗粒物、固体垃圾，对其进行拦截。

细格栅分 2 层，底层为高效沉淀池处理及去除投药设备，上层为细格栅，进水区设事故紧急溢流口。

细格栅间平面尺寸为 12.6m×14.5m。底层高度为 9.90m，为钢筋混凝土结构，上层高度为 7.0m，为砖混结构。

设计参数：最大时设计水量 Q_{max}＝10833m³/h，总变化系数 1.3。

细格栅混凝土强度等级为 C30，抗渗等级 P8，防冻等级 F200，垫层混凝土强度等级 C20，填充混凝土强度等级 C15，钢筋采用 HPB300 级钢筋及 HRB400 级钢筋。

项目细格栅见图 2-3。

图 2-3　细格栅系统

（2）安装工程概况

细格栅主要设备包括：转鼓式格栅、螺旋输送机、电动单梁悬挂起重机、铝合金叠梁闸、罗茨鼓风机等，主要通过这些设备完成对水中较小体积垃圾及肉眼可见的泥土的过滤作用。设备信息详见表 2-2。

设备信息表　　　　　　　　　　　　　　　　　　　　　　　　　　　表 2-2

序号	设备编号	设备名称	规格	单位	数量	备注
1	401M-08	转鼓式格栅	W＝2000，b＝6mm，N＝2.2kW，35°安装	套	6	
2	401M-09	螺旋输送机	ϕ320，L＝8.5m，N＝3.0kW	套	2	
3	401M-10	电动单梁悬挂起重机	L_k＝6.0m，T＝3t，H＝10m，N＝1.6kW＋4.5kW	套	1	
4	401M-11	铝合金叠梁闸	$B×H$＝2040×1500（渠深 1800）	套	12	
5	401M-12	罗茨鼓风机	Q＝1300m³/h，H＝5m，N＝30kW	套	4	

3. 高效沉淀池

（1）土建工程概况

高效沉淀池具有曝气沉砂、气浮除油和斜管沉淀三项功能。

曝气沉砂功能可通过砂水分离的原理将水中的大颗粒砂子沉淀下去，使其与水分离。同时，可靠沉淀作用去除水中的SS（悬浮物）。

气浮除油功能可使污水中的油及浮渣上流入油水分离器处理。

斜管沉淀可阻挡在水位上升过程中水中的悬浮物，使其落入池底。

故高效沉淀池由曝气沉砂池、隔油池、斜管沉淀池及2mm格栅组成，扩建工程高效沉淀池设1座，每座设4条并行的处理线。

经过10mm格栅处理后的原水分4条渠道进入高效沉淀池，渠道起端装设电动闸板控制每格高效沉淀池进水，渠道内采用曝气沉砂池风机搅动原水防止原水沉淀，在渠道至每格高效沉淀池进水端装设手动闸板用于排砂。

高效沉淀池混凝土强度等级为C30，抗渗等级P8，防冻等级F200，垫层混凝土强度等级C20，填充混凝土强度等级C15，钢筋采用HPB300级钢筋及HRB400级钢筋。

1）曝气沉砂池

曝气沉砂池单格宽度2.45m，长度19.2m，有效水深4.05m停留时间4.2min，曝气系统位于细格栅底层，曝气沉砂池风机共计3台（2用1备）$Q=13.54\text{m}^3/\text{min}$，$H=7.0\text{m}$，$N=30\text{kW}$。

2）隔油池

隔油池目的主要是去除浮渣和油脂，以免进入生物滤池堵塞滤料。单格隔油池宽度4.7m，长度19.2m，有效水深5.35m，停留时间10min，每格设潜水曝气机6台（$Q=22\text{m}^3/\text{h}$，$H=2.1\text{m}$，$N=1.5\text{kW}$），潜水曝气机主要目的为将污水中的油及浮渣通过曝气的方式带出，通过隔油池后面的撇渣器去除，每格隔油池设撇渣器2个（$\phi300$，$L=9700$，$N=2.2\text{kW}$），撇渣器撇出来的浮渣和油进入细格栅底部油水分离器进行油水分离。

3）斜管沉淀池

斜管沉淀池单格平面尺寸19.2m×17.0m，清水区上升流速2.3mm/s，每格沉淀池设$\phi21.4\text{m}$刮泥机1台，将沉淀池泥刮到沉淀池4个泥斗内，在高效沉淀池管廊内设吸泥泵（$Q=60\text{m}^3/\text{h}$，$H=5.0\text{m}$，$N=3.0\text{kW}$），吸泥泵将污泥输送至脱水间前污泥缓冲池。

高效沉淀池见图2-4。

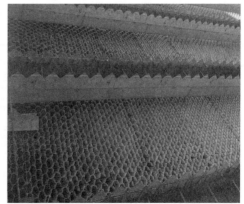

图2-4　高效沉淀池

（2）安装工程概况

高效沉淀池主要设备包括：移动桥式吸砂机、砂水分离器、渣水分离器、电动旋转撇渣管、整流栅、混凝搅拌器、絮凝搅拌器、刮泥机、微砂循环泵、屋顶混流风机、诱导风机、空压机系统等，主要通过这些设备完成对水中 SS 等悬浮物的清除作用。设备信息详见表 2-3。

设备信息表　　　　　　　表 2-3

序号	设备编号	设备名称	规格	单位	数量	备注
1	401M-13	移动桥式吸砂机	$L_k=10.40m$，$N=3.3kW$	套	2	
2	401M-14	砂水分离器	$Q=26L/s$，$N=1.5kW$	套	2	
3	401M-15	渣水分离器	$N=1.1kW$	套	1	
4	401M-16	电动旋转撇渣管	$DN400$，$L=4800m$，$N=0.55kW$	套	4	
5	401M-19	整流栅	$L \times H=2200 \times 1080$，栅条间隙 5cm	套	16	
6	402M-02	混凝搅拌器	叶轮直径 2.0m，$N=7.5kW$	台	4	
7	402M-04	絮凝搅拌器	叶轮直径 3.40m，$N=15.0kW$，变频	台	4	
8	402M-08	刮泥机	$D=12.80m$，$N=1.1kW$，变频	台	4	
9	402M-13	微砂循环泵	$Q=190m^3/h$，$H=2.5bar$，$N=37kW$，变频	台	8	
10	402M-18	屋顶混流风机	$Q=18000m^3/h$，200Pa，$N=3.0kW$	台	1	
11	402M-19	诱导风机	$Q=850m^3/h$，喷嘴 $3 \times \phi 80$，$N=0.12kW$	台	3	
12	402M-20	空压机系统	$Q=10 \sim 16Nm^3/hr$，$P=0.6MPa$，$N=2.2kW$	套	1	

4. 前置反硝化滤池

（1）土建工程概况

本项目前置反硝化池由原改造区曝气生物滤池改造而成，作用为去除污水中的 TN，通过反硝化细菌，将污水中的硝态氮还原成气态氮（N_2）或 N_2O、NO。

前置反硝化生物滤池共 40 格，总过滤面积 3863m^2。其中，现有一期工程一级生物滤池单格有效过滤面积 72.96m^2，平面尺寸 12m×6.08m，24 格；现有二期工程一级生物滤池单格有效过滤面积 132m^2，平面尺寸 12m×11m，16 格。

前置反硝化生物滤池参数如下：

设计参数：设计水量 $Q=16666.7m^3/h$（40 万 m^3/d）

内回流比：100%（包含反冲洗水回收水量）。本工程采用的是三级生物滤池工艺，处理工艺比较特殊，滤池需要定期的反冲洗，反冲洗过程中会产生大量的反冲洗排水量。由于本工程生物滤池反冲洗水量均来自提标改造后的曝气生物滤池出水，该水也是硝化液，反冲洗排水后经过单独的加砂沉淀池处理后进入系统，随之进入生物滤池系统，因此可以将该部分水量作为回流量的一部分。

前置反硝化生物滤池由现有污水处理厂内一级滤池改造，共 40 格，总过滤面积 3863m^2。其中，现有二期工程一级生物滤池单格有效过滤面积 132m^2，平面尺寸 12m×11m，16 格；现有一期工程一级生物滤池单格有效过滤面积 72.96m^2，平面尺寸 12m×6.08m，24 格；二期工程滤池 0.62kgNO_3-N/（$m^3 \cdot d$）。

前置反硝化滤池混凝土强度等级为 C30，抗渗等级 P8，防冻等级 F200，垫层混凝土

图 2-5　前置反硝化滤池

强度等级 C20，填充混凝土强度等级 C15，钢筋采用 HPB300 级钢筋及 HRB400 级钢筋。

前置反硝化滤池见图 2-5。

（2）安装工程概况

前置反硝化滤池主要设备包括：滤池反冲洗水泵、滤池反冲洗排水泵、反冲洗鼓风机、螺杆式空气压缩机等，滤池反冲洗水泵将干净的反冲洗用水抽入前置反硝化滤池进行反冲洗、反冲洗后的污水由滤池反冲洗排水泵抽出排至应急区进行处理。设备信息详见表 2-4。

5. 曝气生物滤池

（1）土建工程概况

本项目曝气生物滤池分为两部分，一部分为改造区原污水处理厂曝气生物滤池，总过滤面积 3863m²。其中，现有一期工程一级生物滤池单格有效过滤面积 72.96m²，平面尺寸 12m×6.08m，24 格；现有二期工程一级生物滤池单格有效过滤面积 132m²，平面尺寸 12m×11m，16 格。

			设备信息表			表 2-4
序号	设备编号	设备名称	规格	单位	数量	备注
1	104M-01	滤池反冲洗水泵	$Q=1260\text{m}^3/\text{h}$，$H=16\text{m}$，$N=90\text{kW}$	台	3	
2	104M-02	滤池反冲洗排水泵	$Q=630\text{m}^3/\text{h}$，$H=10\text{m}$，$N=30\text{kW}$	台	3	
3	104M-04	反冲洗鼓风机	$Q=47.3\text{m}^3/\text{min}$，$H=0.9\text{bar}$，$N=132\text{kW}$	台	3	
4	104M-12	螺杆式空气压缩机	$Q=10\text{m}^3/\text{min}$，$H=0.8\text{MPa}$，$N=55\text{kW}$	台	4	

另一部分为新建区的新建曝气生物滤池。新建曝气生物滤池面积 3168m²。共 24 格，单格有效过滤面积 132m²，平面尺寸 12m×11m。

1）滤池高度 8.50m，其中：滤料层厚 4.5m，配水室高 1.50m，清水区高 1.20m，承托层厚 0.35m，滤板厚 0.15m，超高 0.80m。

2）滤池配水系统的设计为选用长柄滤头配水方式，并兼气水反冲洗配水布气用。滤头布置按 50 个/m² 设计，采用污水专用大缝隙长柄滤头，缝隙宽 2.2mm。

3）滤料设计选用生物滤料，直径 4～6mm；承托层厚 350mm，粒径 30～50mm。

4）滤池反冲洗：采用气水联合反冲方式。一次反冲洗历时 40min。

先气冲洗：气冲强度 25L/(m²·s)，冲洗时间 5min（可调）；

气水同时冲洗：气冲强度 25L/(m²·s)，水冲强度 4L/(m²·s)，冲洗时间 15min（可调）；

后水冲洗：水冲强度 8L/(m² · s)，冲洗时间 20min（可调）。

5）单池过滤滤速（含 100％回流）：4.47m/h，空床水力停留时间为 60.4min（含回流）。

6）反冲洗周期为 24h。并且，每月对每格滤池进行一次强冲洗。

7）BOD_5 容积负荷：4.13kg $BOD/(m^3 · d)$。

8）NH_3-N 容积负荷：0.61kg NH_3-$N/(m^3 · d)$。

9）滤池曝气布气系统采用单孔膜曝气器的布气方式，曝气器供气量为 0.35 $m^3/(h · 个)$。

10）曝气气源采用鼓风机供给，采用一对一形式，单台鼓风机的风量为 1650m³/h，升压为 9.0m，功率为 55kW。

曝气生物滤池混凝土强度等级为 C30，抗渗等级 P8，防冻等级 F200，垫层混凝土强度等级 C20，填充混凝土强度等级 C15，钢筋采用 HPB300 级钢筋及 HRB400 级钢筋。

项目曝气生物滤池见图 2-6。

图 2-6　曝气生物滤池

（2）安装工程概况

曝气生物滤池主要设备包括：曝气鼓风机、硝化液回流潜污泵（一期）、硝化液回流潜污泵（二期）、反冲洗水泵（新建曝气）、反冲洗水泵（后置反硝化）、碳源混合搅拌机等，通过这些主要设备完成滤池硝化液回流工艺以及反冲洗工艺。设备信息详见表 2-5。

设备信息表　　　　　　　　　　　　　　　　　　表 2-5

序号	设备编号	设备名称	规格	单位	数量	备注
1	301M-01	曝气鼓风机	$Q=1650m^3/h$, $H=9.5m$, $N=55kW$	台	24	
2	301M-04	硝化液回流潜污泵（一期）	$Q=3800m^3/h$, $H=8.5m$, $N=185kW$	台	3	
3	301M-05	硝化液回流潜污泵（二期）	$Q=4600m^3/h$, $H=8.5m$, $N=185kW$	台	3	
4	301M-06	反冲洗水泵（新建曝气）	$Q=1320m^3/h$, $H=8m$, $N=55kW$	台	3	
5	301M-07	反冲洗水泵（后置反硝化）	$Q=1320m^3/h$, $H=11m$, $N=65kW$	台	3	
6	301M-10	碳源混合搅拌机	$N=7.5kW$	台	2	

6. 后置反硝化滤池

（1）土建工程概况

后置反硝化生物滤池需要投加碳源，碳源采用乙酸钠。乙酸钠的投加点设在机械混合池。

1）机械混合池

机械混合池设在后置反硝化生物滤池总进水渠，设计水量 $Q=16666.7\text{m}^3/\text{h}$，有效容积 350m^3，停留时间约为 58s，分两格，单格平面尺寸为 4.5m×4.5m，有效水深为 7m。

根据进水水质情况，若原水不能为反硝化提高充足碳源，在混合池内投加碳源，混合池内设有搅拌机，确保乙酸钠与污水均匀混合。

2）后置反硝化生物滤池

机械混合池出水流入后置反硝化生物滤池，后置反硝化生物滤池面积 1848m^2。共 14 格，单格有效过滤面积 132m^2，平面尺寸 12m×11m。

设计参数：设计水量 $Q=16666.7\text{m}^3/\text{h}$（40 万 m^3/d）

前置反硝化生物滤池内回流比按 100%，TN 去除率达到 50%，理想状态下曝气生物滤池出水 TN 为 22mg/L，由于 TN 去除影响因素较多，因此设置后置反硝化生物滤池时 TN 进水按 25mg/L 计。

① 滤池高度 8.50m，其中：滤料层厚 4.5m，配水室高 1.50m，清水区高 1.20m，承托层厚 0.35m，滤板厚 0.15m，超高 0.80m。

② 滤池配水系统的设计为选用长柄滤头配水方式，并兼气水反冲洗配水布气用。滤头布置按 50 个/m^2 设计，采用污水专用大缝隙长柄滤头，缝隙宽 2.2mm。

3）滤料设计选用生物滤料，直径 2mm～4mm；承托层厚 350mm，粒径 30mm～50mm。

4）滤池反冲洗：采用气水联合反冲方式。一次反冲洗历时 40min。

先气冲洗：气冲强度 25L/（$\text{m}^2 \cdot \text{s}$），冲洗时间 5min（可调）；

气水同时冲洗：气冲强度 25L/（$\text{m}^2 \cdot \text{s}$），水冲强度 4L/（$\text{m}^2 \cdot \text{s}$），冲洗时间 15min（可调）；

后水冲洗：水冲强度 8L/（$\text{m}^2 \cdot \text{s}$），冲洗时间 20min（可调）。

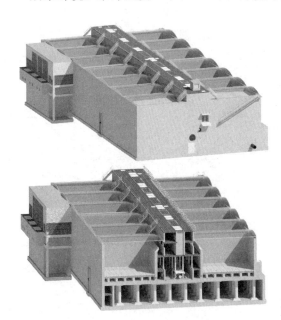

图 2-7　后置反硝化滤池

5）单池过滤滤速：9.46m/h，空床水力停留时间为 76min，实际水力停留时间为 28.5min。

6）反冲洗周期为 36h。并且每月对每格滤池进行一次强冲洗。

7）TN 容积负荷：0.48kgNO₃-N/（$\text{m}^3 \cdot \text{d}$）。

后置反硝化滤池混凝土强度等级为 C30，抗渗等级 P8，防冻等级 F200，垫层混凝土强度等级 C20，填充混凝土强度等级 C15，钢筋采用 HPB300 级钢筋及 HRB400 级钢筋。

项目后置反硝化滤池见图 2-7。

（2）安装工程概况

后置反硝化滤池主要设备包括：反冲洗废水泵、屋顶混流送风机、诱导风机、轴流风机等，通过这些主要设备完成滤池反冲洗工艺以及对 NO_3 转换为氮气的目的。设备信息详见表 2-6。

设备信息表　　　　　　　　　　　　　　　　　　　　　表 2-6

序号	设备名称	规格	单位	数量	备注
1	反冲洗废水泵	$Q=1500m^3/hr$，$H=10.0m$，$N=75kW$ 其中两台变频	台	6	
2	屋顶混流送风机	$Q=24000m^3/h$，200Pa，$N=3.0kW$	台	1	
3	诱导风机	$Q=850m^3/h$，喷嘴 $3×\phi80$，$N=0.12kW$	台	6	
4	轴流风机	$Q=3500m^3/h$，$N=0.37kW$	台	2	

7. 加砂沉淀池

（1）土建工程概况

进水来自前段处理工艺，在高效沉淀池的工艺基础上采用加沙工艺处理，可使水中细小浮泥及胶状物吸附于微砂上，通过混凝池、絮凝池、沉淀池三道工艺使之最终沉淀下去，达到去除部分 SS、COD_{cr}、总磷等污染物，出水去消毒工艺。

1）混凝池

混凝剂投加：污水在加砂高速沉淀池前部的混凝池中进行混凝反应，混凝剂（铝盐或铁盐）同污水中的磷反应形成沉淀物在沉淀池中去除。化学混凝反应是整个处理系统的关键步骤，在这个过程中将去除部分悬浮物、BOD 或 COD 和 $P-PO_4$。

混凝的动力学过程非常短，混凝剂在混凝池中通过快速的机械搅拌达到快速和完全的扩散。混凝池的停留时间为 1.6min。

2）絮凝池

微砂投加：粒径大约为 $80\sim130\mu m$ 的微砂投加到絮凝池中并持续循环。微砂的主要作用如下：

微砂的较高的比表面积可以作为絮体形成的种子。

微砂和聚合物提高了颗粒的捕捉，从而形成大和稳定的絮体。

与传统工艺相比，使用微砂形成的絮体具有较大的密度和较高的稳定性。这些絮体具有更高的沉淀速度，从而允许更高的上升流速。

较高的上升流速使加砂沉淀工艺的体积和占地面积更小，极大地减少了建筑成本。

高浓度的微砂极大地改善了原水的水质。

微砂不会发生化学反应，可以从污泥中分离并被循环使用。

另外，对于通常由于低温水或泥浆水而导致的絮凝困难，微砂可以显著的增大反应面积而得到良好的处理效果。

PAM 絮凝剂投加：絮凝阶段的作用是为了形成大的絮凝体。

絮凝是一个物理机械过程，该过程由于分子间的作用力和物理搅拌作用而增强絮凝体的生长。

阴离子高分子电解质的投加可以通过吸附，电性中和和颗粒之间的架桥作用来提高絮凝体生成。

得益于微砂的加速絮凝，在相同的沉淀性能情况下，其速度梯度相当于 10 倍的传统的絮凝工艺。在搅拌时间有限和絮凝体积的有限的情况下，高的絮凝动力效用导致颗粒间碰撞概率的增加。絮凝池的停留时间为 5.6min。

3）沉淀池

沉淀效果的提高是基于：微砂的应用使矾花加重；斜板的逆向流系统。

在絮凝后，水进入沉淀池的底部然后从斜板底部通过斜板间形成的通道向上方流动。颗粒和絮体沉淀在斜板的片板上，并由于重力的作用滑下。

由于大的上升流速和斜板的 60°倾斜可以形成一个连续自刮的过程，所以在斜板上没有絮体的积累。

沉淀区上游非常好的混凝和絮凝，斜板和沉淀池设计和材料的优化，由絮凝池产生的矾花质密易沉淀，由于在沉淀池内污泥收集区的独特设计，大部分污泥在未进入斜板区时已沉淀下来，污泥会很容易地沉到加砂沉淀池的底部，斜板不会像现有沉淀池那样由于所有的污泥沉淀到斜板的表面而产生堵塞。所以，加砂沉淀池的斜板不需要经常的冲洗，普通斜板沉淀池则需要频繁的冲洗斜板。沉淀池的停留时间为 11.1min，沉淀池上升流速为 7.52mm/s。

加沙沉淀池混凝土强度等级为 C30，抗渗等级 P8，防冻等级 F200，垫层混凝土强度等级 C20，填充混凝土强度等级 C15，钢筋采用 HPB300 级钢筋及 HRB400 级钢筋。

加沙沉淀池工艺详见图 2-8。

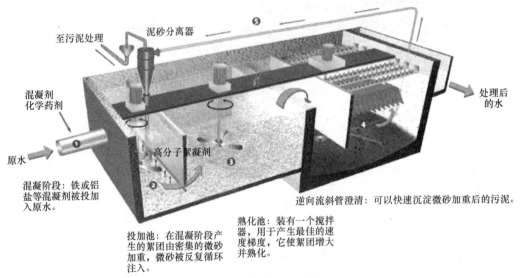

图 2-8　加沙沉淀池示意图

（2）安装工程概况

加沙沉淀池主要设备包括：混凝搅拌器、絮凝搅拌器、聚合物电介质投加环、中心传动悬挂式刮泥机、微砂循环泵、水力旋流器、排空泵、屋顶混流风机、诱导风机等，通过这些主要设备完成对水中 SS 等悬浮物的沉淀清除作用。设备信息详见表 2-7。

设备信息表　　　　　　　　　　　　　　　　　表 2-7

序号	设备编号	设备名称	规格	单位	数量	备注
1	303M-02	混凝搅拌器	立式搅拌器，三叶片桨叶，$N=7.5$kW	台	4	
2	303M-04	絮凝搅拌器	立式搅拌器，三叶片桨叶，$N=15$kW，变频	台	4	
3	303M-08	聚合物电介质投加环	DN40，$\phi2800$	套	4	

续表

序号	设备编号	设备名称	规格	单位	数量	备注
4	303M-09	中心传动悬挂式刮泥机	$D=13.80$，$N=3.0$kW，变频	台	4	
5	303M-13	微砂循环泵	$Q=190$m^3/h，$H=2.5$bar，$N=37$kW	台	8	
6	303M-14	水力旋流器	$Q=190$m^3/h	台	8	
7	303M-15	排空泵	$Q=280$m^3/h，$H=6.0$m，$N=7.5$kW	台	2	
8	303M-19	屋顶混流风机	$Q=18000$m^3/h，200Pa，$N=3.0$kW	台	1	
9	303M-20	诱导风机	$Q=850$m^3/h，喷嘴 $3\times\phi80$，$N=0.12$kW	台	4	

8. 紫外线消毒渠

（1）土建工程概况

污水经过处理后可削减部分大肠菌群数，但无法达到 1000 个/L 标准，因此污水必须进行消毒处理。本施工技术推荐采用紫外线系统工艺。紫外线消毒模块设 3 套，每套的设计水量为 5840m^3/h，渠道内设紫外线灯管 90kW。

紫外线消毒渠混凝土强度等级为 C30，抗渗等级 P8，防冻等级 F200，垫层混凝土强度等级 C20，填充混凝土强度等级 C15，钢筋采用 HPB300 级钢筋及 HRB400 级钢筋。

项目紫外线消毒渠见图 2-9。

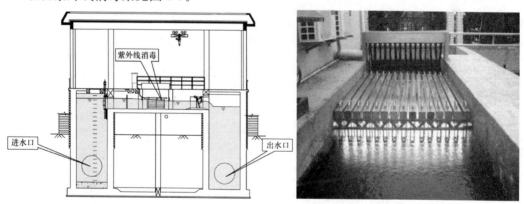

图 2-9　紫外线消毒渠

（2）安装工程概况

紫外线消毒渠主要设备为紫外消毒装置，通过紫外线完成对水中细菌与病毒的清除作用。设备信息详见表 2-8。

设备信息表　　　　　　　　　　表 2-8

序号	设备编号	设备名称	规格	单位	数量	备注
1	304M-02	紫外消毒装置	$Q=5840$m^3/h，70kW/套	套	3	

9. 巴氏计量槽及回用水泵池

（1）土建工程概况

污水经常紫外线消毒后排放，为了确定出水量，因此需经过流量监测系统，本工程采用的是巴氏计量槽，根据《城市排水流量堰槽测量标准　巴歇尔量水槽》（CJ/T 3008.3—1993）标准执行。巴氏计量槽的尺寸为 12m×4m×2.5m。

　　巴氏计量槽及回用水泵池混凝土强度等级为 C30，抗渗等级 P8，防冻等级 F200，垫层混凝土强度等级 C20，填充混凝土强度等级 C15，钢筋采用 HPB300 级钢筋及 HRB400 级钢筋。

　　项目巴氏计量槽见图 2-10。

图 2-10　巴氏计量槽

（2）安装工程概况

　　紫外线消毒渠主要设备为紫外消毒装置，通过紫外线完成对水中细菌与病毒的清除作用。设备信息详见表 2-9。

设备信息表　　　　　　　　　　　　　表 2-9

序号	设备编号	设备名称	规格	单位	数量	备注
1	305M-01	明渠流量计	$B=2.1m$，$Q=95\sim3600L/s$	台	2	
2	305M-03	单级立式离心水泵	$Q=100m^3/h$，$H=35m$，$N=18.5kW$	套	3	
3	305M-03	隔膜式气压罐	$\phi1200$	套	1	

　　项目整体流程图见图 2-11：

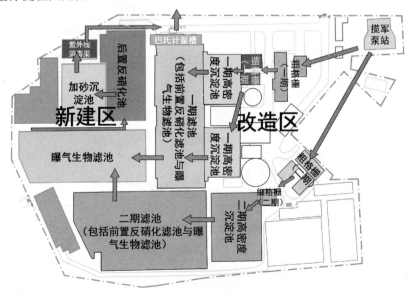

图 2-11　项目整体流程图

2.2　污水处理工艺介绍

2.2.1　整体工艺流程简介

1. 污水中污染物的去除原理

污水中的污染物主要包含 SS（悬浮物）、BOD（生化需氧量）、COD（化学需氧量）、TP（总磷）、氨氮、TN（总氮）等。

（1）SS 去除

其中，污水中的 SS 的去除主要靠沉淀作用。污水中的无机颗粒和大直径的有机颗粒靠自然沉淀作用就可以去除，小直径的有机颗粒靠微生物的降解作用可以去除，而小直径的无机颗粒（包括大小在胶体和亚胶体范围内的无机颗粒）则要靠活性污泥絮体的吸附、网捕作用与活性污泥絮体同时沉淀被去除。

（2）BOD、COD 去除

污水中的 BOD 的去除是靠微生物的吸附作用和代谢作用，对 BOD 降解，利用 BOD 合成新细胞；然后，对污泥与水进行分离，从而完成 BOD 的去除。

污水中的 COD 去除的原理与 BOD 基本相同。

（3）氨氮去除

污水中的氮主要以氨氮及有机氮的形式存在。

由于蛋白质不可缺少的组成部分，氮也是构成微生物的元素之一。在微生物生长过程中，一部分进入细胞体内的氮将随剩余污泥一起从水中去除。这部分氮含量占所去除的 BOD 的 5%，为微生物重量的 12%，约占污水厂剩余活性污泥的 4%。

在有机物被氧化的同时，污水中的有机氮也被氧化成氨氮，在溶解氧充足、泥龄较长的情况下，进一步氧化成亚硝酸盐和硝酸盐，通常称为硝化过程。

$$NH_4^+ + 1.5O_2 \longrightarrow NH_2^- + 2H^+ + H_2O$$

$$NH_2^- + 0.5O_2 \longrightarrow NH_3^-$$

第一步反应靠亚硝酸菌完成，第二步反应靠硝酸菌完成，总的反应为：$NH_4 + 2O_2 \longrightarrow NH_3^- + 2H^+ + H_2O$。

（4）TN 的去除

污水中的氮除氨氮、有机氮之外，还有很少部分以 $NO_X\text{-}N$（硝态氮）的形式存在，这些不同形式的氮统称为 TN（总氮）。TN 通过反硝化反应来进行去除，反硝化反应是一群异养型微生物完成的生物化学过程。在缺氧（不存在分子态溶解氧）条件下，将硝态氮还原成气态氮（N_2）或 N_2O、NO。参与这一生化反应的微生物是反硝化菌。

（5）TP 去除

污水除磷主要有两种方式：生物除磷和化学除磷。

其中，生物除磷又分为两种：一是在厌氧、好氧交替运行的条件下聚磷菌超量吸磷；二是微生物以水中的总磷为营养物，同化作用除磷。此外，微生物的吸附、截留及絮凝作用等也能对磷产生一定的去除。

污水除磷主要向污水中投加药剂，使药剂与水中溶解性磷酸盐形成不溶性磷酸盐沉淀物，然后通过固液分离使其去除。固液分离可以单独进行，也可在二沉池或初沉池中进行。

2. 污水处理工艺

本工程初步设计污水处理生物处理采用原"三级生物滤池"工艺，即前置反硝化生物滤池＋曝气生物滤池＋后置反硝化生物滤池；深度处理采用原"加砂沉淀池"工艺，消毒采用原"紫外线消毒"工艺；应急处理采用"高效沉淀池"工艺。

项目污水处理工艺见图 2-12。

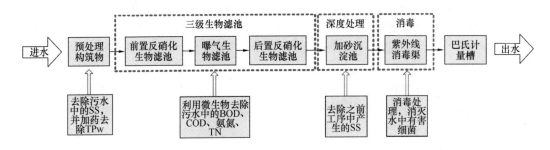

图 2-12　污水处理工艺

在该工艺流程中，预处理构筑物通过过滤沉淀去除污水中的 SS，并通过加药采用化学法去除污水中的TP；三级生物滤池通过微生物培养去除污水中的 BOD、COD、氨氮、TP；加沙沉淀池对生物处理过程中长生的 SS 进行二次处理；紫外线消毒渠利用紫外线对污水中的细菌进行消毒；最后，经巴氏计量槽计量出水。

3. 污泥处理工艺

本工程污泥处理工艺维持原"离心浓缩脱水"工艺，污泥处理后污泥含水率 80%，外运处置。

4. 除臭系统

生物除臭主要利用微生物去除及氧化气体中的致臭成分，气体流经生物活性滤料，滤料上面的细菌就会分解致臭物质，产生二氧化碳及水气。与其他除臭方法相比，生物除臭法具有运行管理简单、投资费用及运行维护费用低、应用范围广泛的优点。

2.2.2　污水处理工艺

项目工艺总体流程见图 2-13。

1. 污水处理系统

（1）污水预处理系统

预处理系统工艺见图 2-14。

预处理的主要目的是通过过滤、沉淀等物理手段去除污水中的固体垃圾、浮油、悬浮物等有害物质。

1）粗格栅及提升泵房

粗格栅是用来去除可能堵塞水泵机组及管道阀门的较粗大悬浮物，并保证后续处理设施能正常运行。粗格栅是由一组（或多组）相平行的金属栅条与框架组成，倾斜安装在进水的渠道，或进水泵站集水井的进口处，以拦截污水中粗大的悬浮物及杂质。

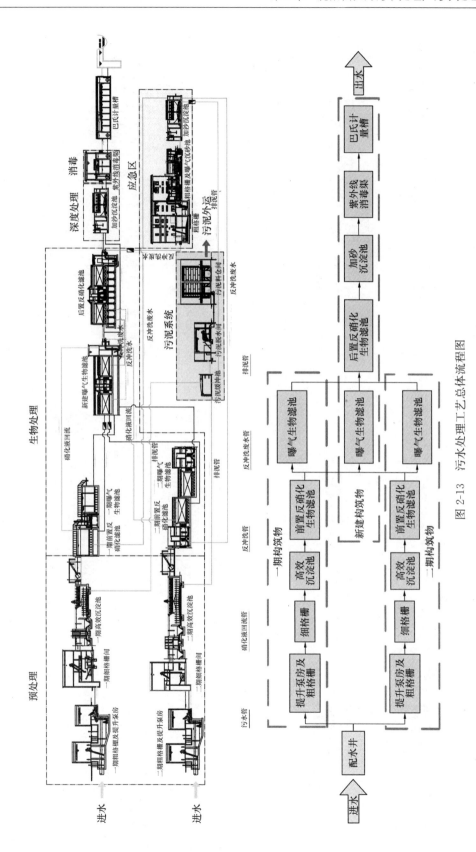

图 2-13　污水处理工艺总体流程图

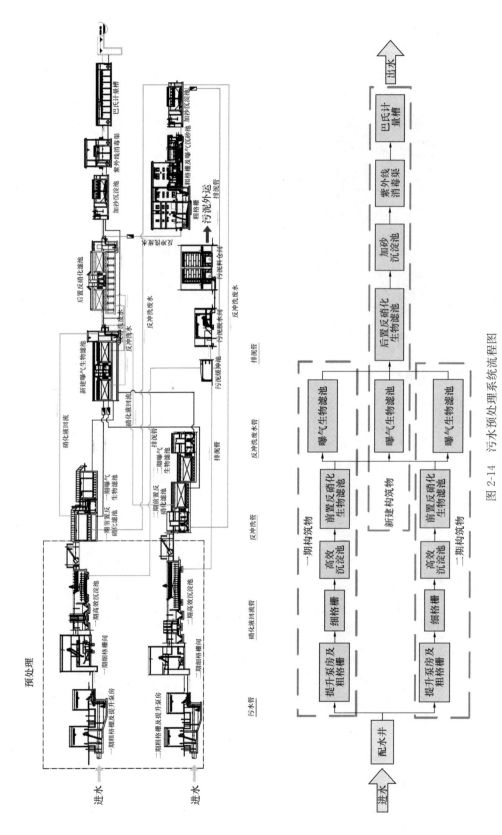

图2-14 污水预处理系统流程图

粗格栅见图 2-15。

粗格栅拦截的栅渣送至螺旋压榨机，进行体积压缩后作为固体废物处理。

螺旋压榨机见图 2-16。

图 2-15　粗格栅

图 2-16　螺旋压榨机

2）细格栅间

改造后细格栅采用 8mm 孔板格栅，污水中的颗粒物、固体垃圾，进行拦截。

3）高效沉淀池

高效沉淀池又叫作 S3D 池，具有曝气沉砂、气浮除油、斜管沉淀三项功能。

进入曝气沉砂池的污水在曝气作用下，旋转翻腾，固体颗粒在重力作用下，沉淀至池底，被移动桥式吸砂机深入水底的潜污泵和吸砂管，提升排入池体两侧的收集槽，进入砂水分离器进一步分离。

曝气沉沙处理见图 2-17。

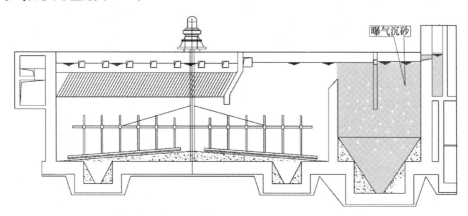

图 2-17　曝气沉砂

污水中的油及浮渣在曝气作用下，上浮到污水表面，被撇渣器刮到曝气沉砂池末端安装的撇油收集管中，进入油水分离器处理。

气浮除油见图 2-18。

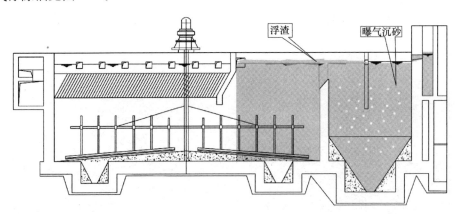

图 2-18　气浮除油

污水经沉砂除油后，进入斜管沉淀池。斜管沉淀池内水由下向上进入集水槽内，水中悬浮物在上升过程中受斜管阻挡，落入池底，由刮泥机刮到泥斗内，在高效沉淀池管廊内设吸泥泵，吸泥泵将污泥输送至脱水间前污泥缓冲池。

斜管沉淀处理见图 2-19。

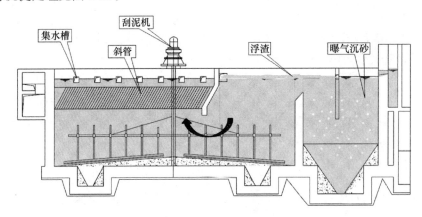

图 2-19　斜管沉淀

（2）生物处理系统

生物处理系统见图 2-20。

生物滤池系统主要目的是通过滤池中的微生物，去除污水中的 BOD、COD、氨氮、总氮。

生物滤池在滤池中投加滤料，滤料为表面不光滑的陶粒混凝土颗粒制作而成。水中的微生物附着到滤料的不光滑表面上形成生物膜，对污水中有害物质进行处理。其中，反硝化滤池中微生物为反硝化细菌，曝气生物滤池中微生物为硝化细菌。见图 2-21。

污水中的 BOD、COD 的去除是靠微生物的吸附作用和代谢作用进行去除。氨氮及总氮则通过微生物的硝化反应及反硝化反应去除。此称之为"三级过滤"。三级滤池工艺原理为：前置反硝化滤池过滤＋曝气生物滤池过滤＋后置反硝化滤池过滤。第一级滤池为前置反硝化滤池，去除掉污水中的 TN，将总氮变成氮气排出，但因污水量较大，会有部分

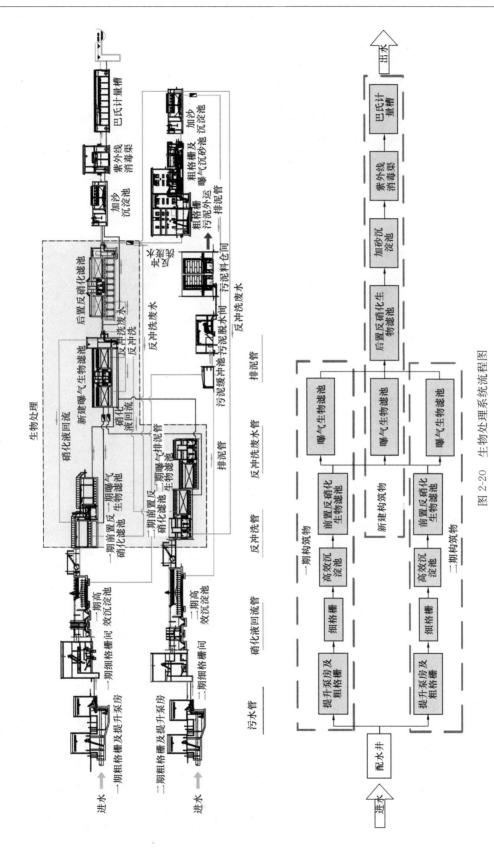

图 2-20　生物处理系统流程图

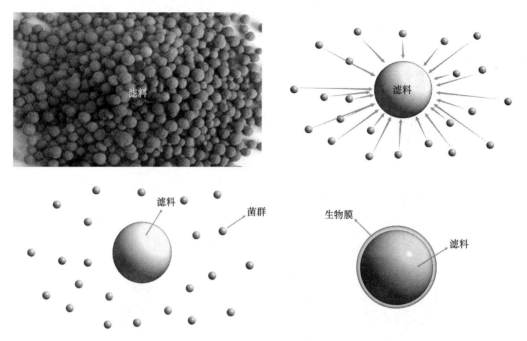

图 2-21　滤料净水原理图

残余的总氮；第二级滤池为曝气生物滤池，将污水中的氨氮转换成硝态氮；第三级滤池为后置反硝化滤池，将第一级前置反硝化处理后残余的 TN 与第二级曝气处理中产生的 TN 一起处理成氮气排出，彻底清除掉污水中的氮元素。见图 2-22。

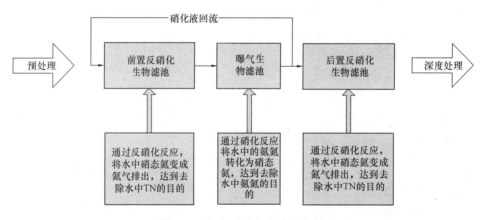

图 2-22　氨氮及总氮去除示意图

　　为节约土地资源，减少占地面积，本项目对原有改造区大型曝气生物滤池进行改造，将前置反硝化滤池与曝气生物滤池建在同一座大型滤池内，在改造区大型滤池内部进行第一、第二级过滤。因曝气处理速度及效率低于反硝化处理，本项目又处于市政污水处理系统末端，需处理污水量较大时，会产生曝气生物滤池处理效率无法满足实际需求的情况，所以，本项目增加一座曝气生物滤池进行曝气处理。即在改造区大型滤池内部对一部分经过前置反硝化处理的污水进行曝气处理，另一部分经过前置反硝化处理的污水通过管线流入新建曝气滤池进行曝气处理。在新建曝气生物滤池下方设置一层蓄水池进行竖向叠加，经两处曝气处理后的水在蓄水池内汇流统一流入后置反硝化滤池中进行后置反硝化处理。见图 2-23。

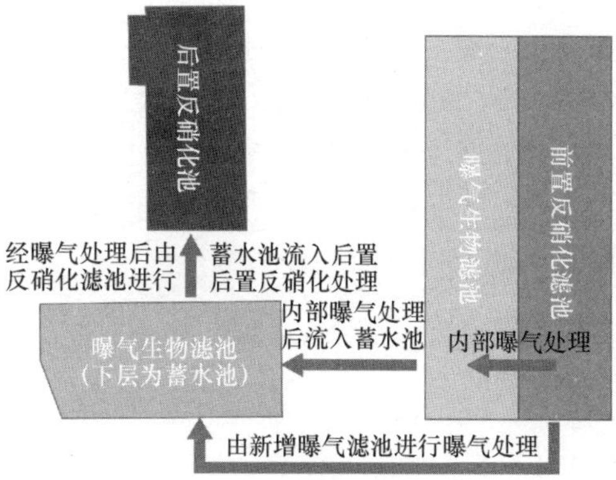

1）前置反硝化生物处理工艺

前置反硝化滤池的作用是去除污水中的 TN，通过反硝化细菌，将污水中的硝态氮还原成气态氮（N_2）或 N_2O、NO。反硝化细菌为兼性厌氧细菌，所以，反硝化滤池不进行曝气。

污水进入前置反硝化滤池中流入专用进水渠，污水充满进水渠后流入配水渠，这样可以保证污水流入每个滤池的速度相同。再通过配水渠由每个水池配套的进水管流入每个滤池进行过滤。

进水水流走向见图 2-24 和图 2-25。

经曝气处理后由反硝化滤池进行 | 蓄水池流入后置后置反硝化处理

曝气生物滤池（下层为蓄水池）| 内部曝气处理后流入蓄水池

后置反硝化池 | 曝气生物滤池 | 前置反硝化滤池

内部曝气处理

由新增曝气滤池进行曝气处理

图 2-23　三级过滤污水处理流程

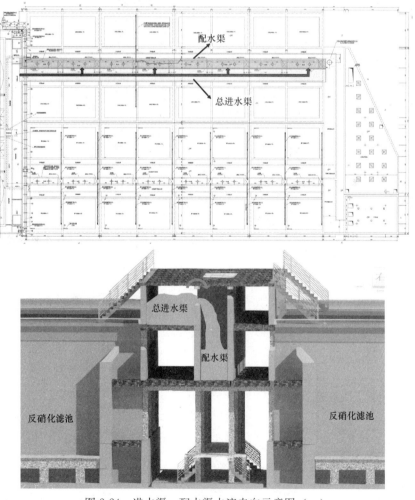

图 2-24　进水渠→配水渠水流走向示意图（一）

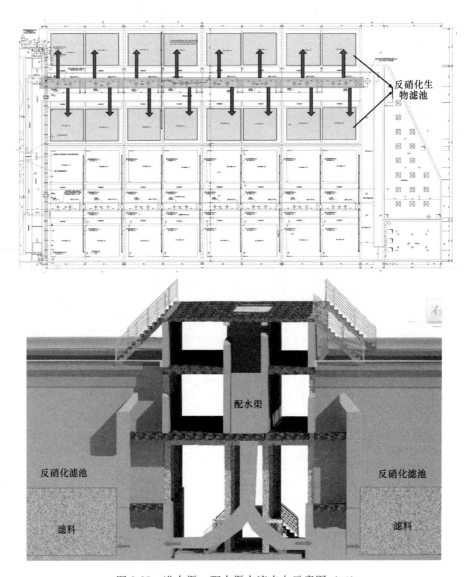

图 2-25　进水渠→配水渠水流走向示意图（二）

经前置反硝化处理后的水一部分流入改造区大型滤池内部的曝气生物滤池进行曝气处理，另一部分改造区大型滤池内部曝气滤池无法处理的水流至新建曝气生物滤池进行曝气处理。

出水水流走向见图 2-26。

2）曝气生物滤池处理工艺

曝气生物滤池的作用是去除污水中的氨氮，通过硝化细菌将污水中的氨氮转化为硝态氮，在经由硝化液回流进入前置反硝化滤池进行处理。硝化细菌为好氧细菌，所以，需通过曝气进行细菌培养。

曝气处理见图 2-27。

本项目曝气生物滤池分为两部分，一部分为改造区大型滤池内部曝气生物滤池，另一

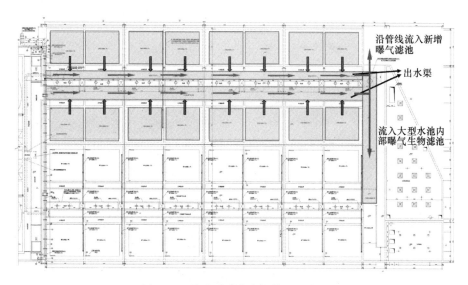

图 2-26　前置反硝化水流排出示意图

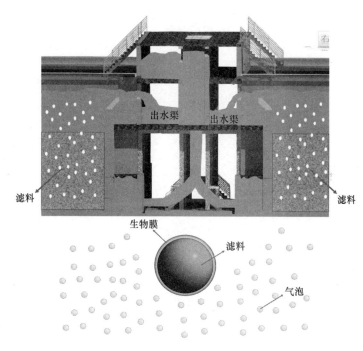

图 2-27　曝气过滤示意图

部分为新建曝气生物滤池。改造区大型滤池内部曝气生物滤池处理污水时需要重点关注与前置反硝化滤池的衔接，降低曝气生物滤池的标高，使从前置反硝化滤池中流出的水能够不靠水泵而靠重力作用流至曝气生物滤池，这样可以实现节能的目的。而新建曝气生物滤池则需重点关注下层蓄水池的叠加工艺，实施中需要特殊注意下层叠加池的支撑结构体系。除此之外，还应对已在改造区大型滤池内部经过曝气处理的水与只经过前置反硝化处理后的水进行明确的分流路径规划。

　　经过前置反硝化处理后的水，一部分通过侧面的出水渠道流至改造区大型滤池内部的曝气生物滤池，而另一部分则通过侧面水渠下方的管道流至新建曝气生物滤池。

　　前置反硝化至曝气生物滤池水流走向见图 2-28 和图 2-29。

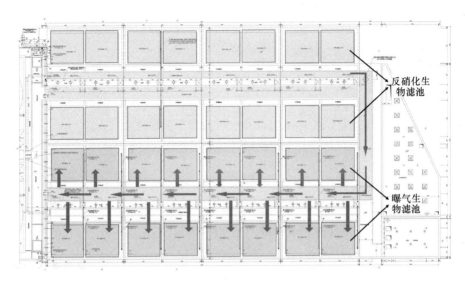

图 2-28　前置反硝化滤池至曝气生物滤池水流走向示意图（一）

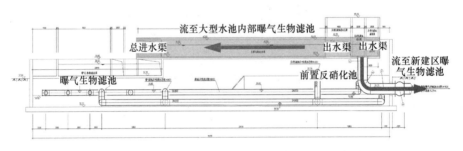

图 2-29　前置反硝化滤池至曝气生物滤池水流走向示意图（二）

　　改造区滤池内部曝气生物滤池标高低于前置反硝化滤池，能够使前置反硝化出水渠的标高高于曝气生物滤池进水渠，使水能够依靠重力流至曝气生物滤池，达到节能的目标。

　　曝气生物滤池与前置反硝化滤池高差见图 2-30。

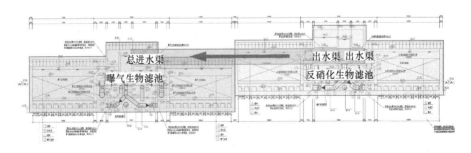

图 2-30　曝气生物滤池与前置反硝化滤池高差示意图

水经过曝气处理后沿出水渠流至新建曝气生物滤池下层的蓄水池，与新建曝气生物滤池曝气处理过后的水汇合。见图 2-31。

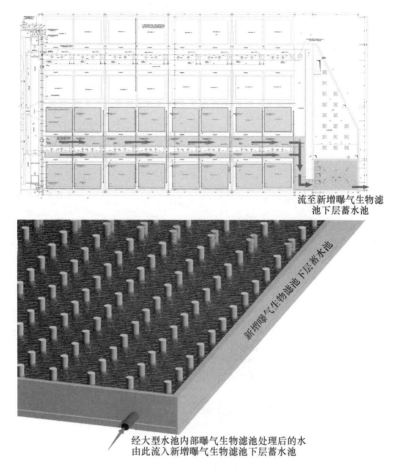

流至新增曝气生物滤池下层蓄水池

经大型水池内部曝气生物滤池处理后的水由此流入新增曝气生物滤池下层蓄水池

图 2-31　水流进入新建曝气生物滤池蓄水池示意图

只在改造区滤池中经过前置反硝化处理而未进行曝气处理的水沿管道流入新建曝气生物滤池的进水井，随着水流不断涌入，进水井内的水位不断增高，当水位升高至与进水渠标高相同时便开始流入进水渠。见图 2-32。

本项目曝气生物滤池共有 4 行 6 列共 24 个滤池，可以以每两列一个单体的方式，将新建曝气生物滤池分为 3 个小单体，每两列中间有一套廊道，包括进水渠、出水渠、反冲洗废水渠等设施。水流进总进水渠后流进每个单体的进水渠，然后流至各个滤池进行过滤。见图 2-33。

经新建曝气生物滤池处理后的水通过管道流入下层蓄水池，与之前在改造区滤池内部曝气生物滤池曝气处理后的水汇合，一起排至后置反硝化池进行后置反硝化处理。见图 2-34 及图 2-35。

3）后置反硝化生物滤池处理工艺

后置反硝化生物滤池原理与前置反硝化生物滤池相同，在进水水质较差时，对水中 TN 进行进一步去除。

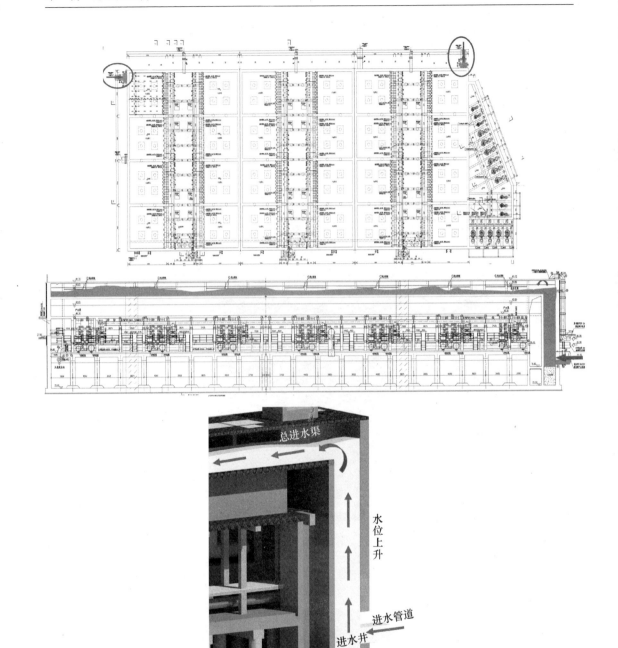

图 2-32　进水管道→进水井→总进水渠水流走向示意图

同时，由于曝气生物滤池的作用为将水中的氨氮转化为 TN，所以，曝气处理过后的水中不再存在氨氮，只剩下 TN。而且，当需处理的污水量较大时，前置反硝化处理 TN 可能会有所遗漏，所以，后置反硝化处理的作用为去除掉水中在前置反硝化剩余的 TN 以及曝气处理过程中新产生的 TN。使用生物过滤的方式将 TN 变成氮气排出。此部分工艺要重点关注水流走向，尽可能使水流能够依靠重力作用排出，实现节能的目的。

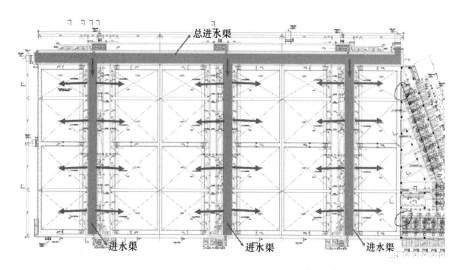

图 2-33　曝气生物滤池配水示意图

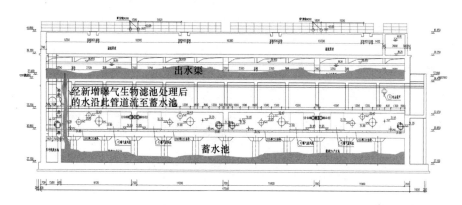

图 2-34　新建曝气生物滤池→蓄水池水流走向示意图

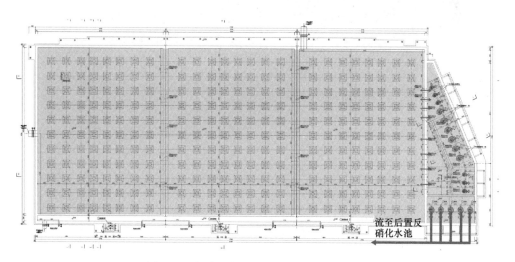

图 2-35　新建曝气生物滤池水流外排示意图

经前置反硝化滤池及曝气生物滤池处理过后的水通过进水管流入后置反硝化滤池的进水井。随着水流不断涌入井内，井内的水位也不断升高。当水位升高至与进水渠标高相同时，便开始流入进水渠。

见图2-36。

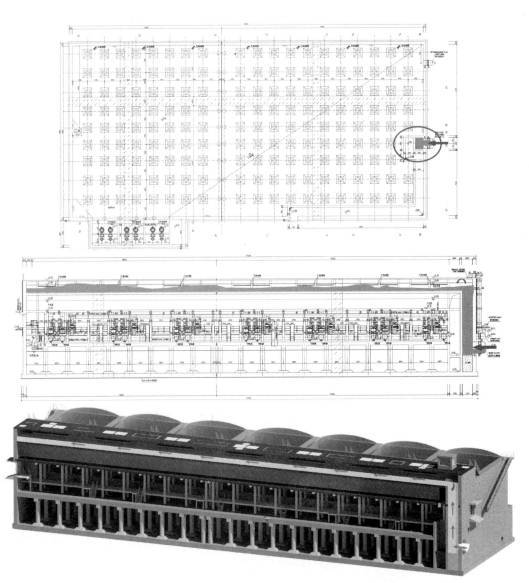

图2-36　进水管→进水井→进水渠水流走向示意图

流入进水渠后水的过滤方式以及水流走向都同前置反硝化滤池大致相同，由进水渠流至配水渠，再由配水渠流至各个滤池进行过滤，最后由出水渠沿出水渠道排出。水流走向见图2-37～图2-40。

但在出水渠道处依靠重力将水流排出，若滤池标高低于或等于下一个过滤结构的进水口，可采用将出水口结构标高提升的方式，见图2-41。

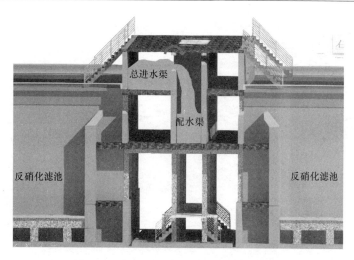

图 2-37　进水渠→配水渠水流走向示意图

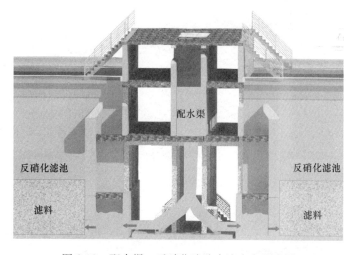

图 2-38　配水渠→反硝化滤池水流走向示意图

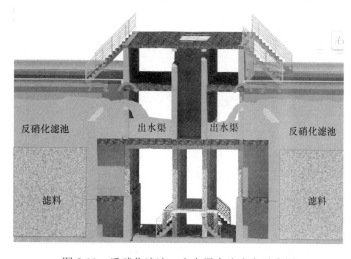

图 2-39　反硝化滤池→出水渠水流走向示意图

图 2-40 出水渠→出水渠道水流走向示意图

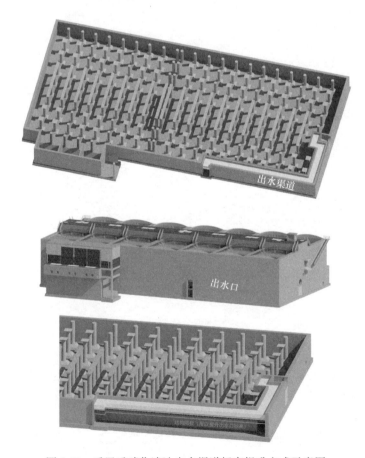

图 2-41 后置反硝化滤池出水渠道标高提升方式示意图

（3）深化处理系统

深化处理系统见图 2-42。

污水在流经水渠时，经由浸入水渠中的紫外线灯管照射，杀死水中大肠杆菌等细菌后，排出厂外。见图 2-43。

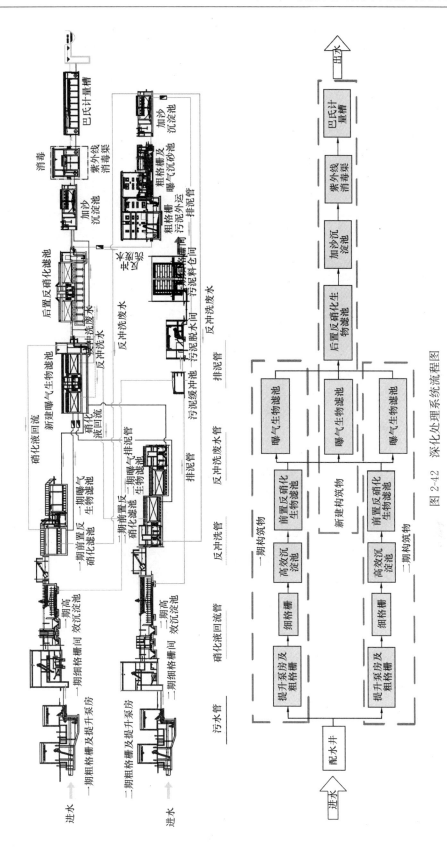

图 2-42　深化处理系统流程图

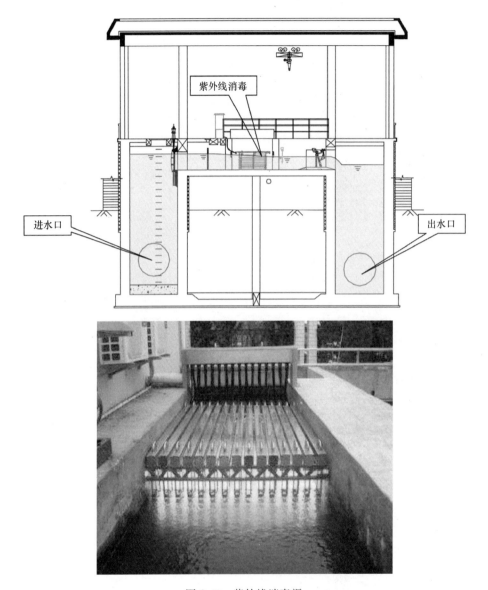

图 2-43　紫外线消毒渠

（4）硝化液回流系统

硝化液回流系统流程见图 2-44。

反硝化细菌的生长需要碳源（含碳化合物）作为营养物质。污水中通常含有一定量的碳源，但碳源在曝气生物处理过程中会有所消耗，不利于反硝化细菌的生长，所以，在曝气生物滤池前端设置前置反硝化滤池，利用污水中的碳源来培养反硝化细菌。而污水中的氮元素主要以氨氮和有机氮的形式存在，在经由曝气生物滤池处理后，才能转换为硝态氮进行反硝化作用，所以，曝气生物滤池处理完成后的污水要回流至前置反硝化滤池，进行反硝化反应，去除水中的硝态氮。这一过程成为硝化液回流。见图 2-45。

曝气生物滤池处理完成后的水统一汇入曝气生物滤池下方的蓄水池，在蓄水池的下游位置，设置硝化液回流泵，泵送回前置反硝化滤池。见图 2-46～图 2-48。

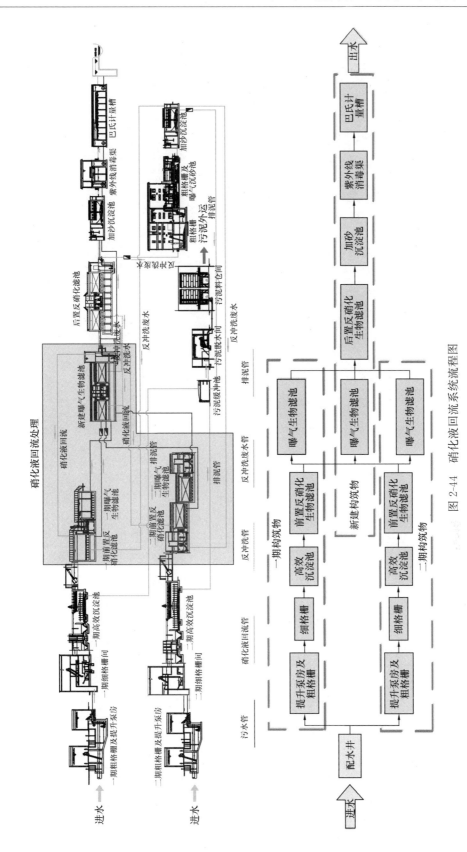

图 2-44　硝化液回流系统流程图

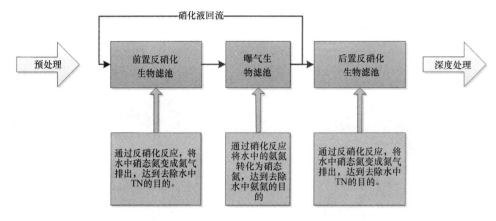

图 2-45　硝化液回流流程图

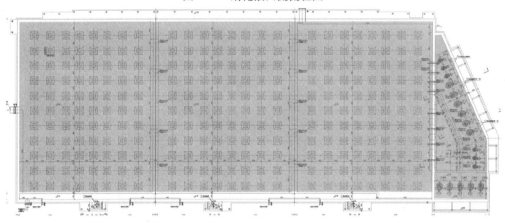

图 2-46　经曝气处理后（新建曝气生物滤池蓄水池内）污水流向示意图

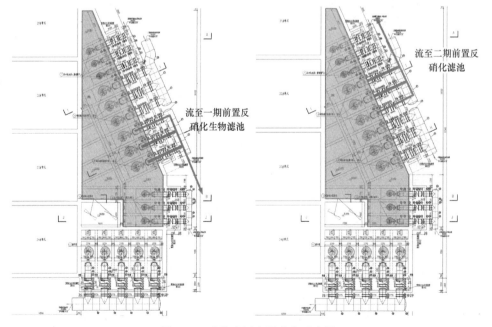

图 2-47　硝化液回流泵送点示意图

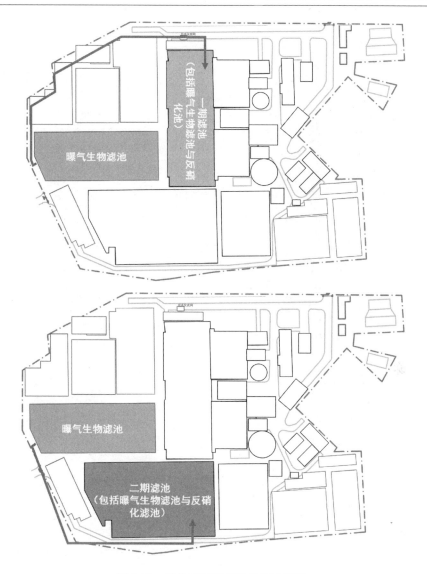

图 2-48　硝化液回流水流走向示意图

（5）反冲洗系统

反冲洗系统流程见图 2-49。

曝气生物滤池及前置、后置反硝化滤池在运行一段时间后，滤料会积累大量的新陈代谢后死亡的微生物及截流下来的污物，影响污水处理效果。对此，要定期对滤料进行反冲洗。

反冲洗分为水洗和气洗，通常步骤为气洗→气水洗→水洗三步。

气洗阶段：关闭生物滤池的进水阀及出水阀（曝气生物滤池同时关闭正常曝气阀门），打开反冲洗进气阀，由反冲洗风机向滤池内鼓气。目的是松动滤料，使滤料层膨胀。

气水洗阶段：保持反冲洗进气阀打开，同时打开反冲洗水泵，打开反冲洗进水阀。目的是将滤料上截留的悬浮物和老化的微生物冲洗出去。

水洗阶段：关闭反冲洗气阀，保持反冲洗水阀打开。目的是将滤料漂洗干净。见图 2-50。

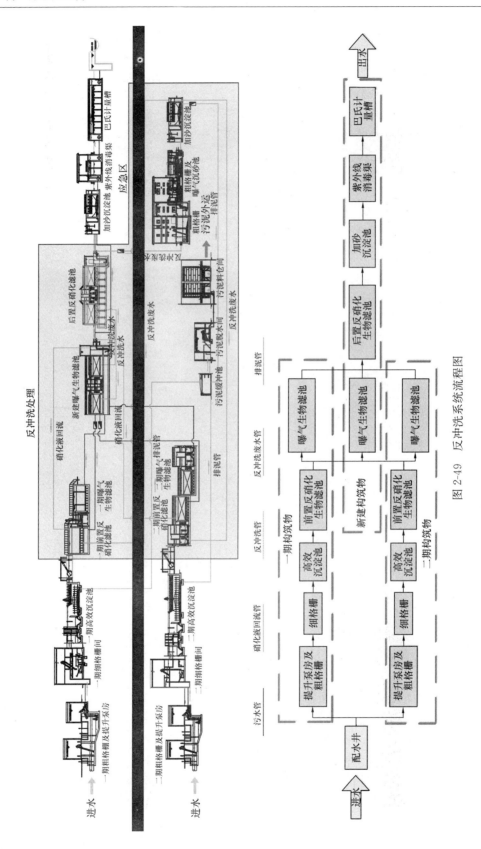

图 2-49 反冲洗系统流程图

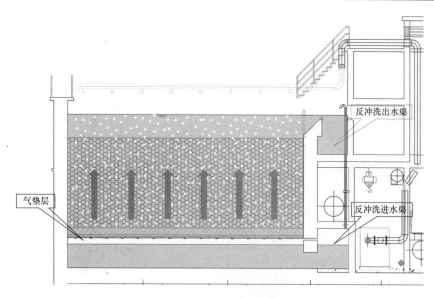

图 2-50　反冲洗系统示意图

反冲洗后的废水由滤池两侧的废水渠汇集至反冲洗废水池，用水泵重新泵送回高效沉淀池，冲洗进行处理。见图 2-51 及图 2-52。

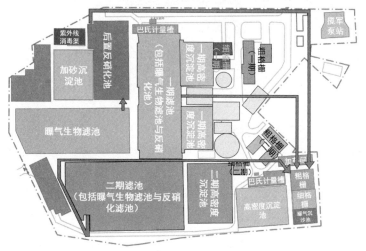

图 2-51　反冲洗废水排至应急区水流走向示意图

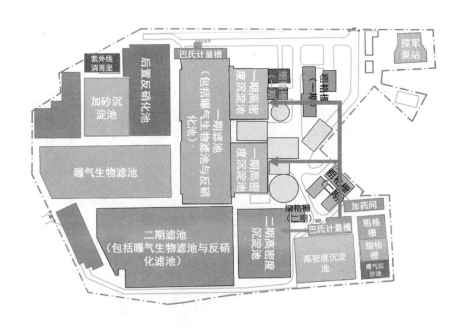

图 2-52　应急区→改造区高密度沉淀池水流走向示意图

1）改造区滤池反冲洗系统

污水经过改造区大型滤池内部曝气生物滤池曝气处理后沿出水渠流至内部曝气生物滤池的蓄水池，蓄水池内装有提升泵。此时，流入内部滤池蓄水池的水为较为干净的硝化液，大部分硝化液沿管道排至新建曝气生物滤池下层蓄水池，而另一小部分硝化液由提升泵抽出，流入反冲洗系统。见图 2-53～图 2-55。

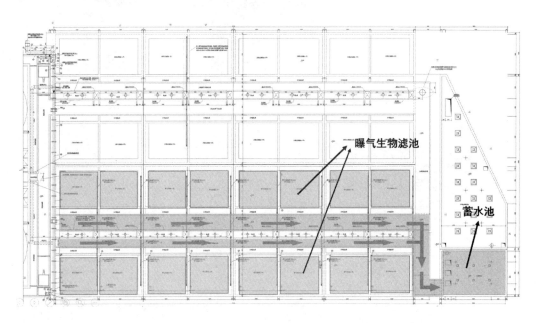

图 2-53　内部曝气生物滤池→内部蓄水池水流走向示意图

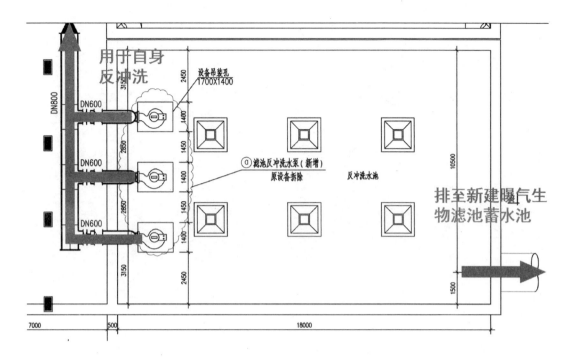

图 2-54　内部蓄水池硝化液走向详图

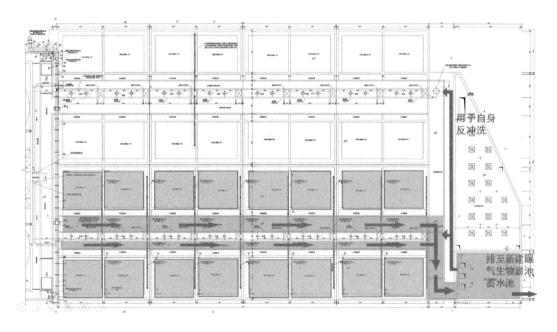

图 2-55　内部蓄水池→反冲洗系统水流走向示意图

硝化液流入反冲洗系统后，使用加压水泵将硝化液沿管道由滤池底部对各个滤池进行反冲洗。见图 2-56～图 2-58。

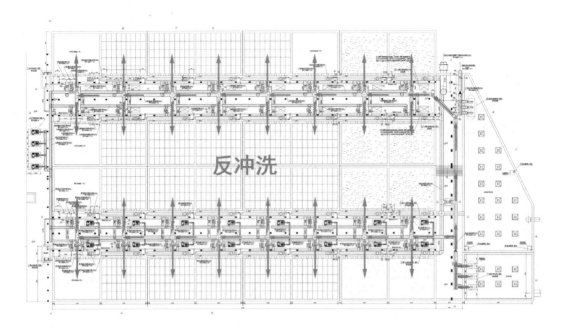

图 2-56　反冲洗硝化液水流走向示意图（一）

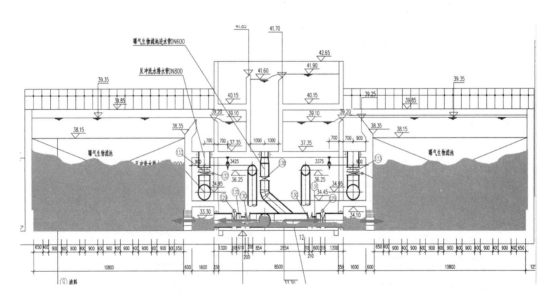

图 2-57　反冲洗硝化液水流走向示意图（二）

　　对滤池进行反冲洗后产生的反冲洗废水会流入出水渠外侧的反冲洗废水渠，再由各滤池反冲洗废水渠下方对应的反冲洗废水支管流入反冲洗废水总管，最后流入反冲洗废水池排至应急区进行处理。见图 2-59～图 2-62。

　　反冲洗废水由滤池流向反冲洗废水渠的过程中可能会出现以下两个问题：

　　① 由于反冲洗水流水压较大，会将水中滤料冲起，使其漂浮在水中，有可能会随水流一起排出，这样不仅会造成滤料浪费的现象，还会污染水质。

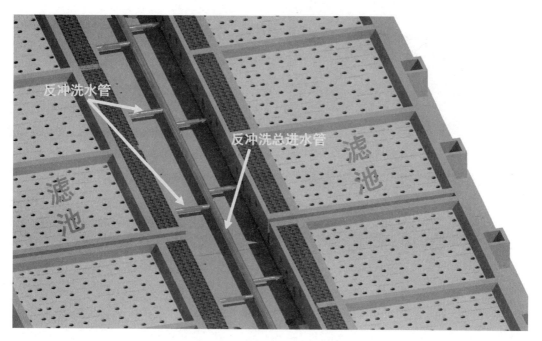

图 2-58　反冲洗硝化液水流走向示意图（三）

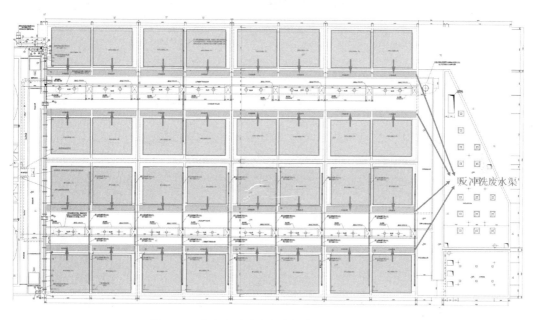

图 2-59　滤池→反冲洗废水渠水流走向示意图

② 反冲洗废水渠紧邻正常出水渠，若反冲洗废水误流入正常的出水渠则会造成污染。

为解决上述两种问题，本项目采用两种小工艺：

A. 在滤池与反冲洗废水渠中间设置滤料捕集器，防止滤料流出，滤料捕集器为两层挡板制成，前后两层挡板交错开，滤料遇到第一层挡板被弹回，在第一层挡板间隙漏出的滤料会在遇到第二层挡板时被弹回。见图 2-63。

图 2-60　反冲洗废水水流走向示意图

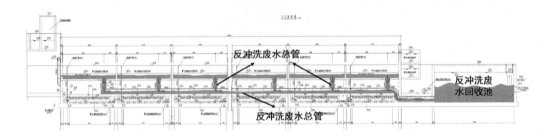

图 2-61　反冲洗废水流入反冲洗废水池水流走向示意图

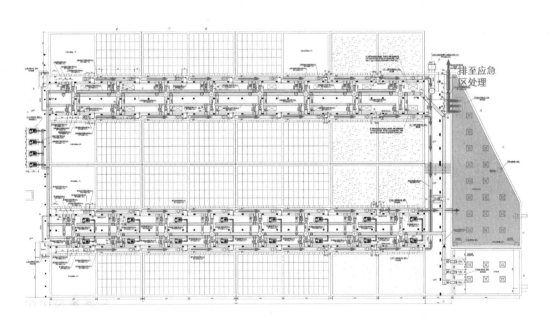

图 2-62　反冲洗废水泵送至应急区水流走向示意图

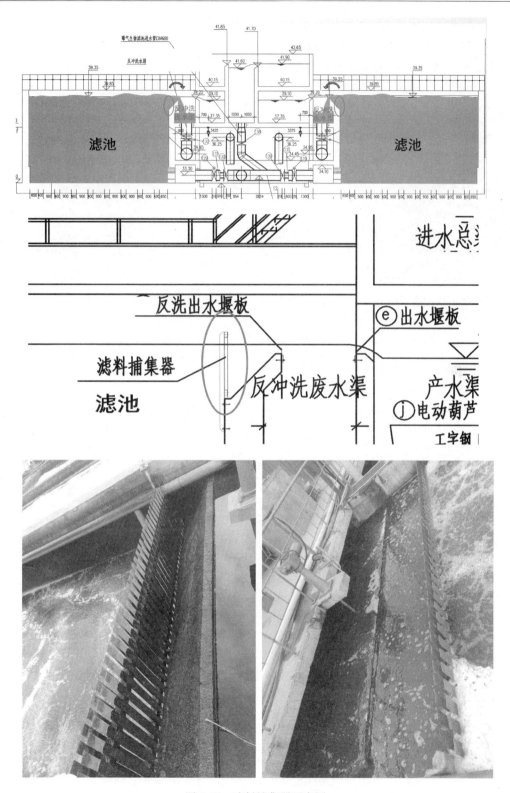

图 2-63　滤料捕集器示意图

B. 本项目在反冲洗废水渠与正常出水渠中间设置活动出水堰板。在正常处理污水时,堰板处于开启状态,处理后的水可由滤池经过反冲洗废水渠直接流入出水渠。而当滤池进行反冲洗时,堰板处于关闭状态,反冲洗废水无法流入正常出水渠,只能由反冲洗废水渠排出。见图2-64。

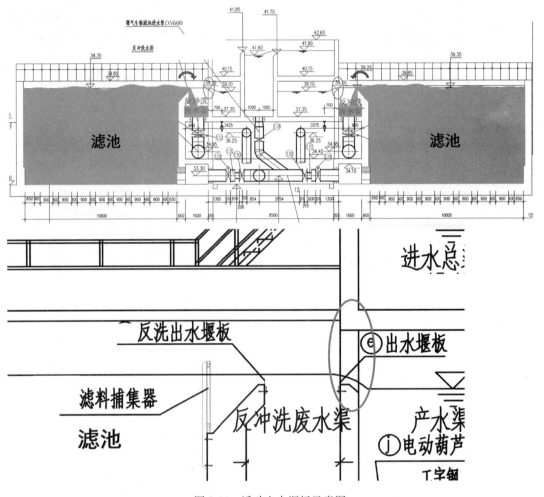

图 2-64　活动出水堰板示意图

2)新建曝气生物滤池反冲洗系统

新建曝气生物滤池下层蓄水池中的较为干净的硝化液通过提升泵抽至自身的反冲洗系统用以自身反冲洗,反冲洗方式与改造区相同,反冲洗废水沿反冲洗废水渠流至后置反硝化滤池下层反冲洗废水蓄水池,与后置反硝化滤池的反冲洗废水汇合。见图2-65及图2-66。

3)后置反硝化滤池反冲洗系统

后置反硝化滤池反冲洗方式与改造区相同,反冲洗过后流入反冲洗废水渠,经反冲洗废水支管流入总管,在排至下层反冲洗废水蓄水池,与新建曝气生物滤池流入的反冲洗废水汇合,沿着蓄水池底坡度流至南侧提升泵处,由提升泵将废水抽出排至应急区进行处理。见图2-67及图2-68。

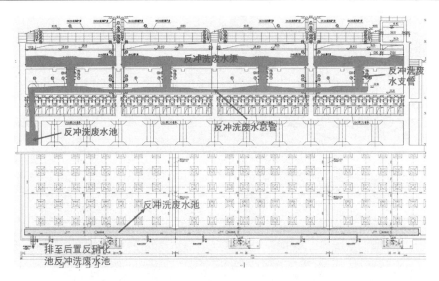

图 2-65　反冲洗废水池→后置反硝化滤池下层反冲洗废水蓄水池水流走向示意图

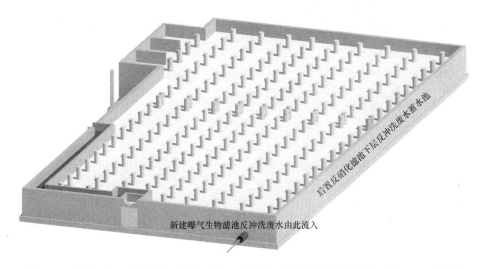

图 2-66　新建曝气生物滤池反冲洗废水→后置反硝化滤池下层蓄水池水流走向示意图

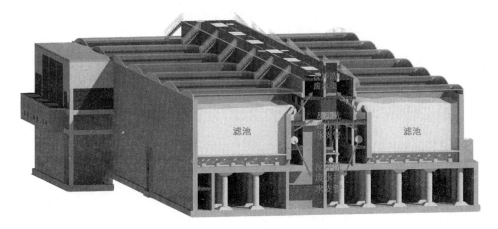

图 2-67　滤池→反冲洗废水排水总管示意图

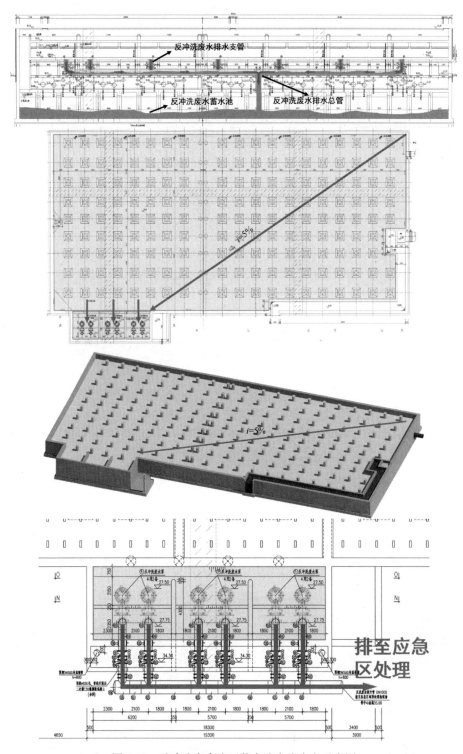

图 2-68 反冲洗废水流至蓄水池水流走向示意图

2. 污泥处理系统

污泥处理系统流程见图 2-69。

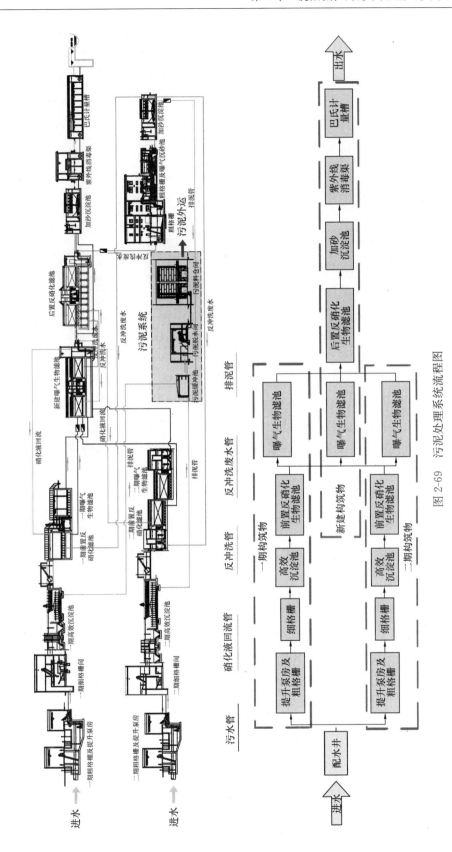

图 2-69　污泥处理系统流程图

污水处理过程中污泥主要产生在高效沉淀池内，污水在沉淀过程中产生的污泥落入池底，由刮泥机刮到泥斗内，在高效沉淀池管廊内设吸泥泵，吸泥泵将污泥输送至脱水间前污泥缓冲池。污泥在缓冲池内进一步沉淀后，由离心脱水机进行脱水后排出厂外。见图 2-70：

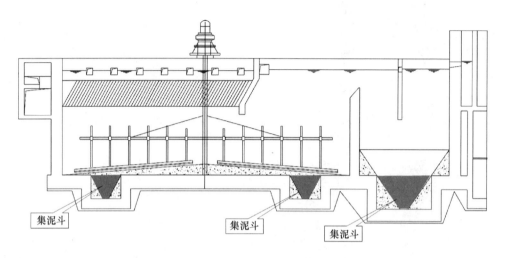

图 2-70　反冲洗废水流至蓄水池水流走向示意图

3. 除臭系统

除臭系统采用生物除臭。通过在池体上部布置张力膜收集污水散发的恶臭气体，导入除臭设备。通过设备内培养生长在生物填料上的高效微生物菌株形成的生物膜来净化和降解废气中的污染物。

2.3　施工技术集成

2.3.1　室外管网施工技术

1. 技术概况

本项目除特殊说明外，工艺污水管、工艺污泥管、工艺超越管、反冲洗空气管，以及污水放空管、溢流管采用钢管 Q235A，曝气空气管采用不锈钢管 SS304。

厂区雨、污水管和雨水连管采用 HDPF 缠绕管，均采用弹性橡胶圈承插接口，环刚度不小于 8kN/m。

厂区自用水管及回用水管采用 PF 给水管，热熔连接，自用水管管道，管配件及法兰压力等级 1.0MPa，回用水管管道压力等级为 0.8MPa。

本工程埋地敷设的各种管道基础做法需满足《给水排水管道工程施工及验收规范》（GB 50268—2008）《埋地塑料排水管道工程技术规程》（CJJ 143—2010）的规定，具体要求详见结构施工说明。

本项目原则上采用放坡开挖施工。当管道周边临近已建的建（构）筑物时，需采用必要的围护措施，并加强监测，以保证周边建（构）筑物的安全。同时，施工时必须保证坑底干燥，其地下水位必须保证在坑底以下 0.5m，必要时应采取井点降水等措施。

2. 施工准备

（1）技术准备

1）施工前，收集厂区管线路线区域地下管线布置资料，进场后邀请具有地下管线探测资质的探测单位，探明现况管线位置、埋深、类型等资料，作为现况管线保护的依据。

2）与污水处理厂配合，将基建资料与物探成果进行对比，找出漏探的管线，做到万无一失。加强与设计单位的协调配合，及时把现况管线资料报送设计单位，作为设计变更的依据。杜绝"走一步，说一步"的现象。

3）施工前，根据实际资料，制定好开挖方案，并业主、监理审核。沟槽开挖前对物探标明的管线进行坑探，将现况管线露明，做标牌警示。

4）对于穿越厂区道路区域与污水处理厂相关部门进行沟通，制定交通疏导方案，提前规划好开挖区域，制定好导流措施，尽量安排在夜间等交通压力小的时段进行施工，施工完成后及时回填，较少对正常交通的影响。

（2）材料准备

材料准备情况详见表 2-10。

材料信息表　　　　　　　　　　　　　　表 2-10

序号	设备名称	规格型号	数量	设备能力	进场时间	备注
1	挖土机	200	2	合格	按需进场	
2	装载机	500	1	合格	按需进场	
3	蛙式打夯机	100	2	合格	按需进场	
4	钢筋弯曲机		2	合格	按需进场	
5	冲击夯	110	2	合格	按需进场	
6	钢筋调直机		1	合格	按需进场	
7	钢筋切断机		1	合格	按需进场	
8	电焊机	300	2	合格	按需进场	
9	钢管压槽机		1	合格	按需进场	
10	管道试压泵	4GSY	1	合格	按需进场	
11	经纬仪	TD2	1	合格	按需进场	
12	水准仪	DS3	2	合格	按需进场	

以上均为设备信息。

（3）现场准备

管道工程施工前需先进行管道测绘，根据实际尺寸及位置确定各关键节点位置和开口、连接位置，通过对现有场地勘察确定管道内流体介质以及避让原则。避让原则为：小管让大管、有压让无压、低压让高压、水管让风管、电管让水管、给排水管让工艺管。

预先将需施工位置人工探挖完成、开工前确保水泵及排水措施齐全、所有参与人员对方案及措施交底完成。

3. 工艺流程及施工方法

（1）工艺流程

室外管网施工工艺流程见图 2-71。

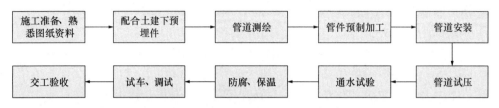

图 2-71 室外管网施工工艺流程图

（2）施工方法

1）放线

① 管线轴线的定位和标定

根据总平面图及底层平面图所标示的方位、朝向定出基点，用经纬仪测量定位，用钢卷尺丈量平面及开挖尺寸。测量由主轴线交点处开始，测量（丈量）各轴线，最后将经纬仪移到对角点进行校核闭合无误，总体尺寸及开挖尺寸复核准确，方可把轴线延伸到管线外的邻近建（构）筑物上或轴线桩上。分画轴线开间尺寸，应用总长度尺寸进行复核，尽量减少分画尺寸积累误差。延伸轴线标志的轴线桩应设在距离开挖基坑 1～1.5m 以外，轴线标志应标画出各纵横轴线代号。延伸轴线标志画的轴线桩建（构）筑物应牢固、稳定、可靠和便于监控。

② 施工超平放线

根据管道走向，连接相应的轴线，计算开挖放坡坡度，定出开挖边线位置。用水准仪把相应的标高引测到水平桩或轴线桩上，并画标高标记。

基坑开挖完成后，沟槽坑底开挖宽度应拉通线校核，坑底深度应经水平标高校核无误后，把轴线和标高引移到沟槽，在沟槽中设置轴线、边线及高程标记。

2）管沟开挖及支护

① 管沟开挖

管沟开挖时严格按照《给水排水管道工程施工及验收规范》（GB 50268—2008）中相关规定执行。

开挖前，调查地下有无管线。对挖出的适用材料，应用于回填。

对于土石方开挖工程量小（包括 3m 以内）时采用自上而下一次开挖法。挖方深度在 3～6m 时，采用自上而下分段跳槽二次分层开挖法。严禁无序大开挖，大爆破作业。边坡工程的临时性排水措施应满足暴雨和施工用水的排放要求。边坡开挖应及时按设计实施支护，避免长期裸露，降低边坡稳定性。管沟的开挖宽度依据《给水排水管道工程施工及验收规范》（GB 50268—2008）施工。然后把管沟的宽度及放坡的宽度用白灰洒出，开挖采用反铲挖掘机开挖，边退边挖，挖至高于设计标高 20cm。其预留的 20cm 由人工挖除（挖除时先制作两个龙门架，按其设计高程在龙门架中心点绑好线绳以便控制其开挖高程）。

开挖注意事项：

A. 开挖不扰动天然地基或地基处理，采用机械开挖时，应挖至设计沟槽底以上 300mm 时改为人工开挖，以免超挖。当出现超挖或其他原因导致管基被挠动时，挠动深度≤150mm 时，可原土回填夯实，压实系数≥0.95；当挠动深度＞150mm 时，需分层夯填 3：7 灰土找平表面，夯实系数≥0.95。

B. 如遇管道敷设在回填土上时，应对土基进行处理，用素土夯实，夯实密度≥0.95。

C. 管道开挖时如遇地下水，应采取降水措施，将地下水水位降至槽底 500mm 以下，方可进行管沟开挖及管基处理。

D. 开挖的余土量应离管沟沟边 1m 以外。

E. 槽壁平整，挖方深度在 3m 以内时，边坡坡比 1：0.50。挖方深度在 3～6m 时，边坡坡比 1：0.75。

F. 沟槽中心线每侧的净宽不应小于管道槽底部开挖宽度的一半。

G. 开挖管沟时预留吊车的位置，便于下管。

② 沟槽支撑

水平支撑采用疏支撑，撑板厚度不宜小于 0.3m，长度不宜大于 4m，每间隔 4m 设一支撑段。垂直方向支撑板间隔为 1.0m。横挡采用 ϕ35 撑杆，间距为 2.5m。

3）吊装及对口

① 管道吊装

室外空气管道在厂区内直埋、吊装时首先要求管沟底部已经找好坡度，并挖好操作坑。然后将定尺加工好的管道按照编号逐一吊装在管沟内。室外空气管道吊装要注意吊车沿沟槽开行距沟边应间隔 1m 的距离，以避免沟壁坍塌。管道的吊装需要注意的问题：

A. 现场负责人为吊装现场清理出工作场地，清除或避开起重臂起落及回转半径内的障碍物。

B. 重物起升要平稳，下降速度要均匀，不能突然制动。吊装物不长时间悬挂在空中，作业中遇突发故障，立即将重物降落至安全地方。

C. 吊装时挂钩人员负责认真挂好钩，防止滑钩、脱钩。

D. 吊装前吊车支撑一定要垫好钢板，支撑腿下面的土层要密实。

② 管道对口

用龙门架及倒链吊起管道的一端，使其与要对口的管道上沿齐平，然后用电焊进行点焊。侧面对口时可利用倒链将关口对齐，然后进行点焊。

当顶端对齐时，一般侧面和下端都会有较宽的缝隙，可利用杠杆的原理，现在管道的一端找到一个固定点，用角钢焊接一个固定点，然后用楔子将管道口对齐，再进行点焊。

4）普通钢管焊接

① 焊接环境

施焊环境应符合下列要求：

焊环境温度应能保证焊件焊接时所需的足够温度和焊工操作技能不受影响；风速：手工电弧焊小于 8m/s，气体保护焊小于 2m/s；焊接电弧在 1m 范围内的相对湿度小于90％。焊件表面潮湿、覆盖有冰雪或在下雨、下雪、刮风期间，必须采取挡风、防雨、防雪、防寒和预加热等有效措施。无保护措施，不得进行焊接。

② 工艺要点

A. 坡口加工

管道的坡口形式和坡口尺寸应按设计文件或焊接工艺卡规定要求进行。不等厚对接焊件坡口加工应符合《工业金属管道工程施工及验收规范》（GB 50184—2011）规定要求。

坡口加工宜采用机械方法，也可采用等离子切割、氧乙炔切割等热加工方法。在采用热加工方法加工坡口后，应除去坡口表面的氧化皮、熔渣及影响接头质量的表面层，并应将凹凸不平处打磨平整。

坡口加工后应进行外观检查，坡口表面不得有裂纹、分层等缺陷。若设计有要求时，进行磁粉或渗透检验。

B. 组对

焊件组对前应将坡口及其内外侧表面不小于 10mm 范围内的油、漆、垢、锈、毛刺及镀锌层等清除干净。

管子或管件对接接头组对时，内壁应齐平，内壁错边量不宜超过管壁厚度的 10%，且不大于 2mm。

不等厚对接焊件组对时，薄件端面应位于厚件端面之内。除设计文件规定的冷拉伸或冷压缩的管道外，焊件不得进行强行组对。更不允许利用热膨胀法进行组对。焊件组对时应垫置牢固，并应采用措施防止焊接和热处理过程中产生附加应力和变形。

5）定位焊

① 定位焊的焊接材料、焊接工艺、焊工和预热温度等应与正式施焊要求相同。

② 定位焊缝的长度、厚度和间距，应能保证焊缝在正式施焊过程中不致开裂。

③ 定位焊后立即检查，如有缺陷应立即清除，重新定位焊。

④ 在定位焊时需与母材焊接的组对工卡具，其材质宜与母材相同或同一类别号，拆除工卡具时不应损伤母材，拆除后应将残留焊疤打磨修至与母材表面齐平。

6）预热

焊前预热应符合设计文件或焊接工艺卡的规定。一般碳钢管道在壁厚≥26mm 时，预热温度 100～200℃，当采用钨极氩弧焊打底时，焊前预热温度可按上述规定的下限温度降低 50℃。

对有焊前预热要求的管道在焊件组对并检验合格后，进行预热。预热方法原则上宜采用电加热，条件不具备时，方可采用火焰加热法。

预热宽度以焊缝中心为基准，每侧不应少于焊件厚度的 3 倍，且不小于 50mm。测温方式可采用触点式温度计或测温笔。

7）焊接

① 焊接方法

管径≤60mm 或壁厚≤6mm 的管道对接接头，采用钨极氩弧焊焊接。管径＞60mm 或壁厚＞6mm 的管道对接接头，采用钨极氩弧焊打底焊，手工电弧焊覆盖焊接角接接头、T 型接头以及套管接头的焊接一般采用手工电弧焊。

② 焊接材料

焊接材料应与母材相匹配。一般选用 E5015 和 TIG-J50，对非重要结构件可采用 E4303。

③ 施焊顺序

打底层焊缝焊接后应经自检合格，方可焊接次层。厚壁大径管的焊接应采用多层多道焊。除工艺或检验要求需分次焊接外，每条焊缝宜一次连续焊完。当因故中断焊接时，应采取防止裂纹产生的措施（如后热、缓冷、保温等）。再焊时，应仔细检查确认无裂纹后，方可按原工艺要求继续施焊。对需做检验的隐蔽焊缝，应经检验合格后，方可进行其他工序。

④ 焊接工艺参数

施焊时的焊接电流、焊接电压、焊接速度等应在焊接工艺规定的范围内。焊接层间温度不低于规定的预热温度下限，且不高于 400℃。

⑤ 施焊技术

直径大于 194mm 的管子对接焊宜采用二人对称焊。厚壁大径管的焊接应符合下列规定：.

钨极氩弧焊打底的焊层厚度不小于 3mm；其他焊道的单层厚度不大于所用焊条直径加 2mm；单焊道摆动宽度不大于所用焊条直径的 5 倍。

⑥ 操作注意事项

严禁在被焊工件表面引弧、试电流或随意焊接临时支撑物。施焊过程中，应保证起弧和收弧处的质量，收弧时应将弧坑填满。多层多道焊的接头应错开。并逐层进行自检合格，方可焊接次层。管子焊接时，管内应防止穿堂风。焊接完毕应对焊缝进行清理，经自检合格后做好焊工代号的标识。

⑦ 焊后热处理

焊后热处理按热处理工艺卡规定要求进行。焊后热处理的加热宽度，从焊缝中心算起，每侧不小于管子壁厚的 3 倍，且不小于 60mm。

焊后热处理的保温宽度，从焊缝中心算起，每侧不小于管子壁厚的 5 倍，以减少温度梯度。

焊缝的焊后热处理温度、恒温时间及升降温速度，应严格按照热处理工艺卡的规定执行。

热处理加热时，力求内外壁和焊缝两侧温度均匀，恒温时在加热范围内任意两测点的温差应低于 50℃。

进行热处理时，测温点应对称布置在焊缝中心两侧，且不得少于两点，水平管道的测点应上下对称布置。焊接接头热处理后，应作好记录和标识。

⑧ 质量检验

焊缝的检验按设计文件或相应标准规定的要求执行。

⑨ 焊缝外观检验

焊缝外观不合格的焊缝，不允许进行其他项目的检查，或进行焊接热处理。

焊缝表面成型良好，焊缝边缘应圆滑过渡到母材，焊缝表面不允许有裂纹、气孔、未熔合等缺陷。焊缝外形尺寸和表面缺陷应符合设计文件或相应标准规定的要求。

⑩ 焊缝的无损检验

焊缝的无损检验按设计文件或相应标准规定的要求执行。

⑪ 返修

当焊接接头有超标缺陷时，必须进行返修，并应遵守下列规定：

焊缝返修工艺，应有经评定合格的焊接工艺评定。焊缝返修应由持有相应合格的项目的焊工担任。

对于不合格的焊接接头，应查明原因，采取对策，进行返修。返修后还应重新进行检验。

返修一般采用机械挖补的方法来清除缺陷,对厚壁管道亦可采用碳弧气刨清除缺陷。确认缺陷清除后,并对返修部位进行坡口清理和修磨,方可进行补焊。焊缝同一部位的返修次数一般不得超过三次。

⑫ 安全注意事项

电焊机开机前要做好设备的安全检查。焊工必须正确使用劳动保护用品。工作场地及附近区域不得有易燃易爆物品。焊接现场有积水和潮湿时,应有必要的隔潮措施。电焊机工件连线应采用卡夹可靠地固定焊件上。

不允许将通电的焊钳搭在焊件上。焊钳连线对有接头和破损处应采取绝缘的可靠措施,严重时及时更新。

氧气瓶和乙炔瓶放置,需搭设防晒棚且距焊接场所 5m 以外,上述两瓶置放距离也应在 5m 以上。使用角向磨光机等修磨焊缝时应佩戴防护镜。

8)回填

① 回填时应在隐蔽工程验收合格后进行,凡具备回填条件,均应及时报监理单位验收并及时回填,防止管道因暴露时间过长造成损坏。

② 回填土不得含有碎砖、石块及大于 10cm 的硬土块,并不得采用房渣土、粉砂、淤泥、冻土等杂物。

③ 回填时必须将沟底杂物清理干净,回填时沟槽内不得有大量积水。

④ 管道两侧及管顶 0.5m 范围内回填土不得含有直径大于 50mm 砖块等硬物。

⑤ 管顶以上 500mm 范围内回填时,应由人工从管道两侧对称回填,且回填土不得直接扔在管道上。

⑥ 回填土时分层夯实,人工夯实每层的虚铺厚度不大于 200mm,机械夯实每层的虚铺厚度不大于 250mm,回填土的压实度控制在 95% 为宜。

⑦ 分层回填至管顶 1.5m 以上时,方可上大型压路机械进行碾压。

⑧ 检查井周围回填时应符合下列要求:

A. 现浇混凝土或砌体水泥砂浆强度达到设计要求;

B. 检查井周围回填要与管道回填同步进行,当不能同时进行,要留台阶型接槎;

C. 检查井周围回填夯实时要沿井室中心对称进行,且不得漏夯;

D. 回填材料压实要与检查井紧贴;

⑨ 在回填土过程中严格按照上述要求执行,以确保管道回填土的密实度和在管沟回填工程中管道不受损坏。

⑩ 雨后填土要测定土中的含水量,如超过规定不可回填,另管沟内如有积水,则需排除后待符合要求时方可进行回填。

⑪ 回填后的余土全部采用人工装车,自卸汽车外运至建设单位指定弃土渣场。

⑫ 管道的回填要求:

管沟回填必须在严密性试验完成,隐蔽工程验收完成后进行,回填土中不得含有有机物、冻土、粉砂、淤泥、石块以及大于 50mm 的砖石等硬物。管道两侧和管顶以上 500mm 范围内采用轻压夯实,管道两侧压实面高差不应超过 300mm。

2.3.2　设备安装技术

1. 技术概况

本工程采用的设备多为专用设备、管道多为化工类型，数量较大、材质复杂，特别是具有耐腐蚀性能的管道，安装工艺难，质量标准高。设备安装精度高，包括在安装过程中为保证整套装置正确联动所需的各独立设备之间的位置精度、单台设备通过合理的安装工艺和调整方法能够重现的设备制造精度。

由技术部与机电安装单位统一策划，作好专业设备的采购招标和分包选择。提前制定施工方案，作好综合排布的设计工作，将所有问题提前解决。

由设计部按照不同单体工程编制设备管线汇总清单，提出技术要求。由机电安装单位主抓施工过程控制，采用先进的测量仪器和施工方法，确保安装精度。

2. 施工准备

（1）技术准备

项目技术部、工程部联合机电安装单位一同进行图纸审核，确定现场的主体结构与机电设备安装是否存在冲突的情况，若有冲突及时及设计单位沟通进行调整。明确设备安装时间，确定各道工序能够顺利穿插进行。技术部对设备吊装时可能遇到的困难进行解决方案的编制。

（2）材料准备

具体材料由机电安装部门根据现场实际所需专业设备进行采购及准备。

（3）现场准备

1）施工前，对施工人员进行安全教育，确保施工安全。

2）需明确工作内容，阅读施工方案，并准备好施工图纸及设计变更。

3）施工场地平整，达到"四通一平"，施工用水、电达到使用条件。

4）安装设备的施工场地的与其他正在施工的系统有可靠的隔离或隔绝。

5）有零部件、工具及施工材料等存放场地。

6）设备开箱检验完毕，设备及零部件齐全完好，合格证、说明书齐全。

3. 工艺流程及施工方法

（1）工艺流程

设备安装工艺流程见图 2-72。

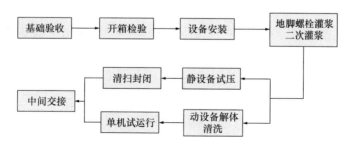

图 2-72　设备安装工艺流程图

（2）施工方法

设备安装总体上应按照先上后下，先内后外，先平台后地面，先起重设备后地面设备，先重大后轻小，先一般后精密，先难后易的程序进行，再结合具体情况合理安排。

2.3.3　自控、调试专业技术

1. 技术概况

本项目电磁流量传感器支墩可根据现场实际情况砖砌而成。仪表保护箱底部应根据电缆规格配置电缆夹头,严禁采用电焊方法将穿线管固定在保护箱上。保护箱内及箱外底部应设有连接扁钢的接地端子,确保外壳接地及进线电源重复接地时不损坏控制箱外壳镀层。电磁流量计应通过流量计井内预埋扁钢良好接地,接地电阻<1Ω,如不满足则加打人工接地极。

厂区内共计有9座流量计井,具体流量计井尺寸详见结构图纸。具体流量计井内管道布置详见工艺图纸。

2. 施工准备

(1) 技术准备

项目技术部与机电安装单位审核自控专业图纸,确定自控施工注意事项,以及需总包单位配合事项。若存在拆改施工,编制应对施工方案并进行交底。

(2) 材料准备

具体材料由机电安装部门根据现场实际所需自控专业材料进行采购及准备。

(3) 现场准备

本工程施工配合量大,设备预埋件多,必须配合土建施工作业进行。由我公司配合专门技术人员进行预留预理工作,以达到土建、安装、电气及内部各工种之间互创施工条件,保证工程总体进度。抓好关键工序施工,以点带面,并严格按施工流程及工序施工,严禁工序倒置。组织好分部位施工的同时,集中力量保重点部分,各专业工种搞好协调配合,确保安装进度。以精良的人员管理、充分物力资源、完善的体系及制度保证安装工程流水施工的实施。

3. 施工方案

(1) 自动控制系统施工方案

1) 自控施工要求

① 自动控制设备的连接确保紧密,接触良好,螺栓紧固无松动,需接零或接地的有明显的接零或接地连接。

② 自动控制设备安装位置便于检查、维修,通风良好,且不影响临近设备的安装与解体。

③ 中央控制、现场控制和就地控制保持协调一致,准确无误,灵敏可靠。

④ 自动控制设备安装后进行单机调试和系统调试,保证仪表、信号指示正常,开关操作灵活可靠,控制准确无误,设备运转良好。

2) 二次回路配线及接线

① 配线所采用的导线型号、规格按设计要求,其相线的颜色易于区分,相线与零线的颜色不同,保护地线采用黄绿相间的绝缘导线,零线采用淡蓝色绝缘导线,在接线前先校对线号,防止错接、漏接,线号标记清晰、排列整齐。

② 每根电缆制作电缆头,电缆头制作一致,排列整齐,电缆标志牌注明电缆位号,电缆型号,电缆起、止点。

③ 在剖开导线绝缘层时,不损坏芯线。多股软线加接头压接,接线牢固。

3）一般自控设备安装

① 设备现场开箱检查时，我方将派工程技术人员会同业主及有关方面人员一起进行开箱检查，严格按照施工图纸及有关合同核对产品的型号、规格、铭牌参数、厂家、数量及产品合格证书，作好检查记录，发现问题后将及时配合业主作好更换或索赔工作。

② 安装前认真学习图纸和仪表设备的技术资料，对每台仪表设备进行单体校验和性能检查，如耐压、绝缘、尺寸偏差等，向业主通报并配合其工作。

③ 严格按照施工图、产品说明书及有关的技术标准进行仪表设备的安装调试。仪表设备的安装可在自控系统安装量完成 70％～80％后开始进行。进场后首先开展的工作是取源部件的安装，特别是工艺管道上的取源部件的安装，如取源接头、取压接头及流量测量元件等。取源点、取压点及流量检测元件的安装位置满足设计要求，不影响工艺管道、设备的吹扫、冲洗及试压工作。

④ 因为本工程施工专业多，人员复杂，而仪表属于精密贵重的测量设备，因此注意仪表设备（含传感器、变送器）的安全，选择恰当的安装时间。在仪表设备整体的安装前首先做好准备工作，如配电缆保护管、制作安装仪表支架、安装仪表保护箱等工作。在自控系统、土建专业的安装工作基本结束后，现场人员比较有序的情况下，仪表自控系统或工艺系统联合调试前进行仪表设备安装。

⑤ 隐蔽工程、接地工程均认真做好施工及测试记录，接地体埋设深度和接地电阻值严格遵从设计要求，接地线连接紧密、焊缝平整、防腐良好。隐蔽工程隐蔽前，及时通知监理工程师进行验收检查，验收合格后方可进行隐蔽。

4）关键自控设备安装

① PLC 柜、计算机系统的安装，由我公司专业技术人员实施，采取防静电措施，严格执行操作规程。

② PLC 柜安装到位后，首先检查接线是否正确，连接线紧密，绑扎紧固，接插件牢固整洁，标识清晰正确。

③ PLC 模块安装后，首先离线检查所有电源是否正常。

④ 离线、检查 PLC 程序，逐一检查模块功能及通信总线、站号，设定及其他控制功能。

⑤ 检查 DI、DO、AI、AO 接口，检查各路各类信号是否正确传输，特别注意高电压的窜入（如 220VAC 信号），以免损坏模板。

⑥ 上位机安装到位后，检查网络联接情况、上下位机之间的通信情况、网络总线的安装及保护情况。

⑦ 每个单项工程完工之后，均按有关标准自检，及时做好施工测试、自检记录。

（2）仪表系统施工方案

1）控制要点

① 倾斜型检测仪表设备的安装符合产品生产厂商的安装要求。在配电柜、盘、电启动器或机械装置的净空点 1.0m 范围内，不得有充满液体的管线穿越；确属需要，将按相关规定设置在 PVC 管槽内或将电气装置罩住隔离，以防液体流入电气设备。

② 检测仪表设备管道敷设至控制器，盘的下方设有干净的通道，以便维修。安装在管路上的元件单独设支架，不借用管子进行支撑。

③ 检测仪表设备及管道确保远离供热管道，与其他管道的间距满足规范要求。

④ 按相关要求提供膨胀环进行检测仪表设备的连接，在管道、阀门检测仪表设备、管件的连接处使用连接器确保位置固定。

⑤ 避免在施工现场进行检测仪表设备管道的弯管或调整，绝不使用加热方式进行管道的弯管或调整。

⑥ 户外安装的检测仪表设备具有防尘、防雨雪保护措施，防护等级不低于 IP55。

⑦ 检测仪表设备的信号输出线采用截面不小于 $1.5mm^2$ 的多股铜芯控制电缆。

⑧ 检测仪表设备管道安装后，及时清除管道内的水及杂质，并按要求着色标记。

⑨ 检测仪表设备安装完毕后进行调试，各仪表指示正常，管道无渗漏。

⑩ 确认预埋、预留件符合图纸要求，牢固，预留传感器位置是否符合工艺测量要求，再进一步检查传感器的安装位置是否符合传感器的技术要求。

⑪ 仪表管路预埋管的预埋和土建同时进行，传感器和二次仪表待土建结束后再进行安装。

⑫ 调试前必须作好充分的准备，例如：试剂的配制等。智能化仪表的调试，先仔细阅读说明书，不能打乱或破坏原有的系统程序。

⑬ 自控仪表一般以电子元件和集成电路居多，安装时要做好防静电、防尘、防潮措施。

⑭ 要严格区分动力、控制、信号和网络线缆，强电和弱电不能公用电缆；不能公用同一根穿线管，在平行敷设中要保持一定的距离，注意仪表接线端子的正负极等。

⑮ 取样管的长短和大小，也会影响测量的精度和测量效果，因此，要选择合适的安装位置，采用合理的取样设备是仪表安装成功与否的关键。

⑯ 防雷接地和信号接地是自动化仪表施工中的重要环节，必须严格按照国家有关规范操作和测试。

2）压力检测仪表的安装

压力检测仪表宜安装在振动较小的工艺设备或管道上。浊度仪及分析仪表支架安装于取样管路上，螺纹连接安装前检查螺纹是否完好，并清除污物；安装时加合适的垫片，并注意加生料带密封。探头与支架螺口对准，拧紧。浊度传感器安装时使其斜面朝向介质流动方向以增强自清洗作用。变送器安装于墙壁之上，高度、位置严格依据设计图纸，安装可靠、固定。多台变送器并排安装时，变送器在一条水平线上。

3）水质仪表的安装

水质检测仪表传感器的安装必须注意如下几点：

① 传感器安装支架尽量使用原厂所配支架；

② 变送器的安装必须尽可能靠近传感器；

③ 接线准确，确保无误；传感器至变送器用仪表配套的专用电缆连接；

④ 安装、维护、更换时，必须参照相关的说明手册，方可进行操作；

⑤ 拧上新电极前，确定 O 形环与安装位置密封面干净、密封良好，不允许渗漏产生。

4）仪表配管及管道支架制作

仪表管路系统材质宜采用不锈钢或 PVC、UPVC、ABS 塑料管道、管件。管路敷设前先将管子、阀门、配件、各设备组件清洗干净，保证无油、无杂质；管路系统连接宜采用承插焊或对接焊，或采用专用粘结剂粘结，并保证内壁无裂纹、无杂质、密封良好、严禁泄漏。

① 螺纹连接的管道，密封材料不得进入系统内，仪表配管质量要求符合以下规定：管子与工艺设备、管道或建筑物表面的距离：≥50mm，用尺测量水平敷设坡度：1：10～1：100，拉线、尺量变管半径：金属管≥3 倍管径，塑料管≥4.5 倍管径，样板尺测量；

② 仪表管道支架间距符合下列规定：

钢管：水平敷设：1～1.5m；

垂直敷设：1.5～2m 铜管、铝管、塑料管及管缆：

水平敷设：0.5～0.7m；

垂直敷设：0.7～1.5m 需要绝热的管路，适当缩小支架间距。

仪表及管道支架制作用钢材符合设计要求，施工规范，具有材质鉴定及合格证书，外形平直，无明显弯曲、翘翘、凸凹、扭曲，表面光洁（无锈蚀）。支架制作下料长度偏差≤5mm，切口卷边、毛刺、锐边（角）必须磨平。所有支架安装及固定仪表、管道的孔（眼）需采用机械方法钻制，不得采用气割钻孔，孔口毛刺需磨平，支架的焊接合乎设计要求，不得漏焊、气孔、裂纹、咬肉，支架除锈、防腐、油漆涂层均匀，无流淌、漏余，附着牢固、无开裂、剥落、气泡、针孔、涂层均匀、颜色一致。

5）仪表管道吹洗、试压

仪表管道安装完成后，采用清洁的水对仪表管道进行吹洗，除去管道系统内油污、泥沙、尘埃、石渣等杂质，防止杂质进入仪表造成仪表损坏或影响测量信号，吹洗时必须隔离仪表，防止污水进入仪表。仪表管道吹洗合格后，按下表中"中低压管道"对管道进行液压试验。

（3）系统调试方案

1）调试控制要点

设备安装完毕进行调试。设备调试前对设备安装进行全面检查，以确定设备是否已准确就位，螺栓是否紧固，与供电电缆及其他设备的联接是否准确，是否有遗漏，连接管道及设备内部是否已清除了杂物等等。此类检查均有书面记录，并报项目经理审查。在全面检查完成并通过项目经理审查批准后开始调试。

调试步骤一般分为先辅机后主机、先部件后整机、先空载后带载、先单机后联动。凡上一步骤未符合要求的将及时整改，达到要求后进行下一步骤。首次启动时用点动，判断有无碰擦及转向错误，待确认无误后方可正式启动。

大型设备调试前编制调试方案。联动调试及试运行将编制调试方案，调试方案包括：准备工作、调试内容、调试步骤、操作方式、人员及岗位配置、可能的应急措施等。调试方案均报请项目经理审查，经批准后进行调试工作。

在准备工作中，配齐足够的工具、材料、各种油料、动力、工作物料，并确保安全防护设施齐全可靠。

在调试全过程中，对设备的振动、响声、工作电流、电压、转速、温度、润滑冷却系统等进行监视和测量，并作好记录。

滚动轴承的工作温度不超过 70℃；滑动轴承的工作温度不超过 60℃；温升小于 35℃。

根据需要合理配备和安排调试人员，参加调试的人员了解设备的结构和性能，掌握操作程序和方法，具有安全知识和事故应急处理的能力，熟悉调试过程和自己的岗位职责。

在调试期间，对业主的雇员进行培训，以帮助他们在工程移交后能独立进行操作和维护。

2）自控系统调试

① 优化调试在自控系统验收完成后，系统正常运行半年到一年的时间内进行。其主要内容：仪表参数优化正定、下位机应用软件运行参数优化正定、上位机应用软优化和完善。

② 计算机控制系统调试前，将会同其他有关专业技术人员共同制定详细的联调大纲，并报业主及监理工程师批准。首先全面充分地了解控制方案和须实现的控制功能要求，将自控系统的设计目标及控制要求与供货商所提供的控制软件内容相比较、分析，提出合理意见，使控制软件合理、适用，满足生产工艺需要。调试时将派出各专业技术人员进行系统联调。

③ 调试前进一步认真阅读有关产品说明书，依据设计图纸及有关规范，精心组织调试。并仔细检查安装接线是否正确，电源是否符合要求。对所有检测参数和控制回路要以图纸为依据，结合生产工艺实际要求，现场一一查对，认真调试，特别是对有关的控制逻辑关系、联锁保护等将给予格外重视，注重检测信号或对象是否与其控制命令相对应。调试时要充分应用中断控制技术，当对某一设备发出控制指令时，及时检测其反馈信号，如等待数秒钟后仍收不到反馈信号，则立即发出报警信号，且使控制指令复位，保护设备，确保生产过程按预定方式正常运行。

④ 在各仪表回路调试和各个电气控制回路调试包括模拟调试完毕的基础上，进行工段调试，完毕后再进行仪表自控系统联调。系统联调是整个工程中最关键、最重要的一个环节，联调成功是整个污水厂投入正常运行的重要标志。在联调过程中，将启动系统相关程序，逐一检查各回路、状态、控制是否与现场实际工作状况一致。根据现场反馈信号，及时检查现场仪表的运行状况，调整控制参数。特别是对模拟量回路调试，其信号的稳定与准确至关重要，直接影响控制效果。因此，对该类信号，要重点检查其安装、接线、运行条件、工艺条件等方面情况，保证各环节各因素正确无误，并提高抗干扰能力。对 I/O 模板、通信模板及 CPU 模板等插拔时，需在断电下进行，不准带电插拔；另外，为防止静电感应而损坏模板，安装调试时带腕式静电抑制器进行操作，并将模板及人体上的静电完全放掉，确保模板安全可靠地运行。

⑤ 对电气操作或马达控制中心（MCC）的原理及柜内接线有一定的熟悉和了解，掌握电气控制（就地）与 PLC 控制（程控）之间的联系和区别，确保所有控制模式均能顺利实现。届时，将邀请电气工程师、设备工程师、工艺工程师等给予支持和配合。

⑥ 通过上位机监控系统，观察其各动态画面和报警是否正确，报表打印功能是否正常，各工艺参数、设备状况等数据是否正确显示，修改参数命令及各种工况的报警和联锁保护是否正常，是否按生产实际要求打印各种管理报表。检查模拟屏所显示内容是否与现场工况相一致，确定模拟屏工作是否稳定可靠。

⑦ 检查是否实现了所有的设计软件功能，如趋势图、报警一览表、生产工艺流程图（包括全厂和各工段工艺流程图）、棒（柱）状图，自动键控切换等方面是否正常。

⑧ 通过系统联调，发现问题，修正程序，并及时与系统设计和软件设计专家讨论问题提出建议和修改方案，达到自控系统功能满足设计要求，并使仪表自控系统能正常连续运行的目的。

⑨ 调试期间将接受业主和监理工程师的指令要求和相关建议，并将完整的调试记录移交给业主，有利于水处理厂今后的日常维护，彻底消除业主的后顾之忧。

3）单机调试

① 单机调试内容

A. 项目经理代表进行的一般检查来校核安装的正确性和工作质量。

B. 开关装置、配电设备和高压装置的电试验符合当地供电局的要求。将全面协调及保护的研究措施提交并征求业主和项目项目经理的意见。

C. 就一般电气设备而言，要对设备的功能性，继电器的设定、接地的连续性、地线环路电阻、旋转方向、运行时的电流和绝缘等进行检查。所有检查都有明确记录。

D. 检查仪器仪表回路的完整性、功能性，并予以校准。

E. 证明 PLC 和计算机及通信器件均正常操作。

F. 检查所有设备在最大工作压力（或接近）时对水、润滑油和空气的密封度。

G. 对机械和管道的所有固定配置的适当性和安全性进行检查。

H. 检查防潮、防尘、防虫设施，同时，也应检查在设备和构筑物之间是否存在没有预料到的危险而导致事故。

② 单机调试的形式

单机调试可分为两种形式，即：空载调试和荷载调试。空载调试是在没有负荷加在设备之前进行的，首先要保证电气设备的正常运行，其次验证以下各项：

A. 正确的功能；

B. 正确的运行温度；

C. 无不正常的振动或应力；

D. 空载调试以每台设备能正常连续运转 2h 为准，泵不进行空载调试；

E. 荷载调试以每台设备能连续正常运转 4h 为准。

③ 单机调试注意事项

在单机调试期间，要对设备的性能进行检查，如果现场设备允许，可以将设备在现场的功能与出厂测试的结果相比较，以此来鉴定现场条件对设备功能的影响。调试标准和参数严格符合有关的技术文件和技术规范。

A. 调试结束后，继续做好下列工作：

B. 断开电源和其他动力源；

C. 消除压力和负荷（如放水、放气）；

D. 检查设备有无异常变化，检查各处紧固件；

E. 安装好因调试而预留未装的或调试时拆下的部件和附属装置；

F. 整理记录、填写调试报告，清理现场；

G. 对于进口设备和主要的国产设备，要求供应商一同参加调试且给予指导。

（4）调试

1）在单机调试通过并获得项目认可后，做好联动调试的准备工作，并提前通知业主和项目经理。

2）调试在业主和项目经理参加的情况下，在他们同意的日期进行。调试以源水为介质，确保能够正常且连续运行72h。

3）调试将覆盖每个单元的所有设备，包括电气、仪表。

4）设备供应商负责调试自控系统中的软件。

5）将派有经验的技术人员参加调试且记录详细的调试过程、结果，这些都将以报告的形式提交给业主和项目经理。

（5）保证测试

1）当调试中发现的影响设备运行的全部缺陷已修正后，经业主和项目经理批准后，将按业主指定的时间对设备进行为期3个月的保证测试。

2）保证测试将依据"合同协议书"附件8（功能保证）进行。

3）所有现场检测所需的计量仪器和仪表由我公司提供；所有仪器和仪表经由法定测试机构进行复验并标定。

4）在完成了调试、运行测试和保证测试之后，且提交了设备运行、维护手册和竣工图；业主将签发"运行验收证书"。

第3章 沈阳北部污水处理厂污水处理相关技术

3.1 项目简介

沈阳市北部污水处理厂建筑物包括原有粗格栅及污水提升泵房、细格栅及曝气沉砂池、CMAS 生化处理系统（普通生化池、二沉池）、SDAO 生化处理系统（A/O 生化池、二沉池）、鼓风机房、浓缩池、污泥脱水间的土建改造、设备更换、维修和增加；新建缺氧厌氧好氧池、中间提升泵房、高密度沉淀池、过滤消毒间（含 V 型滤池、反冲洗泵房、鼓风机房、紫外消毒间、加药间）、污泥回流泵房、乙酸钠投加间、除臭间、除磷处理池、变电所、综合楼、职工休息室、水源热泵间、仓库等。

沈阳市北部污水处理厂提标改造工程主要包括对污水处理厂厂区基础设施进行更换和维护，拆除原有 6 座初沉池，在初沉池处新建厌氧、缺氧、好氧池，并对原普通生化池和A/O 生化池进行改造，进一步提高生物处理系统有机物、氮和磷的去除率。对原有二沉池进行设备改造和维护，通过在二沉池处理后，增加深度处理系统（高密度沉淀池＋V型滤池＋紫外消毒）后，使出水达到现有国家排放标准为《城镇污水处理厂污染物排放标准》GB 18918—2002 中一级 A 排放标准。项目效果图详见图 3-1。

图 3-1 项目效果图

3.2 污水处理工艺介绍

3.2.1 整体工艺流程简介

1. 水质概况

沈阳市北部污水处理厂的出水分别用于农业灌溉及工业回用水源。根据出水用途不同，确定了对应的出水水质标准和生化处理工艺。

（1）原出水水质

完全混合活性污泥法：

$BOD_5 \leq 30mg/L$；

$COD_{cr} \leq 100mg/L$；

$SS \leq 30mg/L$；

$NH_3\text{-}N \leq 25mg/L$。

A/O脱氮活性污泥法水质：

$BOD_5 \leq 20mg/L$；

$COD_{cr} \leq 100mg/L$；

$SS \leq 20mg/L$；

$NH_3\text{-}N \leq 10mg/L$。

北部污水处理厂已运转多年，根据多年连续出水水质监测资料，污水处理厂目前实际出水水质指标见表3-1所示（95%保证率）（原系统水质情况）。

实际出水水质指标　　　　　　　　　　　表3-1

指　　标	COD_{cr}	BOD_5	SS	$NH_3\text{-}N$	TN	TP
CMAS系列出水	75	25	23.5	16	21.9	4.80
SDAO系统出水	80	25.2	28.5	10.5	20.7	4.85

从表3-1可知，目前北部污水处理厂出水各项指标基本满足设计要求，但是与《城镇污水处理厂污染物排放标准》（GB 18918—2002）一级A标准还有较大的差距。

（2）提标改造目标

为保护辽河流域水体环境，根据国家环境保护总局关于《城镇污水处理厂污染物排放标准》（GB 18918—2002）修改单的要求，对其进行污水厂提标升级改造。

沈阳市北部污水处理厂提标升级改造工程设计规模40.0万m^3/d，对北部污水处理厂原有处理系统进行改造，并新建生物二级处理和深度处理构筑物，污水厂污水处理工艺采用A2/O生化工艺＋V型滤池＋紫外消毒工艺，使处理后的出水达到《城镇污水处理厂污染物排放标准》（GB 18918—2002）一级A标准。具体要求详见表3-2：

水质具体要求　　　　　　　　　　　表3-2

序号	基本控制项目	一级标准		二级标准	三级标准
		A标准	B标准		
1	化学需氧量（COD）	50	60	100	120（1）
2	生化需氧量（BOD_5）	10	20	30	60（1）
3	悬浮物（SS）	10	20	30	50
4	动植物油	1	3	5	20
5	石油类	1	3	5	15
6	阴离子表面活性剂	0.5	1	2	5
7	总氮（以N计）	15	20	—	—

续表

序号	基本控制项目		一级标准		二级标准	三级标准
			A 标准	B 标准		
8	氨氮（以 N 计）(2)		5（8）	8（15）	25（30）	—
9	总磷 （以 P 计）	2005 年 12 月 31 日前建设的	1	1.5	3	5
		2006 年 1 月 1 日起建设的	0.5	1	3	5
10	色度（稀释倍数）		30	30	40	50
11	pH		6～9			
12	粪大肠菌群数（个/L）		103	104	104	—

注：（1）下列情况下按去除率指标执行：当进水 COD 大于 350mg/L 时，去除率应大于 60%。BOD 大于 160mg/L
　　　时，去除率应大于 50%。

　　（2）括号外数值为水温＞12℃时的控制指标，括号内数值为水温≤12℃时的控制指标。

2. 整体工艺流程简介及工艺特点
（1）工艺流程（图 3-2）

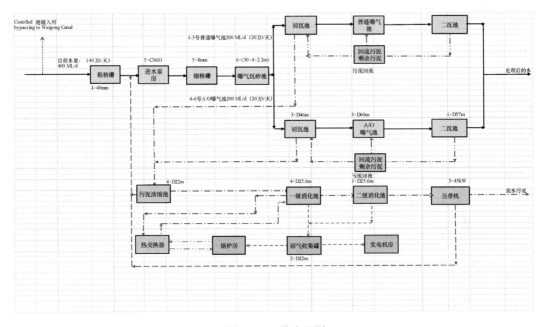

图 3-2　工艺流程图

具体工艺流程为：

预处理系统（进水暗渠→粗细格栅→提升泵房→曝气沉砂池）→生化处理系统
（AAO→二沉池及污泥回流系统）→深度处理系统（中间提升泵房→高密度沉淀池及加药
系统→V 型滤池→紫外消毒渠）→巴氏计量槽→出水。

（2）工艺特点

根据整体布局，北部污水处理厂主要采用 AAO＋二沉池＋深度处理系统（高密度沉
淀池＋V 型滤池＋紫外消毒）方式进行污水处理，该系统处理污水抗冲击能力强，深度
处理系统占地面积小、处理速度快、可调节能力强，并能有效提高出水 SS 指标。

由于是改造系统工程，该工艺对原系统破坏小，影响小，有效缩短停减产时间，运行操作简单便于维护，抗冲击负荷高。

从后期运行考虑，采用全自动控制系统，实现工业化现场管控，监、控同步，可视化操作，节约时间，电脑控制系统可做到24h不间断水质管理，在进水浓度变化大的期间，污水处理系统能够及时做出反应，联动各系统应对。

3.2.2 污水处理工艺

1. 整体工艺总体概述

沈阳市北部污水处理厂提标改造工程通过将市政污水通过预处理系统＋生化处理系统＋沉淀系统＋过滤系统＋深度处理系统＋污泥系统＋消毒系统＋除臭系统等改扩建后，使出水达到《城镇污水处理厂污染物排放标准》（GB 18918—2002）中的一级 A 标准。废气排放达到《城镇污水处理厂污染物排放标准》（GB 18918—2002）中的二级大气污染物排放标准；噪声达到《工业企业厂界环境噪声排放标准》（GB 12348—2008）；恶臭排放达到《恶臭污染物排放标准》（GB 14554—1993）中的二级标准。保持原40万 t/日处理量不变，且施工期间不允许停产，不允许未经处理的污水外排。

2. 适用范围

适用于北方寒冷地区，水质及水量变化大，对氨氮、SS 等指标要求高的大型城镇污水处理厂。

3. 污水处理系统组成

（1）预处理系统

1）粗格栅：用来去除可能堵塞水泵机组及管道阀门的较粗大悬浮物，并保证后续处理设施能正常运行。粗格栅是由一组（或多组）相平行的金属栅条与框架组成，倾斜安装在进水的渠道，或进水泵站集水井的进口处，以拦截污水中粗大的悬浮物及杂质。一般16mm 以上格栅栅条间距为粗格栅。详见图 3-3。

2）细格栅：细格栅是由一组（或多组）相平行的金属栅条与框架组成，倾斜安装渠道上，以连续清除流体中杂物的固液分离设备。一般栅条间距为 3～10mm。详见图 3-4。

图 3-3 粗格栅

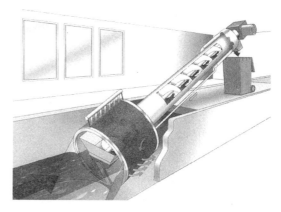

图 3-4 细格栅

3）曝气沉砂池：沉砂池主要用于去除污水中粒径大于 0.2mm，密度大于 2.65t/m³ 的砂粒，以保护管道、阀门等设施免受磨损和阻塞。其工作原理是以重力分离为基础，故应控制沉砂池的进水流速，使得比重大的无机颗粒下沉，而有机悬浮颗粒能够随水流带走。详见图 3-5。

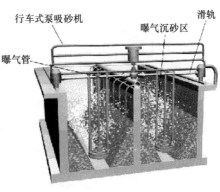

图 3-5　曝气沉砂池

（2）生物处理系统

AAO 生化池：AAO 法又称 A2O 法，是英文 Anaerobic-Anoxic-Oxic 第一个字母的简称（厌氧—缺氧—好氧法），是一种常用的污水处理工艺，可用于二级污水处理或三级污水处理，以及中水回用，具有良好的脱氮除磷效果。详见图 3-6。

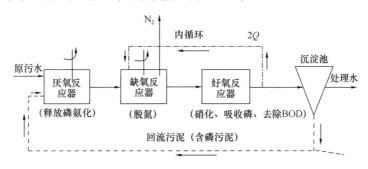

图 3-6　A^2/O 工艺流程图

1）厌氧反应器，原污水与从沉淀池排出的含磷回流污泥同步进入，本反应器主要功能是释放磷，同时，部分有机物进行氨化。

2）缺氧反应器，首要功能是脱氮，硝态氮是通过内循环由好氧反应器送来的，循环的混合液量较大，一般为 2Q（Q 为原污水流量）。

3）好氧反应器—曝气池，这一反应单元是多功能的，去除 BOD，硝化和吸收磷等均在此处进行。流量为 2Q 的混合液从这里回流到缺氧反应器。

4）沉淀池，功能是泥水分离，污泥一部分回流至厌氧反应器，上清液作为处理水排放。

（3）深度处理系统

深度处理的主要目的是进一步去除二级处理水中的悬浮物（SS）、溶解性有机物（BOD$_5$）、磷等污染物质。

1）高密度沉淀池：作为污水处理厂后端核心处理工艺，其最主要的作用是为了降低水中的 SS（悬浮物），主要作用降低水中的 SS。一般情况下，高密池的结构组成主要为：

配水区、混凝反应区、絮凝反应区、斜板或斜管沉淀区（底部设有刮泥机）、排泥系统（某些水厂还增设了污泥回流系统）等。详见图 3-7。

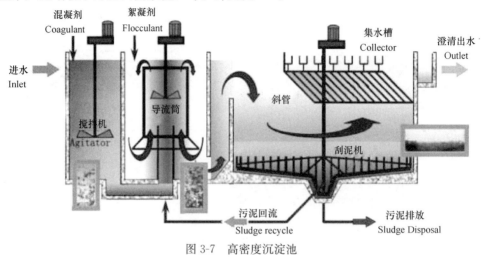

图 3-7　高密度沉淀池

2）V 型滤池：滤池是用于过滤的目的，有的用来去除水中的悬浮物，以获得浊度更低的水；是一种快滤池，通过石英砂、鹅卵石等填料，通过重力、反渗原理，以达到过滤、吸附水质杂质的目的。详见图 3-8。

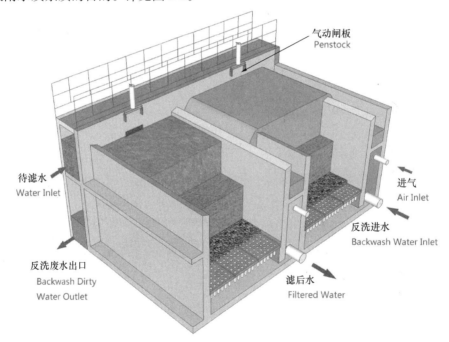

图 3-8　V 型滤池

（4）污泥系统

北部污水厂污泥系统由污泥回流、剩余污泥、污泥浓缩、污泥硝化、污泥脱水系统组成。由于将水厂出水标准提高至一级 A，相比较原二级出水标准，泥量变大，原系统已无法满足正常生产要求，通过新建、改造原系统，进而满足生产需求。详见图 3-9。

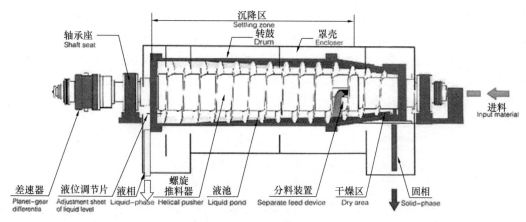

图 3-9　污泥系统图

（5）除臭系统

本工程气味较大的地方主要是污水预处理部分（格栅间、污水提升泵房、细格栅间）和污泥处理部分（浓缩池、脱水间等）。通过风机抽吸，在构筑物内形成负压，将气体抽入除臭系统管道内，由管道连接至生物滤料除臭系统进行除臭，处理加湿洗涤，压入空气吸附设备内，最终将处理后的气体排出。详见图 3-10。

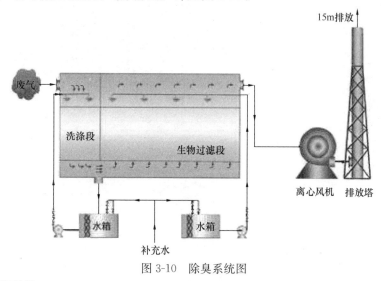

图 3-10　除臭系统图

（6）加药系统

本工程常用药剂为 PAC、PAM、乙酸钠和次氯酸钠；PAC：聚合氯化铝，有较强的架桥吸附能力，在水解过程中，发生凝聚、吸附和沉淀等物理化学过程，吸附水中颗粒物。

4. 污水处理系统

（1）预处理系统

1）粗格栅及进水提升

污水厂原有提升泵房内设潜水泵 5 台，4 台大泵（流量为 5400m³/h，功率为 240kW），1 台小泵（流量为 2160m³/h，功率为 170kW），无法满足总变化系数 1.3 的设计水量要求。提标改造工程采用更换现有小泵为大泵的方式，使水泵提升流量能够满足要求。另外，为满足除臭要求，增设相应的除臭管道。

综合考虑运行中水泵并联工况和维护检修方便，提标改造工程新增水泵流量选择与原有水泵相同的参数。同时，根据水泵设置的要求，当水量变化很大时，可配置不同规格的水泵，或采用变频调速装置，或采用叶片可调式水泵这 3 种方式，原有水泵无变频装置，因此提标改造工程增设 2 套水泵变频调速设备。另外，为满足除臭要求，在提升泵房集水池和阀门井增设相应的除臭管道。详见图 3-11。

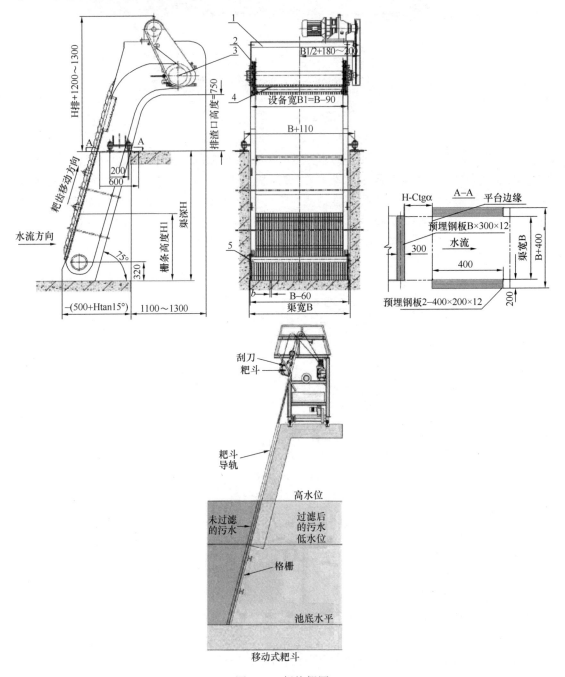

图 3-11　粗格栅图

1—架体总成；2—牵引链；3—传动系统；4—齿耙组合；5—水下导轮组合

更换水泵的同时更换对应的压水管道阀门，包括止回阀、伸缩节和手动闸阀，阀门规格 $DN1000$，$PN1.0MPa$；新增水泵变频设备数量 2 套。

2）细格栅间

因设计总变化系数由 1.2 更改为 1.3，原有 5 台细格栅过水流量不足，需要全部更换。详见图 3-12。

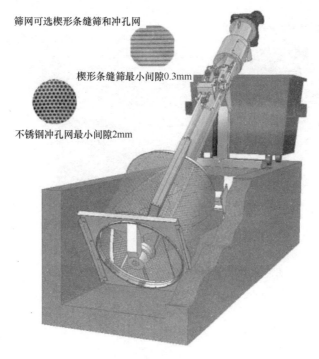

图 3-12　细格栅图

同时，考虑提标改造工程拆除初沉池，为避免更多呈悬浮或漂浮状态的固体污染物进入后续处理系统，因此细格栅的栅距由原设备的 8mm 修改为 5mm。另外，为满足除臭要求，新格栅设置设备除臭罩，并增设相应的除臭管道。详见图 3-13。

因原有曝气沉砂系统过流量及处理能力，能够满足提标改造后的要求，所以不需要对曝气沉砂池进行改造处理。详见图 3-14。

（2）普通生化系统

原有普通生化池 3 座，池子为圆形，直径 46m，中间独立区域直径为 23m，单池有效容积 13787m³，总容积 41360m³。

生化池原设计工艺参数：MLSS：2500mg/L，溶解氧 2～4mg/L，污泥龄 6～8 天，外回流比 50%，有效水深 8.3m，污泥负荷 0.3kgBOD₅/(kgMLSS·d)，HRT＝4.75h。

提标改造工程采用 A2/O 工艺，拆除初沉池就地新建的生化池与原有生化池串联，原有普通生化池的三个系列处理水量调整为 15.0m³/d。新建生化池设厌氧区、缺氧区、过渡区和部分好氧区，原有生化池改造为好氧池。提标改造工程建成后，原有生化池进水为同系列新建生化池的出水，根据工艺特点，包括 $Q_{进水}＋Q_{污泥回流}＋Q_{硝化液回流}$，所以，原有普通生化池的进水量较现状增加。出水分别回到新建生化池的硝化液回流池和二沉池。详见

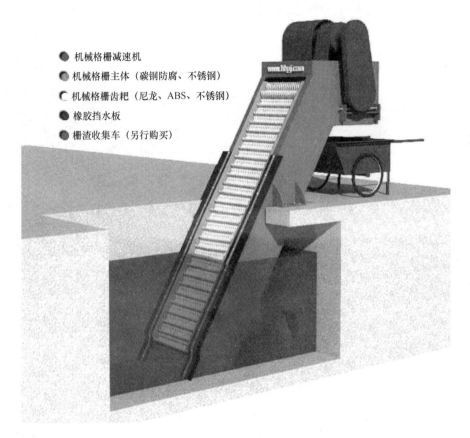

● 机械格栅减速机

● 机械格栅主体（碳钢防腐、不锈钢）

◖ 机械格栅齿耙（尼龙、ABS、不锈钢）

● 橡胶挡水板

● 栅渣收集车（另行购买）

图 3-13　细格栅图

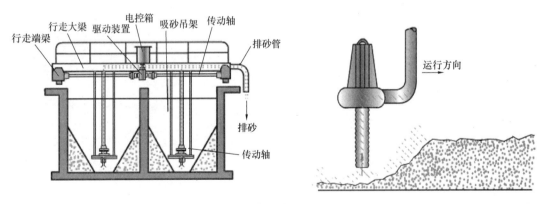

图 3-14　曝气池图

图 3-15。

本工程原有普通生化池的改造包括：

1）生化池进水量增加，为保证完全混合生化池的水力流态，需要更换液下搅拌器；

2）因生化池功能的变化和所需曝气量的增加，对现有生化池曝气管道进行改造，增加生化池曝气头；详见图 3-16。

图 3-15 水下推流器

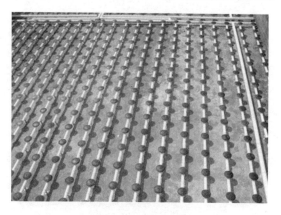

图 3-16 水下曝气盘

3）因生化池进水和出水流量大幅度增加，为了保证在现有水力高程下水厂的正常运行，更换生化池进出水管道。

本工程生化池有效水深 8.3～8.5m，为满足混合条件，采用一个位置安装两台潜水搅拌器的方式。

为了保证进水水量准确计量，一般在 AAO 进水前设置计量井，由于北部污水厂为改造工程，在不能停减产的情况下，工程采用与 AAO 合建计量井的方式进行进水计量，避免了停减产情况发生，通过可调节堰门控制所需进水量，确保每序列水量均能在可控范围内运行。

（3）A/O 生化系统

原有 A/O 生化池 3 座，直径 60m，单座池容 22600m³，由内至外分别为活性恢复区（R12.6m，容积 4137m³），缺氧区（R19.8m，容积 5303m³），好氧区（容积 13341m³）。详见图 3-17。

图 3-17 曝气盘图

生化池原设计工艺参数：MLSS：4600mg/L，溶解氧 2～4mg/L，污泥龄 10～12 天，外回流比 100%，内回流比 70%，污泥负荷 0.09kgBOD/(kgMLSS·d)，有效水深 8.3m，HRT＝8.45h。

提标改造工程采用 A2/O 工艺，拆除初沉池就地新建的生化池与原有生化池串联，原有 A/O 生化池的三个系列处理水量调整为 25.0m³/d。新建生化池设厌氧区、缺氧区、过

图 3-18　出水水质

渡区和部分好氧区，原有生化池改造为好氧池。提标改造工程建成后，原有生化池进水量增加，出水分别回到新建生化池的硝化液回流池和二沉池。详见图 3-18。

（4）曝气系统

原鼓风机房共有 5 台风机，风量为 9480～15680m³/h，风压为 1.007bar，电机功率为 600kW，设计运行风机台数为 4 台。因风机使用的年限长，已经老化，目前每台风机最大出风量仅为 15000m³/h。因为原有鼓风机振动值大，经常故障，影响污水处理厂正常运行。详见图 3-19。

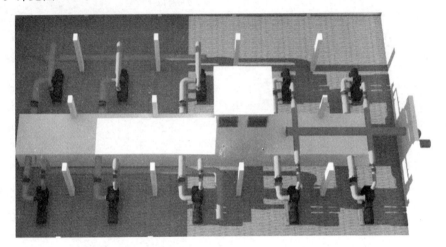

图 3-19　曝气系统图

提标改造工程设计生化系统总需气量为 84940m³/h，与原有鼓风机风量差距较大。为了满足提标改造工程建成后污水处理系统的正常运行，设计拟更换 4 台原有鼓风机，保留 1 台原有鼓风机。

每台鼓风机进口设置进口过滤器，出口设置手动通风蝶阀、电动通风蝶阀、微阻缓闭消声蝶式止回阀等，阀门规格为 DN600，PN0.6MPa。鼓风机房原有电动葫芦保留，供设备安装和维修使用。鼓风机作为 AAO 好氧系统主要送气系统，通过与曝气系统管道相连接，可按：AAO 池体水下曝气盘＋曝气支管＋曝气主管，为曝气系统，而鼓风机＋送气管道为供气系统；一般供气系统风量较大，不进行精细风量调节，在曝气系统进行精准风量控制。通过送气＋曝气系统的阀门控制，保证各池体之间供气风量平衡。

（5）污泥浓缩系统

原有污泥浓缩脱水处理系统包括：浓缩池、浓缩池排泥泵房、污泥消化池和污泥脱水机房。

1）浓缩池

污泥浓缩池：4 座，直径 22m，池深 4.5m，有效池容 1709m³，进泥含水率 98%，浓缩污泥含水率96％，固体负荷52.16kg/m² · d。详见图3-20。

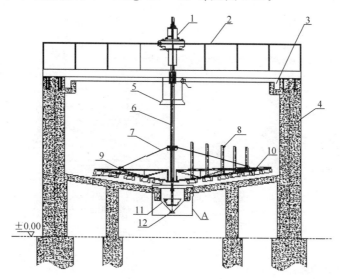

图3-20 浓缩池图

1—驱动装置；2—工作桥体；3—溢流槽；4—壳体；5—稳流筒；6—主轴；7—拉筋；

8—格栅；9—短耙；10—长耙；11—小耙；12—排泥口

2）浓缩池污泥泵房

污泥泵房2座，每座3台浓缩污泥泵，$Q=50m^3/h$，$H=20m$，$N=11kW$。

3）消化池

消化池5座，直径26.8m，进泥浓度35～40g/L，池容8000m³。$T=33～35℃$，VSS分解30％，VSS/SS=0.55，沼气产量11220m³/d。详见图3-21。

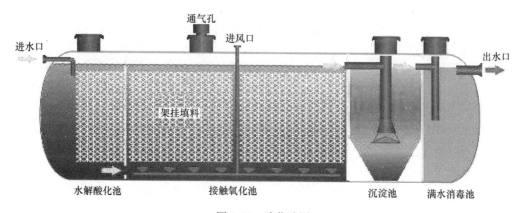

图3-21 消化池图

4）脱水机房

脱水机房共有4台离心脱水机，2005年购置，单台最大处理量50m³/h。

提标改造工程建成后，原有初沉池的拆除、出水SS减少、生化池污泥龄的增加、除磷药剂和混凝药剂的投加等均对系统的污泥量和污泥成分有影响，通过计算生化池污泥产量和对原有污泥处理系统的参数校核，确定本工程污泥处理系统改造内容为：浓缩池增加除臭系统，包括除臭张力膜和相应的管道；污泥脱水间增加 2 套离心脱水机，单台处理能力 70m³/h。详见图 3-22。

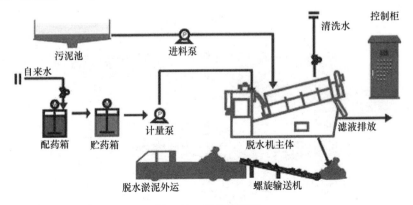

图 3-22 脱水机房图

提标改造工程建成后，原 A/O 系统每日干泥量 31.5t/d，原普通生化系统每日干泥量 19.5t/d，深度处理系统每日干泥量 9.33 t/d，总污泥产量 61.63t（干泥）/d，各构筑物产泥量和污泥含水率详见表 3-3。

产泥量和污泥含水率　　　　　　　　　　　　　　　表 3-3

系统名称	干泥量（tDS/d）	污泥含水率	排泥量（m³/d）
SDAO 系统 A/O 生化池改造	31.5	99.2%	3937.5
CMAS 系统普通生化池改造	19.5	99.2%	2437.5
深度处理系统	9.33	98%	466.5
污泥浓缩池上清液处理池	1.3	99%	130
合计	61.63	99.1%	6971.5

由于原有脱水机的处理能力略有不足。本工程主体生化处理工艺采用脱氮除磷的 A2/O 工艺，沉淀池排泥中有大量聚磷菌，而聚磷菌在厌氧环境中会把吸收的磷释放出来，造成除磷的失败。因此提标改造工程为保证剩余污泥的及时处理，增加 2 台污泥脱水机，原有 4 台脱水机按 2 用 2 备。同时，为满足新增离心脱水机配套进泥泵、切割机、加药泵等的安装要求，本工程拆除脱水间原有室内污泥调节池，在室外异地重建，脱水间原污泥储池位置重新布置原有脱水机和新增脱水机的进泥泵和切割机。另外，为了满足环保要求，设置 2 座污泥料仓，用于污泥贮存。详见图 3-23。

（6）污泥回流系统

原有污泥泵房 6 座，其中，原普通生化系统回流污泥泵房 3 座，每座 4 台回流泵（3 用一备），单泵流量 1080m³/h，剩余污泥泵 3 台，单泵流量 37m³/h；原 A/O 系统回流污泥泵房 3 座，每座 4 台回流泵（3 用 1 备），流量 1440m³/h；剩余污泥泵 3 台，流量 37m³/h。

原有污泥回流泵为螺旋泵，因此原有污泥回流泵房较小，本次提标改造工程因出水水质标准提高，污泥回流比提高到 100%，污泥回流泵采用潜水排污泵，原有污泥回流泵房不具备设备安装条件，因此提标改造工程拟拆除原有 6 座污泥回流泵房中的 3 座，就地新

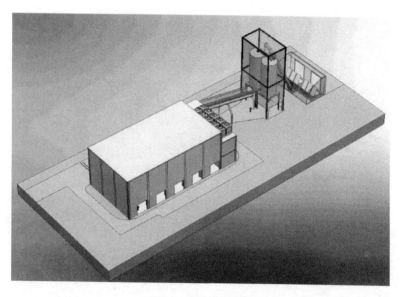

图 3-23　脱水机房图

建污泥回流泵房，每座污泥回流泵房负责 2 个
污水处理系统的回流污泥。详见图 3-24。

新建回流泵房从南到北依次为 1 号、2 号
和 3 号污泥回流泵房，1 号回流泵房负责原普
通生化系统南侧第一第二系列生化池的回流污
泥；2 号回流泵房负责原普通生化系统第三系
列和原 A/O 系统第一系列生化池的回流污泥；
3 号回流泵房负责原 A/O 系统第二第三系列生
化池的回流污泥。新建污泥回流泵房接收二沉
池排泥，内设污泥回流泵及剩余污泥泵，分别
将回流污泥输送至生化池污泥进水井、剩余污
泥输送至污泥处理系统。详见图 3-25。

为设备安装和维修方便，每座污泥回流泵
房设电动单梁悬挂起重机一套，起重量 $G_n = 5t$。
作为污水处理厂主要工艺内容，污泥产量及回
流等工艺内容直接影响出水水质，为确保水质
达标，应确保污泥回流比满足污水厂调试、运
行的泥量要求；一般混合液回流称为内回流，

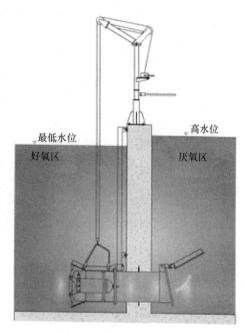

图 3-24　污泥回流泵房图

污泥由二沉池回流至曝气池为外回流；内回流是含有大量硝态氮的硝化液回流，用于缺氧
池脱氮，是从好氧区回流到缺氧区，保持一定的悬浮固体浓度，也就是保持一定的微生物
浓度；外回流比一般在 $30\% \sim 100\%$，内回流在 $100\% \sim 300\%$ 之间；

（7）深度处理系统

1）中间提升泵房

生化池出水进入中间提升泵房，泵池内设潜水排污泵 10 台，其中，大泵 8 台，6 用 2

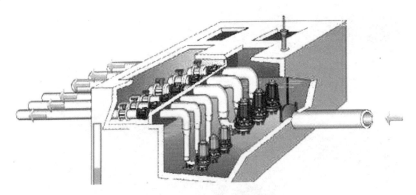

图 3-25　污泥处理系统图

备；小泵 2 台，大小泵联合工作，方便调节提升水量。单台水泵配套阀门包括：微阻缓闭止回阀、手动闸阀、双法兰伸缩节。

2）高密度沉淀池

本工程设高密度沉淀池 1 座，分 3 组，每组 4 格，共 12 格沉淀池，高密度沉淀池由进水配水堰、混合池、絮凝池、沉淀池和设备间组成，每组平面尺寸 52.1m×31.3m。污水通过过渡区进入沉淀池，沉淀池具有污泥沉淀及污泥浓缩的作用。沉淀池的污泥来源主要为进水 SS 及反冲洗废水污泥，经过沉淀池沉淀的污泥含水率可达到 98％以下。沉淀池沉淀的一部分污泥通过高效度沉淀池设备间的剩余污泥泵排入污泥缓冲池后进入污泥脱水间进行脱水，另一部分污泥通过高效度沉淀池设备间的泥泵打入混凝池导流筒进行污泥循环。详见图 3-26。

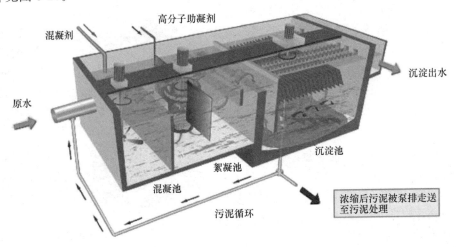

图 3-26　污泥处理系统图

高密度沉淀池设备间位于池体内侧墙外，主要放置为高密度沉淀池服务的设备，因场地狭小，因此高密度沉淀池分为 3 组，每组 4 格，所以，设备间也相应设置 3 座，每 4 格共用一个设备间，设备间平面尺寸为 60.5m×4.50m×6.45m。

3）过滤消毒间

本工程共设一座过滤消毒间，内设滤池系统、消毒系统、加药系统以及附属等。过滤消毒间平面尺寸为 72m×126m，一层层高 6.60m，二层层高 6.65m。

① V 型滤池

滤池系统包括池体、滤梁、滤柱、滤板、滤头、承托层、滤料、进水系统、过滤系统、反冲洗系统、反洗水排放系统、过滤出水系统、放空系统、自控系统等。采用单层粗砂均匀级配滤料，反冲洗采用气冲-气水同时冲-水冲方式进行。

A. 单独气冲洗

气洗强度：16L/s·m²；

冲洗时间：2.0min。

B. 气、水同时冲洗

气洗强度：16L/s·m²；

水洗强度：3.0L/s·m²；

冲洗时间：4.0min。

C. 单独水冲洗

水洗强度：6.0L/s·m²；

冲洗时间：6.0min。

D. 表面扫洗

扫洗强度：2.0L/s·m²；

冲洗时间：12.0min；

石英砂滤料有效粒径：$d10=1.2mm$，$K80=1.2$；

滤层厚度：1.2m；

滤层表面以上过滤水深：1.2m；

冲洗前水头损失：2.2m。

② 滤池反冲洗设备间

反冲洗设备间设在滤池旁，由滤池反冲洗泵房及鼓风机房组成。

反冲洗鼓风机房内设罗茨风机 3 台（2 用 1 备），为滤池反冲洗提供气源，按反洗风强度：60L/s·m² 选反冲洗鼓风机，单台风机选型参数：

风机流量：61m³/min；

出口风压：0.05MPa；

风机电机功率：75kW。

③ 反冲洗水泵

反冲洗泵房设反冲水泵 3 台(2 用 1 备)，为滤池反冲洗提供水源，按水冲强度 6～8L/s·m² 选反冲洗水泵，单台水泵选型参数：

水泵流量：1300m³/h；

水泵扬程：13m；

水泵电机功率：75kW。

水泵为自灌式启动，反洗水泵采用变频控制，在控制柜安装变频器。

V 型滤池是快滤池的一种形式，因为其进水槽形状呈 V 字形而得名，待滤水由进水总渠经进水阀和方孔后，溢过堰口再经侧孔进入被待滤水淹没的 V 形槽，分别经槽底均匀的配水孔和 V 形槽堰进入滤池，被均质滤料滤层过滤的滤后水经长柄滤头流入底部空间后进入下道工序，而反冲洗是通过水流的剪切作用，通过滤料之间的摩擦碰撞作用，去除滤料间的杂质，使之具备联系运行能力。如果反冲洗强度或者冲洗时间不够，滤层中的污泥得不到及时清除，当污泥积累较多时，滤料和污泥粘结在一起，过滤过程严重恶化。如果反冲洗强度过大或历时太长，不仅耗水量大，不经济实用，还会使细小滤料流失，甚至使得底部承托层的卵石错动，而引起漏滤料的现象。反冲洗的关键是：控制适合的反冲洗强度（或膨胀率）和适当的冲洗时间。

④ 紫外消毒渠

紫外线消毒系统布置采用渠道形式，内置由紫外线灯管构成的紫外灯模块。并附带灯管的在线自动清洗系统利用紫外线——C 波段（即杀菌波段，波长 180～380nm）破坏水体中各种病毒和细菌及其他致病体中的 DNA 结构，使其无法自身繁殖，达到去除水中致病体的目的。详见图 3-27。

图 3-27　紫外消毒渠图

紫外模块安装于紫外线消毒间内的紫外消毒明渠中，为室内全天候 24h 运行。紫外光灯管排架排列于明渠中，紫外灯管与水流方向一致平行排放，且灯管间排列间距均等，保证在明渠中的紫外灯管模块组中每一点有均匀的紫外光量以保持稳定的灭菌效果。详见图 3-28。

在明渠内设有 1 套模块组。镇流器柜及电控柜均安装在水渠上方。控制方式为连续运行，由 PLC 显示工作状态，遥控或现场手动控制开停。为便于紫外模块的安装，设置电动单梁起重机 1 台，起重量 2t，$L_k=8.5m$。

⑤ 加药间

加药间内设 PAC 和 PAM 投加系统和次氯酸钠投加系统，用于为高密度沉淀池提供絮凝剂、助凝剂、除磷药剂以及夏季除藻和备用消毒。

A. 沉淀池絮凝剂和除磷剂聚合氯化铝

本工程 PAC（聚合氯化铝），最大投加量 40mg/L，投加浓度 10％，投加点分别位于二沉池脱气井和高密度沉淀池快速混合池。其中，二沉池脱气井投加点共 3 处，高密度沉淀池混凝池投加点共 12 处。采用液体药剂，商品聚合铝中 Al_2O_3 的含量 29％。投药间设

图 3-28　紫外消毒图

药剂储存用储药罐，聚合氯化铝溶液池和投加水泵。

B. 沉淀池助凝剂聚丙烯酰胺

PAM（聚丙烯酰胺），最大投加量 0.5mg/L，投加浓度 0.1%，投加点位于高密度沉淀池慢速混合池，共 12 处。

C. 高密度沉淀池夏季除藻剂次氯酸钠

投加次氯酸钠原液，最大投加量 5mg/L，原液中有效氯 10%，投加点分别位于高密度沉淀池絮凝池，投加点共 12 处。采用液体药剂，药剂储存采用储药罐，屋内设置。

（8）辅助生产系统

1）除臭系统

生物除臭是在产生臭气的主要建筑物内设置排风管道，将臭气收集到生物除臭构筑物或设备内进行处理。在原有粗格栅间、细格栅间、砂水分离间、污泥浓缩池、污泥脱水间内增加除臭管道系统，将建筑物内的臭气收集后送至除臭间进行处理。除臭系统详细信息详见表 3-4。

除臭系统详细信息　　　　　　　　　　　　　　　　　　　表 3-4

序号	单体	换气容积（m³/次）	换气次数（次/h）	排气量（m³/h）
1	粗格栅间	360	8	2880
2	细格栅间沉砂池	540	8	4320
3	污泥浓缩池	950	6	5700
4	污泥脱水间	4320	6	25920
	合计			38820

进气致臭主要成分及浓度为：

NH_3：15mg/m³；

H_2S：40mg/m³；

硫/醇：3mg/m³；

臭气浓度：2000（无量纲）。

采用生物除臭设备进行除臭，设备设置于室内。生物滤池表面负荷为：150m³/m²·h。

处理后：

NH_3：1.5mg/m³；

H_2S：0.06mg/m³；

臭气浓度：20（无量纲）；

甲烷：（厂区最高体积浓度％）1。

生物除臭滤池工艺流程图详见图3-29。

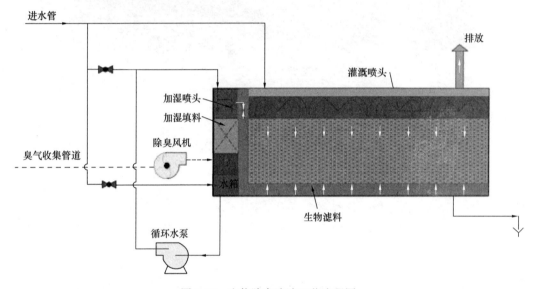

图 3-29　生物除臭滤池工艺流程图

① 废气中有毒、有害、恶臭污染物与水接触，进行废气预处理，进行温湿度调节。

② 溶液中的恶臭成分被微生物吸附、吸收，恶臭成分从水中转移至微生物体内。

③ 进入微生物细胞中的有机物在各种细胞内酶的催化作用下，微生物对其进行氧化分解，同时进行合成代谢产生新的微生物细胞。一部分有机物通过氧化分解最终转化为H_2O、CO_2等稳定的无机物。

2）供电系统

本次升级改造原有10kV变电所已经不能满足对全厂供电的需求，本次工程在厂区内新建一座新的10kV变电所，共新设44台10kV中置柜，其中25台设置在新建变电所内，19台设置在原有变电所内。详见图3-30。

① 根据现有污水处理厂10kV变电所的布置，需要满足污水厂不能停产或减产的要求，并且对污水厂处理水最终用户不能造成影响，对原有水厂四个分变及鼓风机供电的10kV柜宜设置在原有变电所内，并且分段进行，母联柜两侧按次序施工，待一侧施工完

图 3-30　总配电室

毕可以可靠供电后，进行另一侧施工。

② 从供电距离及可靠性考虑，现有变电所对原有水厂四个分变及鼓风机供电的电缆起点都在原有变电所内，本次改造后，电缆不用更换，供电距离不用加长。

③ 如果所有配电柜统一设置在新建变电所内，现有变电所的单体将被废弃，重复建设，造成浪费。

基于以上原因，44 台 10kV 中置柜分为两组，其中 25 台设置在新建变电所内，对厂区内新建部分进行供电，19 台设置在原有变电所内，对原有四个分变及鼓风机进行供电。

因是升级改造工程，工程建成投产后，将由运行单位对整座污水处理厂进行管理，因此电量不考虑分别计量，新建和原有建构筑物的所有电量将在一处计量。

为了满足统一计量及不停产的要求，厂区变配电系统采用以下方式施工：

原有污水处理厂 10kV 高压配电设计为二级负荷，由重工变电所和勾连变电所两路电源引入，但实际水厂建成后，只有一路电源引入，本次工程向电业局申请一路新的 10kV 外线电源，引至新建总变电所，从新建总变电所送两路电源至原有厂区变电所，待新建总变电所建成后，并且满足新的 10kV 外线电源可以送电的情况下，将原有的 10kV 外线电源也引入新建总变电所，这样就满足了水厂不停产，造成的影响最小，并且在新建变电所计量新建和原有厂区所有电量。两路电源一用一备。负荷等级为二级。

④ 本工程在原有 10kV 总开关站西侧设置厂区新建总变电所，在新建总变电所内设置 25 台高压配电柜，其中包含为新建厂区供电的 12 台变压器柜及为原有厂区变电所供电的 2 台高压馈出柜。

在新建污泥回流泵房（一）附属新建分变电所 1，设两台电力变压器，按负荷计算的结果容量为 630kVA。变压器为 2 座普通生化系统生化池、新建污泥回流泵房（一）提供电源，两台变压器一用一备。

在新建污泥回流泵房（二）附属新建分变电所2，设两台电力变压器，按负荷计算的结果容量为1000kVA。变压器为1座普通生化系统生化池、1座AO系统生化池、新建污泥回流泵房（二）、新建乙酸钠投药间提供电源，两台变压器一用一备。

在新建污泥回流泵房（三）附属新建分变电所3，设两台电力变压器，按负荷计算的结果容量为1000kVA。变压器为2座AO系统生化池、新建污泥回流泵房（三）提供电源，两台变压器一用一备。

在新建除臭间附属新建分变电所4，设两台电力变压器，按负荷计算的结果容量为1250kVA。变压器为新建污泥浓缩液处理池、新建除臭间、新建深井泵房、原有锅炉房改造、原有污泥脱水间新增脱水机、原有细格栅间及沉砂池增加设备提供电源，两台变压器一用一备。

在新建中间提升泵房附属新建分变电所5，设两台电力变压器，按负荷计算的结果容量为1600kVA。变压器为新建中间提升泵房、新建高密度沉淀池提供电源，两台变压器一用一备。

在新建过滤消毒间附属新建分变电所6，设两台电力变压器，按负荷计算的结果容量为1250kVA。变压器为新建过滤消毒间、新建加药间、新建紫外消毒间、反冲洗废水池、新建水源热泵间、新建仓库及宿舍、新建员工宿舍提供电源，两台变压器一用一备。

厂内采用220/380V配电，变电室低压380V采用三相四线制中性点直接接地系统，放射式配电。

厂区原有1分变设置2台1250kVA变压器，同时工作，负荷率72%，原有锅炉房容量取消，按负荷计算的结果容量与原来相差不大，故原有变压器容量不用改变；厂区原有2分变设置2台630kVA变压器，同时工作，本次改造原有供电单体（回流污泥泵房）取消，新建回流污泥泵房由新建分变电所2供电，故本次改造取消原有变压器，原有厂区照明回路、原有鼓风机房低压回路引至新建分变电所2；厂区原有3分变设置2台250kVA变压器，同时工作，负荷率68.9%，原有加氯间容量取消，按负荷计算的结果容量与原来相差不大，故原有变压器容量不用改变，厂区原有4分变设置2台630kVA变压器，同时工作，负荷率74%，本次改造取消1～3号初沉污泥泵房的容量，故原有变压器容量不变。

（9）自控系统（工控系统）

设于污水厂综合楼的中控室，由于综合楼重建，本次改造综合楼的中控室内的设备全部进行更换。原有4个分控站的控制系统与本次新建的6个分控站的控制系统在中控室集中显示及控制。详见图3-31。

1）工作模式

污水厂工艺设备的工作模式分为就地控制和PLC自动控制，模式转换由设置在就地控制箱上的手动/自动转换开关完成。

当自控系统故障时，操作人员可利用现场就地显示仪表指示完成就地运行控制。

当处于就地控制模式时，各工艺设备通过就地箱按钮人为控制，PLC系统仅监视设备的运行工况。当处于自动控制模式时，PLC系统可根据程序自动进行优化控制、顺序控制或对已具备联动功能的工艺设备机组下达启停指令；同时，也可通过工作站人为鼠标点动控制单台设备。

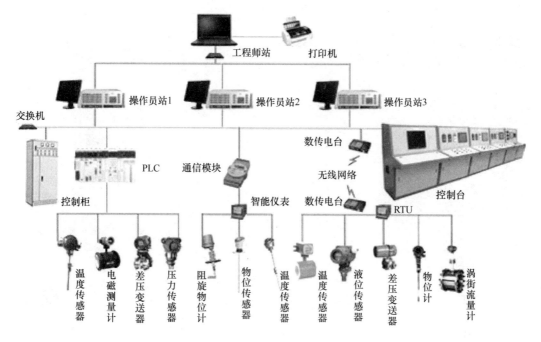

图 3-31　控制系统图

当设备处于自动控制模式时，如某个设备或某个环节发生故障，PLC 控制系统计算机发出报警和指示，并将该故障环节或设备退出自动模式而转入手动模式；对于部分设有备用的工艺设备组，PLC 控制系统将自动启动备用设备。

2）系统架构

整个控制系统为三层结构、二级网络。

三层结构包括：过程设备层、现场控制层、操作监控层。其中，过程设备层由设置在各单体内的部分工艺机组自带的控制器组成；现场控制层由设置在新建污泥回流泵房（一）分控站、新建污泥回流泵房（二）分控站、新建污泥回流泵房（三）分控站、新建除臭间分控站、新建中间提升泵房分控站、新建过滤消毒间的可编程逻辑控制器系统组成；操作监控层由设置在综合楼内的中心控制室内的计算机组成。

二级网络包括：管理信息网和实时控制网，其中，管理信息网采用工业以太网（光纤冗余环网）的形式，用来实现现场控制层的 PLC 系统之间、现场控制层与操作监控层之间的通信与数据传输；实时控制网采用现场总线的形式，用来实现过程设备层与现场控制层之间的通信和数据传输。

3）操作监控系统

操作监控层承担了数据管理、污水厂处理系统数据采集、报警、趋势、数据记录及中文报表等功能。在中心控制室内设置操作站，操作员通过操作终端详细了解各环节运行工况，并可下达操作控制指令。详见图 3-32。

操作监控层主要功能包括：

① 控制操作：在中心控制室内能对全系统被控设备进行在线实时在线控制。

② 显示功能：用图形实时地显示各被控设备的运行工况；动态显示水处理工艺流程

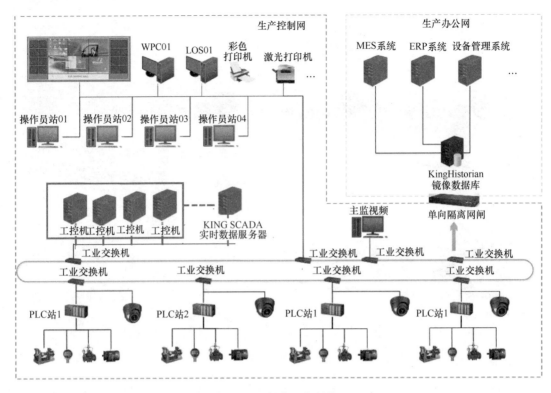

图 3-32 操作监控系统

图，并能在流程图上选择查看多级细部详图；动态显示各种模拟信号、数字信号、各类累加信号等的数值和范围清单。

③ 数据管理：能建立生产数据库、操作信息库、故障信息库。

④ 数据处理：利用实时和历史数据，计算主要生产指标，并进行成本分析。

⑤ 报警功能：当某一测量值超出给定范围或，可根据不同的需要发出不同等级的报警。如输入到报警表、屏幕显示报警信息、打印机输出报警信息、声光报警，并可依据报警信息显示相应的动态画面。

⑥ 报表功能：即时报表、日报表、月报表、年报表。

⑦ 安全功能：按不同操作级别分级加密，并记录操作人员信息及操作信息。

⑧ 打印功能：可以实现报表和图形打印以及各种事件和报警的实时打印。

4）现场控制系统

共设 6 个现场分控站：新建污泥回流泵房（一）分控站、新建污泥回流泵房（二）分控站、新建污泥回流泵房（三）分控站、新建除臭间分控站、新建中间提升泵房分控站、新建过滤消毒间分控站。详见图 3-33。

① 新建污泥回流泵房（一）分控站

现场控制站位置：新建污泥回流泵房（一）控制室。

控制范围：新建污泥回流泵房（一）、2 座普通生化系统生化池、新建乙酸钠投加间。

主要设备：PLC 系统；UPS 电源；以太网交换机。

主要检测内容：污泥回流泵池液位、污泥浓度、生化池 pH、污泥浓度。

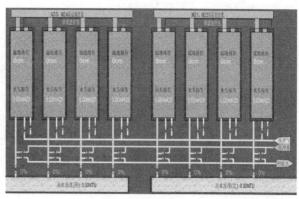

图 3-33 现场控制系统

主要控制内容：生化池反应程序、回流污泥泵液位控制及调节程序、PAC 投加量调节程序。

② 新建污泥回流泵房（二）分控站

现场控制站位置：新建污泥回流泵房（二）控制室。

控制范围：新建污泥回流泵房（二）、1 座普通生化系统生化池、1 座 AO 系统生化池、新建乙酸钠投加间。

主要设备：PLC 系统；UPS 电源；以太网交换机。

主要检测内容：污泥回流泵池液位、污泥浓度。

主要控制内容：回流污泥泵液位控制及调节程序、PAC 投加量调节程序。

③ 新建污泥回流泵房（三）分控站

现场控制站位置：新建污泥回流泵房（三）控制室。

控制范围：新建污泥回流泵房（三）、2 座 AO 系统生化池、新建乙酸钠投加间。

主要设备：PLC 系统；UPS 电源；以太网交换机。

主要检测内容：污泥回流泵池液位、污泥浓度、生化池 pH、污泥浓度、溶解氧。

主要控制内容：

A. 生化池反应程序；

B. 回流污泥泵液位控制及调节程序；

C. PAC 投加量调节程序。

④ 新建除臭间分控站

现场控制站位置：新建除臭间控制室。

控制范围：新建除臭间、新建污泥浓缩液处理池。

主要设备：PLC 系统；UPS 电源；以太网交换机。

主要检测内容：脱水机进泥及进药管流量、调节水池内液位。

主要控制内容：污泥脱水机组上位监视、污泥泵及刮泥机控制程序。

⑤ 新建中间提升泵房分控站

现场控制站位置：新建中间提升泵房控制室。

控制范围：新建中间提升泵房、新建高密度沉淀池。

主要设备：PLC 系统；UPS 电源；以太网交换机。

主要检测内容：提升泵池内液位。

主要控制内容：

A. 提升泵控制程序；

B. 高密度污泥回流泵、剩余污泥泵泵及刮泥机控制程序。

⑥ 新建过滤消毒间分控站

现场控制站位置：新建过滤消毒间控制室；

控制范围：新建过滤消毒间、新建加药间；

主要设备：PLC 系统；UPS 电源；以太网交换机；

主要检测内容：药管流量；

主要控制内容：

A. 纤维束滤池机组上位监视；

B. 加药投加程序。

5）仪表数据监控系统

本工程根据工艺要求设有在线检测分析仪表，如污水处理系统流量、液位、泥位、pH 值、温度、浓度、溶解氧、氨氮、COD、TP、TN 等。在有腐蚀性的介质（污水）表选用耐腐蚀仪表。

仪表配置简洁、可靠、经济、实用，满足污水和污泥处理工艺的要求，连续监测污水和污泥处理过程；成套设备（装置）的控制系统及仪表利用厂商配套提供的成熟设备。

厂内不设二次仪表、所有仪表信号均送到微机控制系统，作为水处理工艺过程控制和程序控制的参数，中心控制室采集各种仪表参数以及变配电系统的有关测量参数，为污水处理成本核算及保证处理水质提供可靠依据。

（10）自控系统（视控系统）

采用数字视频监视系统。厂内新建生产单体内及厂区室外主干道路均设置摄像机，摄像机带自动增益控制、逆光补偿、电子高亮度控制等。

中心监控站内的监视终端可通过监控软件对前端摄像机进行实时监控，监视计算机可实现监视画面的时序切换。切换时间 1～30s 可调，同时，可手动选择某一摄像机进行跟踪、录像。在厂区周界增加红外线探测器及报警主机，防范外来非法入侵破坏，保障生产安全。

1）通过电脑屏幕上对负责的区域进行监视，通过网络在任何地方可进行监视。

2）控制功能：可通过后端管理平台对任一网络高清摄像机的云台、镜头等进行操作控制；可将所有的监视图像编成序列，进行自动循环显示；还能进行分组切换。

3）录像功能：可采用立即录像、定时录像和视频报警触发录像，将每路视频信号录制成文件进行保存。用户可以将录像文件以光盘刻录的方式加以保存。要求保持 30 天。

4）录像检索及回放功能：可通过设定时间、日期、线路等检索条件，在 NVR 中查找以前录制的文件。并能进行回放，回放可选择两路同时或单路回放，回放的速度在 0.25～2500 帧/s 之间可调，回放时可进行快进、快退、暂停、停止等操作。

5）动态检测和自动跟踪：可对每一路的监控点进行动态检测，自动跟踪运动物体，感知其变化，当到达画面数时，启动报警（或启动录像）。

6）日志功能：可记录用户所进行的一系列操作，以备查询。同时，可授权指定人员具有查询和修改日志的权利。

7）安全功能：具有密码保护的功能，通过对不同级别的用户赋予不同的操作权限，防止非授权人员进行误操作。

8）网络发送功能：网络视频图像打包传输，指定客户端计算机可查看现场图像。

9）盘满自动覆盖功能：当前的硬盘存满后，自动删除最早的录像文件。

10）图像汉字功能：监视器能同时显示图像和汉字（图像的必要信息）

11）扩展功能：在不影响原有设备的使用基础上，可根据需求增加监控点，软件基本不变。

12）报警联动功能：当红外线报警装置启动时，报警点附近的摄像机将快速联动，对准相关区域。红外线报警装置与当地110报警系统关联，若有需要可及时向警方发出报警信号。

3.3 施工技术集成

3.3.1 设备安装施工技术

1. 设备系统概况

本工程采用的设备多为专用设备、管道多为化工类型，数量较大、材质复杂，特别是具有耐腐蚀性能的管道，安装工艺难，质量标准高。设备安装精度高，包括在安装过程中为保证整套装置正确联动所需的各独立设备之间的位置精度、单台设备通过合理的安装工艺和调整方法能够重现的设备制造精度。

由设计部与机电安装部统一策划，作好专业设备的采购招标和分包选择。提前制定施工方案，作好综合排布的设计工作，将所有问题提前解决。

由设计部按照不同单体工程编制设备管线汇总清单，提出技术要求。由机电安装部主抓施工过程控制，采用先进的测量仪器和施工方法，确保安装精度。

2. 设备安装基本程序和原则

设备安装应按照先上后下，先内后外，先平台后地面，先起重设备后地面设备，先重大后轻小，先一般后精密，先难后易的程序进行，再结合具体情况合理安排。

3. 设备安装流程

安装流程图详见图3-34。

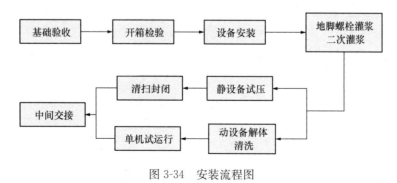

图 3-34 安装流程图

4. 设备安装技术准备机要求

（1）现场准备

1）施工前，对施工人员进行安全教育，确保施工安全。

2）需明确工作内容，阅读施工方案，并准备好施工图纸及设计变更。

3）施工场地平整，达到"四通一平"，施工用水、电达到使用条件。

4）安装设备的施工场地的与其他正在施工的系统有可靠的隔离或隔绝。

5）有零部件、工具及施工材料等存放场地。

设备开箱检验完毕，设备及零部件齐全完好，合格证、说明书齐全。

（2）安装技术要求

1）基础验收

① 设备基础尺寸和位置的允许偏差如表 3-5 所示。

允许偏差表　　　　　　　　　　　　表 3-5

检测项目		允许偏差
纵、横轴线		±10mm
不同平面的标高		−10mm
平面外形尺寸		±10mm
预埋地脚螺栓孔	中心位置	±10mm
	深度	＋20mm
	铅垂度每米	±1mm

② 设备基础表面和地脚螺栓孔中的油污、碎石、泥土、积水等均应清除干净，放置垫铁部位的表面应凿平。

2）静置设备安装偏差范围

偏差范围如表 3-6 所示。

静置设备安装偏差范围表　　　　　　　　　表 3-6

检测项目	允许偏差
标高	±5mm
水平度（卧室容器）	轴向：$L/1000$mm　径向：$2D/1000$mm
铅垂度（立式容器）	$H/1000$

注：L—两检测点之间距离；D—设备外径；H—两检测点之间距离。

3）泵类、搅拌类设备安装偏差范围

泵类、搅拌类设备安装偏差范围如表 3-7 所示。

泵类、搅拌类设备安装偏差范围　　　　　　　表 3-7

检测项目	允许偏差
标高	±5mm
水平度（整体安装）	轴向：$1/1000$mm　径向：$1/1000$mm

4）其他注意事项

① 若设备基础为钢支座，调整垫铁必须与钢支座牢固焊接。

② 每个地脚螺栓应配两组垫铁，垫铁紧靠地脚螺栓，高度 30～50mm，相邻两组垫铁之间距离 500mm，垫铁露出设备底座 10～20mm。

③ 二次灌浆混凝土强度应比基础强度高一等级。

④ 设备安装前，对设备所有敞口部位用塑料布绑扎封闭，对仪表元件进行保护。

⑤ 地脚螺栓在地脚螺栓孔中应垂直，无倾斜。

⑥ 地脚螺栓任一部位离孔壁的距离应大于 15mm，地脚螺栓底端不应碰孔底。

⑦ 地脚螺栓上的油污和氧化皮等应清除干净，螺纹部分应涂少量油脂。

⑧ 螺母与垫圈、垫圈与设备底座间的接触均应紧密。

⑨ 拧紧螺母后，螺栓应露出螺母，其露出的长度宜为螺栓直径的 1/3～2/3。

⑩ 设备装配前应了解设备的结构、装配技术要求。对需要装配的零、部件配合尺寸、相干精度、配合面、滑动面应进行复查和清洗处理，并应按照标记及装配顺序进行装配。

⑪ 设备及零、部件表面有锈蚀时，应进行除锈处理。

⑫ 带有内腔的设备或部件在封闭前，应仔细检查和清理，其内部不得有任何异物。

⑬ 设备试运转前，设备及附属装置、管线应全部施工完毕，施工记录及资料齐全。

⑭ 参加试运转人员，应熟悉设备的构造、性能、技术文件，并应掌握操作规程及试运转操作。

⑮ 设备试运转前，润滑、液压、水、电、气（汽）系统检查和调整试验完毕。

⑯ 设备试运转时，设备及周围环境应清扫干净，设备附近不应有粉尘或噪声较大的作业。

3.3.2　管道安装技术

1. 技术概述

迄今为止，北部污水处理厂已经运营近 20 年，现需要对地下管线进行整体改造，现况地下管线材质为混凝土管、球墨铸铁管、钢管等，需要将原有管线挖除废弃，更换管道。厂区内现况管线非常复杂，地下管线为工艺管、污泥管、排水管、空气管、上水、中水、热力、加药、电气、自控等管线，各管线之间纵横交错，且无详细准确的管道路由、高程等参数资料，为改造带来相当大的难度。

厂区管道根据其用途分为七大类：第一类为污水工艺管道，设计采用钢管；第二类为厂区给水管道，选用 PE 塑料给水管道，采用热熔连接；第三类为厂区污水排水管道，高密度聚乙烯缠绕管（HDPE 管）；第四类为厂区雨水排水管道，高密度聚乙烯缠绕管（HDPE 管）；第五类为厂区中水管道，选用 PE 塑料给水管道，采用热熔连接；第六类为总排放管线，采用钢筋混凝土渠道；第七类为溢流超越管线，采用钢管。

（1）施工前，收集厂区管线路线区域地下管线布置资料，进场后邀请具有地下管线探测资质的探测单位，探明现况管线位置、埋深、类型等资料，作为现况管线保护的依据。

（2）与污水处理厂配合，将基建资料与物探成果进行对比，找出漏探的管线，做到万无一失。加强与设计单位的协调配合，及时把现况管线资料报送设计单位，作为设计变更的依据。杜绝"走一步，说一步"的现象。

（3）施工前，根据实际资料，制定好开挖方案，并业主、监理审核。沟槽开挖前对物探标明的管线进行坑探，将现况管线露明，做标牌警示。

（4）对于穿越厂区道路区域与污水处理厂相关部门进行沟通，制定交通疏导方案，提前规划好开挖区域，制定好导流措施，尽量安排在夜间等交通压力小的时段进行施工，施工完成后及时回填，较少对正常交通的影响。

2. 工艺流程

工艺流程详见图 3-35。

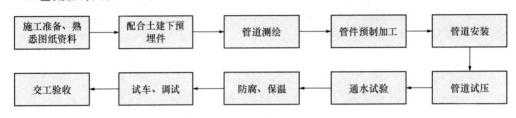

图 3-35 工艺流程图

3. 施工准备要点

根据污水厂特点，管道工程施工前需先进行管道测绘，根据实际尺寸及位置确定各关键节点位置和开口、连接位置，通过对现有场地勘察确定管道内流体介质以及避让原则。避让原则为：小管让大管、有压让无压、低压让高压、水管让风管、电管让水管、给排水管让工艺管。

预先将需施工位置人工探挖完成、开工前确保水泵及排水措施齐全、所有参与人员对方案及措施交底完成。

4. 施工方法

（1）放线

1）管线轴线的定位和标定

根据总平面图及底层平面图所标示的方位、朝向定出基点，用经纬仪测量定位，用钢卷尺丈量平面及开挖尺寸。测量由主轴线交点处开始，测量（丈量）各轴线，最后将经纬仪移到对角点进行校核闭合无误，总体尺寸及开挖尺寸复核准确，方可把轴线延伸到管线外的邻近建（构）筑物上或轴线桩上。分画轴线开间尺寸，应用总长度尺寸进行复核，尽量减少分画尺寸积累误差。延伸轴线标志的轴线桩应设在距离开挖基坑 1～1.5m 以外，轴线标志应标画出各纵横轴线代号。延伸轴线标志画的轴线桩建（构）筑物应牢固、稳定、可靠和便于监控。

2）施工超平放线

根据管道走向，连接相应的轴线，计算开挖放坡坡度，定出开挖边线位置。用水准仪把相应的标高引测到水平桩或轴线桩上，并画标高标记。

基坑开挖完成后，沟槽坑底开挖宽度应拉通线校核，坑底深度应经水平标高校核无误后，把轴线和标高引移到沟槽，在沟槽中设置轴线、边线及高程标记。

（2）管沟开挖及支护

1）管沟开挖

管沟开挖时严格按照《给水排水管道工程施工及验收规范》（GB 50268—2008）中相关规定执行。

开挖前，调查地下有无管线。对挖出的适用材料，应用于回填。

对于土石方开挖工程量小（包括3m以内）时采用自上而下一次开挖法。挖方深度在3～6m时，采用自上而下分段跳槽二次分层开挖法。严禁无序大开挖，大爆破作业。边坡工程的临时性排水措施应满足暴雨和施工用水的排放要求。边坡开挖应及时按设计实施支护，避免长期裸露，降低边坡稳定性。管沟的开挖宽度依据《给水排水管道工程施工及验收规范》（GB 50268—2008）规范施工。然后把管沟的宽度及放坡的宽度用白灰洒出，开挖采用反铲挖掘机开挖，边退边挖，挖至高于设计标高20cm。其预留的20cm由人工挖除（挖除时先制作两个龙门架，按其设计高程在龙门架中心点绑好线绳以便控制其开挖高程）。

开挖注意事项：

① 开挖不扰动天然地基或地基处理，采用机械开挖时，应挖至设计沟槽底以上300mm时改为人工开挖，以免超挖。当出现超挖或其他原因导致管基被挠动时，挠动深度≤150mm时，可原土回填夯实，压实系数≥0.95；当挠动深度＞150mm时，需分层夯填3∶7灰土找平表面，夯实系数≥0.95。

② 如遇管道敷设在回填土上时，应对土基进行处理，用素土夯实，夯实密度≥0.95。

③ 管道开挖时如遇地下水，应采取降水措施，将地下水水位降至槽底500mm以下，方可进行管沟开挖及管基处理。

④ 开挖的余土量应离管沟沟边1m以外。

⑤ 槽壁平整，挖方深度在3m以内时，边坡坡比1∶0.50。挖方深度在3～6m时，边坡坡比1∶0.75。

⑥ 沟槽中心线每侧的净宽不应小于管道槽底部开挖宽度的一半。

⑦ 开挖管沟时预留吊车的位置，便于下管。

2）沟槽支撑

水平支撑采用疏支撑，撑板厚度不宜小于0.3m，长度不宜大于4m，每间隔4m设一支撑段。垂直方向支撑板间隔为1.0m。横挡采用φ35撑杆，间距为2.5m。沟槽开挖前后详见图3-36、图3-37。

图3-36　沟槽开挖

图3-37　沟槽开挖后

（3）吊装及对口

1）管道吊装

　　室外空气管道在厂区内直埋、吊装时首先要求管沟底部已经找好坡度，并挖好操作坑。然后将定尺加工好的管道按照编号逐一吊装在管沟内。室外空气管道吊装要注意吊车沿沟槽开行距沟边应间隔1m的距离，以避免沟壁坍塌。管道的吊装需要注意的问题：

　　① 现场负责人为吊装现场清理出工作场地，清除或避开起重臂起落及回转半径内的障碍物。

　　② 重物起升要平稳，下降速度要均匀，不能突然制动。吊装物不长时间悬挂在空中，作业中遇突发故障，立即将重物降落至安全地方。

　　③ 吊装时挂钩人员负责认真挂好钩，防止滑钩脱钩。

　　④ 吊装前吊车支撑一定要垫好钢板，支撑腿下面的土层要密实。

　　管道吊装图详见图3-38、图3-39。

图3-38　管道吊装（1）

图3-39　管道吊装（2）

　　2）管道对口

　　龙门架、倒链对口详见图3-40、图3-41。

图3-40　龙门架对口

图3-41　倒链对口

　　用龙门架及倒链吊起管道的一端，使其与要对口的管道上沿齐平，然后用电焊进行点焊。侧面对口时可利用倒链将关口对齐，然后进行点焊。具体详见图3-42、图3-43。

图 3-42　固定点

图 3-43　楔子对口

当顶端对齐时，一般侧面和下端都会有较宽的缝隙，可利用杠杆的原理，现在管道的一端找到一个固定点，用角钢焊接一个固定点，然后用楔子将管道口对齐，再进行点焊。

（4）普通钢管焊接

1）焊接环境

施焊环境应符合下列要求：

焊环境温度应能保证焊件焊接时所需的足够温度和焊工操作技能不受影响；风速：手工电弧焊小于 8m/s，气体保护焊小于 2m/s；焊接电弧在 1m 范围内的相对湿度小于90%。焊件表面潮湿、覆盖有冰雪或在下雨、下雪、刮风期间，必须采取挡风、防雨、防雪、防寒和预加热等有效措施。无保护措施，不得进行焊接。

2）工艺要点

① 坡口加工

管道的坡口形式和坡口尺寸应按设计文件或焊接工艺卡规定要求进行。不等厚对接焊件坡口加工应符合《工业金属管道工程施工质量验收规范》（GB 50184—2011）规定要求。

坡口加工宜采用机械方法，也可采用等离子切割、氧乙炔切割等热加工方法。在采用热加工方法加工坡口后，应除去坡口表面的氧化皮、熔渣及影响接头质量的表面层，并应将凹凸不平处打磨平整。

坡口加工后应进行外观检查，坡口表面不得有裂纹、分层等缺陷。若设计有要求时，进行磁粉或渗透检验。

② 组对

焊件组对前应将坡口及其内外侧表面不小于 10mm 范围内的油、漆、垢、锈、毛刺及镀锌层等清除干净。

管子或管件对接接头组对时，内壁应齐平，内壁错边量不宜超过管壁厚度的 10%，且不大于 2mm。

不等厚对接焊件组对时，薄件端面应位于厚件端面之内。除设计文件规定的冷拉伸或冷压缩的管道外，焊件不得进行强行组对。更不允许利用热膨胀法进行组对。焊件组对时应垫置牢固，并应采用措施防止焊接和热处理过程中产生附加应力和变形。

（5）定位焊

1）定位焊的焊接材料、焊接工艺、焊工和预热温度等应与正式施焊要求相同；

2）定位焊缝的长度、厚度和间距，应能保证焊缝在正式施焊过程中不致开裂；

3）定位焊后立即检查，如有缺陷应立即清除，重新定位焊；

4）在定位焊时需与母材焊接的组对工卡具，其材质宜与母材相同或同一类别号，拆除工卡具时不应损伤母材，拆除后应将残留焊疤打磨修至与母材表面齐平。

（6）预热

焊前预热应符合设计文件或焊接工艺卡的规定。一般碳钢管道在壁厚≥26mm时，预热温度100～200℃，当采用钨极氩弧焊打底时，焊前预热温度可按上述规定的下限温度降低50℃。

对有焊前预热要求的管道在焊件组对并检验合格后，进行预热。预热方法原则上宜采用电加热，条件不具备时，方可采用火焰加热法。

预热宽度以焊缝中心为基准，每侧不应少于焊件厚度的3倍，且不小于50mm。测温方式可采用触点式温度计或测温笔。

（7）焊接

1）焊接方法

管径≤60mm或壁厚≤6mm的管道对接接头，采用钨极氩弧焊焊接。管径＞60mm或壁厚＞6mm的管道对接接头，采用钨极氩弧焊打底焊，手工电弧焊覆盖焊接角接接头、T型接头以及套管接头的焊接一般采用手工电弧焊。

2）焊接材料

焊接材料应与母材相匹配。一般选用E5015和TIG-J50，对非重要结构件可采用E4303。

3）施焊顺序

打底层焊缝焊接后应经自检合格，方可焊接次层。厚壁大径管的焊接应采用多层多道焊。除工艺或检验要求需分次焊接外，每条焊缝宜一次连续焊完。当因故中断焊接时，应采取防止裂纹产生的措施（如后热、缓冷、保温等）。再焊时，应仔细检查确认无裂纹后，方可按原工艺要求继续施焊。对需做检验的隐蔽焊缝，应经检验合格后，方可进行其他工序。

4）焊接工艺参数

施焊时的焊接电流、焊接电压、焊接速度等应在焊接工艺规定的范围内。焊接层间温度不低于规定的预热温度下限，且不高于400℃。

5）施焊技术

直径大于194mm的管子对接焊宜采用二人对称焊。厚壁大径管的焊接应符合下列规定：

钨极氩弧焊打底的焊层厚度不小于3mm；其他焊道的单层厚度不大于所用焊条直径加2mm；单焊道摆动宽度不大于所用焊条直径的5倍。

6）操作注意事项

严禁在被焊工件表面引弧、试电流或随意焊接临时支撑物。施焊过程中，应保证起弧和收弧处的质量，收弧时应将弧坑填满。多层多道焊的接头应错开。并逐层进行自检合格，方可焊接次层。管子焊接时，管内应防止穿堂风。焊接完毕应对焊缝进行清理，经自检合格后做好焊工代号的标识。

7）焊后热处理

焊后热处理按热处理工艺卡规定要求进行。焊后热处理的加热宽度，从焊缝中心算起，每侧不小于管子壁厚的 3 倍，且不小于 60mm。

焊后热处理的保温宽度，从焊缝中心算起，每侧不小于管子壁厚的 5 倍，以减少温度梯度。

焊缝的焊后热处理温度、恒温时间及升降温速度，应严格按照热处理工艺卡的规定执行。

热处理加热时，力求内外壁和焊缝两侧温度均匀，恒温时在加热范围内任意两测点的温差应低于 50℃。

进行热处理时，测温点应对称布置在焊缝中心两侧，且不得少于两点，水平管道的测点应上下对称布置。焊接接头热处理后，应作好记录和标识。

8）质量检验

焊缝的检验按设计文件或相应标准规定的要求执行。

9）焊缝外观检验

焊缝外观不合格的焊缝，不允许进行其他项目的检查，或进行焊接热处理。

焊缝表面成型良好，焊缝边缘应圆滑过渡到母材，焊缝表面不允许有裂纹、气孔、未熔合等缺陷。焊缝外形尺寸和表面缺陷应符合设计文件或相应标准规定的要求。

10）焊缝的无损检验

焊缝的无损检验按设计文件或相应标准规定的要求执行。

11）返修

当焊接接头有超标缺陷时，必须进行返修，并应遵守下列规定：焊缝返修工艺，应有经评定合格的焊接工艺评定。焊缝返修应由持有相应合格的项目的焊工担任。

对于不合格的焊接接头，应查明原因，采取对策，进行返修。返修后还应重新进行检验。

返修一般采用机械挖补的方法来清除缺陷，对厚壁管道亦可采用碳弧气刨清除缺陷。确认缺陷清除后，并对返修部位进行坡口清理和修磨，方可进行补焊。焊缝同一部位的返修次数一般不得超过三次。

12）安全注意事项

电焊机开机前要做好设备的安全检查。焊工必须正确使用劳动保护用品。工作场地及附近区域不得有易燃易爆物品。焊接现场有积水和潮湿时，应有必要的隔潮措施。电焊机工件连线应采用卡夹可靠地固定焊件上。

不允许将通电的焊钳搭在焊件上。焊钳连线对有接头和破损处应采取绝缘的可靠措施，严重时及时更新。

氧气瓶和乙炔瓶放置，需搭设防晒棚且距焊接场所 5m 以外，上述两瓶置放距离也应在 5m 以上。使用角向磨光机等修磨焊缝时应佩戴防护镜。

（8）回填

1）回填时应在隐蔽工程验收合格后进行，凡具备回填条件，均应及时报监理单位验收并及时回填，防止管道因暴露时间过长造成损坏。

2）回填土不得含有碎砖、石块及大于 10cm 的硬土块，并不得采用房渣土、粉砂、淤泥、冻土等杂物。

3）回填时必须将沟底杂物清理干净，回填时沟槽内不得有大量积水。

4）管道两侧及管顶 0.5m 范围内回填土不得含有直径大于 50mm 砖块等硬物。

5）管顶以上 500mm 范围内回填时，应由人工从管道两侧对称回填，且回填土不得直接扔在管道上。

6）回填土时分层夯实，人工夯实每层的虚铺度不大于 200mm，机械夯实每层的虚铺厚度不大于 250mm，回填土的压实度控制在 95％为宜。

7）分层回填至管顶 1.5m 以上时，方可上大型压路机械进行碾压。

8）检查井周围回填时应符合下列要求：

① 现浇混凝土或砌体水泥砂浆强度达到设计要求；

② 检查井周围回填要与管道回填同步进行，当不能同时进行，要留台阶型接茬；

③ 检查井周围回填夯实时要沿井室中心对称进行，且不得漏夯；

④ 回填材料压实要与检查井紧贴；

9）在回填土过程中严格按照上述要求执行，以确保管道回填土的密实度和在管沟回填工程中管道不受损坏。

10）雨后填土要测定土中的含水量，如超过规定不可回填，另管沟内如有积水，则需排除后待符合要求时方可进行回填。

11）回填后的余土全部采用人工装车，自卸汽车外运至建设单位指定弃土渣场。

12）管道的回填要求：

管沟回填必须在严密性试验完成，隐蔽工程验收完成后进行，回填土中不得含有有机物、冻土、粉砂、淤泥、石块以及大于 50mm 的砖石等硬物。管道两侧和管顶以上 500mm 范围内采用轻压夯实，管道两侧压实面高差不应超过 300mm。

（9）不锈钢焊接机焊缝处理

1）接焊工艺参数

① 接焊工艺参数见表 3-8。

接焊工艺参数表　　　　　　　　　　　　　表 3-8

壁厚	坡口形式 （mm）	焊接层次	钨极直径 （mm）	焊丝直径 （mm）	焊接电流 （A）	电弧电压 （V）	氩气流量 （L/min）
1.0	直边对接	1	1.6	1.6	50～70	8～10	5～6
2.0	直边对接间隙 0.5～1	1	1.6	1.6	80～100	10～11	5～6
3.0	直边对接间隙 1.5～2	1	1.6	1.6	100～120	10～11	5～7
4.0	V 形坡口间隙 2～2.5	1、2	2.5	2.5	90～110 120～130	10～11	5～7
5.0 及以上	V 形坡口间隙 2～2.5	1、2、3	2.5	2.5	90～110 120～130 120～130	10～11 11～12 11～12	5～7

② 电源种类和极性的选择

本工程实际选择的氩弧焊接电源类型为直流正接。

③ 坡口形式和尺寸选择

常用坡口形式有 V 形、U 形、双面 V 形和 V-U 组合形等。本工程拟采用单面 V 形坡口，角度 70°，间隙 3mm，钝边 1.5mm。不锈钢钢管的焊接坡口形式详见图 3-44。

④ 焊条的选择

在电焊条的选型上首先应保持与管道母材相一致。焊接 304 不锈钢的常用焊条是奥氏体不锈钢焊条，型号根据母材的材质与壁厚采用 E308-16/E308-15、牌号为 A102-A107 也可选用等级较高的不锈钢焊条 A302、A422、A402 焊条。焊条使用参数见表 3-9。

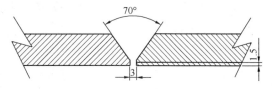

图 3-44　不锈钢钢管的焊接坡口形式图

焊条使用参数表 表 3-9

管道壁厚 mm	2	3	4～5	6～12
焊条直径 mm	$\phi 2$	$\phi 3.2$	$\phi 3.2 \sim \phi 4.0$	$\phi 4.0 \sim \phi 5.0$

2）焊接流程

① 定位焊

装配定位焊接用采用与正式焊接相同的焊丝和工艺。一般定位焊缝长 10～15mm，余高 2～3mm。直径 $\phi 60$mm 以下管子，可定位点固定 1 处；直径 $\phi 76 \sim 159$mm 管子，定位点固定 2～3 处；$\phi 159$mm 以上，定位点固定 4 处。定位焊应保证焊透，并不得存在缺陷。定位焊两端应加工成斜坡形，以利接头。

② 引弧

可采用短路接触法引弧，即钨极在引弧板上轻轻接触一下并随即抬起 2mm 左右即可引燃电弧。使用普通氩弧焊机，只要将钨极对准待焊部位（保持 3～5mm），启动焊枪手柄上的按钮，这时高频振荡器即刻发生高频电流引起放电火花引燃电弧。

③ 填丝施焊

电弧引燃后加热待焊部位，待熔池形成后随即适量多加焊丝加厚焊缝，然后转入正常焊接。焊枪与工件间保持后倾角 75°～80°，填充焊丝与工件倾角 150°～200°，一般焊丝倾角越小越好，倾角大容易扰乱氩气保护。填丝动作要轻、稳，以防扰乱氩气保护，不能像气焊那样在熔池中搅拌，应一滴一滴地缓慢送入熔池，或者将焊丝端头浸入熔池中不断填入并向前移动。视装配间隙大小，焊丝与焊枪可同步缓慢地稍做横向摆动。以增加焊缝宽度。防止焊丝与钨极接触、碰撞，否则将加剧钨极烧损并引起夹钨。焊丝端头不能脱离保护区，打底焊应 1 次连续完成，避免停弧以减少接头。焊接时发现有缺陷，如加渣、气孔等应将缺陷清除，不允许用重复熔化的方法来消除缺陷。第二层以后各层的焊接，如采用手工电弧焊应注意防止打底焊缝过烧。焊条直径不应大于 3.2mm，并控制线能量。采用氩弧焊应将层间接头错开，并严格掌握、控制层间温度。

④ 收弧

焊缝结尾收弧时，应填满熔池，再按动电流衰减按钮，使电流逐渐减小后熄灭电弧。

如果焊机无电流衰减装置，收弧时可减慢焊接速度，增加焊丝填充量填满熔池，随后电弧移至坡口边缘快速熄灭。电弧熄灭后，焊枪喷嘴仍要对准熔池，以延续氩气保护，防止氧化。焊接薄板时，为防止变形可采用铜衬垫并将工件压贴于衬垫上，以利散热。还可将铜衬垫加工出凹槽，凹槽对准焊缝以便背面充气保护。

⑤ 电弧焊盖面

打底层以后焊接采用普通电弧焊，按照电弧焊操作程序进行盖面，但不能过热，否则会把氩弧焊打底层破坏。

⑥ 大口径的不锈钢管道的焊接问题

大管径不锈钢的打底氩弧焊又与小管径的焊接存在一些差异。大口径厚壁管定位焊采用"定位块"法点固定在坡口内，定位焊不少于 3 点。所用"定位块"应选用管道同种材料或含碳量小于 0.25％的钢材为宜。施焊中焊至"定位块"时，除掉"定位块"不应损伤母材，残留焊疤应打磨干净，并检查确认无裂纹等缺陷后方可继续施焊。

大口径管道的焊接预热采用远红外电阻加热装置，加热宽度从对口中心开始，每侧不少于焊件厚度的 3 倍，且不小于 100mm。

大口径管道焊接采用多层多道焊。对于厚壁不锈钢焊接，为防止根层焊缝内凹及烧穿，第二层焊缝焊接也宜采用氩弧焊，管道内壁继续充气保护。每层每道焊缝焊完，应用砂轮机或钢丝刷将焊渣、飞溅等杂物清理干净（尤其中间接头和坡口边缘），经自检合格后方可继续焊接。另外为保证不锈钢管焊接强度，焊接方式采用内外壁双面焊。对在管内测焊接的应采取鼓风机吹扫焊接过程中产生的焊渣、烟气等，保证焊工的健康安全。

大口径管道焊接宜两名焊工对称焊，防治单侧焊接时造成另一侧焊点的应力变形。施焊中，应注意接头与收弧的质量，收弧时应将熔池填满，多层多道焊的接头要错开。

在焊缝整体焊接完毕后，应将焊缝表面焊渣、飞溅清理干净，焊工自检合格后在焊缝附近打上焊工钢印代号或做上永久性标记。另外大口径的管道部分为直埋管道，所以，在焊接过程中需要挖操作坑及防护措施。操作坑采用上底为 2m，下底 1.2，高为 0.8 的梯形截面的形式。

⑦ 焊接过程中防治风速的影响

氩弧焊焊接容易受到风的影响，有时微风都有可能导致焊接过程中产生气孔，影响焊接质量，所以，在风速达到 2m/s 的时候不宜焊接，就应该采取防风措施。本工程焊接操作平台都在室外，因此要采取防风措施，结合工程实际，焊接点多，间距很近，我们采取制作可移动的简易操作间来防止风的影响。操作间用彩钢瓦及角钢制作，加工尺寸为 2m×2m×2.3m，便于一人操作。

⑧ 焊接过程中应注意的问题

焊接前仔细清理焊缝，检查坡口加工是否完好，清理焊口两端 10～15cm 内的油污及其他杂质，管道对口间隙为 2～3mm。

焊接过程中，要注意短弧焊，以免氧化，焊接速度结合母材厚度，不能太慢或太快，焊接太慢容易过烧导致咬边咬肉（母材），焊接太快容易产生气孔及夹渣。

焊接结束，不要急于敲去焊渣，等温度降低再去除外覆的氧化皮，避免过早氧化，并用磨光机打磨飞边、焊瘤，然后用酸洗膏进行钝化处理。

⑨ 焊接质量检查验收标准

焊接质量要求符合《城市污水处理厂工程质量验收规范》（GB 50334—2017）中的规定。

3.3.3 自控、调试施工技术

1. 施工部署

（1）施工流水段的划分及部署原则

制订施工进度控制网络计划，制定相应的配套计划，严格控制关键线路的施工，并定期（每周）进行核对（进度前锋线），及时做出调整，从而控制安装工程的总体进度。

本工程施工配合量大，设备预埋件多，必须配合土建施工作业进行。由我公司项目设计部深化设计，并配合专门技术人员进行预留预埋工作，以达到土建、安装、电气及内部各工种之间互创施工条件，保证工程总体进度。抓好关键工序施工，以点带面，并严格按施工流程及工序施工，严禁工序倒置。组织好分部位施工的同时，集中力量保重点部分，各专业工种搞好协调配合，确保安装进度。以精良的人员管理、充分物力资源、完善的体系及制度保证安装工程流水施工的实施。

（2）自控专业的施工部署

自控设备安装工程的施工部署需要根据合约要求并配合土建的施工部署来制定。按照建筑工程施工的不同阶段，自控设备安装可顺序分为以下几个阶段：

结构施工阶段：施工准备及配合预留预埋；

设备安装阶段：系统管线机设备安装；

装饰装修阶段：监控中心设备安装；

调试阶段：单机调试及系统调试；

竣工验收阶段：系统检测、交接及培训；

保修阶段：工程保修、维护和保养等。

自控安装各专业依据施工流水段划分的原则，结合土建（结构）及装修的进度总体安排，组织好各施工流水段从工序到细部工艺的计划与实施。

2. 自动控制系统施工方案

（1）自控施工要求

1）自动控制设备的连接确保紧密，接触良好，螺栓紧固无松动，需接零或接地的有明显的接零或接地连接。

2）自动控制设备安装位置便于检查、维修，通风良好，且不影响临近设备的安装与解体。

3）中央控制、现场控制和就地控制保持协调一致，准确无误，灵敏可靠。

4）自动控制设备安装后进行单机调试和系统调试，保证仪表、信号指示正常，开关操作灵活可靠，控制准确无误，设备运转良好。

5）二次回路配线及接线

① 配线所采用的导线型号、规格按设计要求，其相线的颜色易于区分，相线与零线的颜色不同，保护地线采用黄绿相间的绝缘导线，零线采用淡蓝色绝缘导线，在接线前先校对线号，防止错接、漏接，线号标记清晰、排列整齐。

② 每根电缆制作电缆头，电缆头制作一致，排列整齐，电缆标志牌注明电缆位号，电缆型号，电缆起、止点。

③ 在剖开导线绝缘层时，不损坏芯线。多股软线加接头压接，接线牢固。

（2）一般自控设备安装

1）设备现场开箱检查时，我方将派工程技术人员会同业主及有关方面人员一起进行开箱检查，严格按照施工图纸及有关合同核对产品的型号、规格、铭牌参数、厂家、数量及产品合格证书，作好检查记录，发现问题后将及时配合业主作好更换或索赔工作。

2）安装前认真学习图纸和仪表设备的技术资料，对每台仪表设备进行单体校验和性能检查，如耐压、绝缘、尺寸偏差等，向业主通报并配合其工作。

3）严格按照施工图、产品说明书及有关的技术标准进行仪表设备的安装调试。仪表设备的安装可在自控系统安装量完成 70%～80% 后开始进行。进场后首先开展的工作是取源部件的安装，特别是工艺管道上的取源部件的安装，如取源接头、取压接头及流量测量元件等。取源点、取压点及流量检测元件的安装位置满足设计要求，不影响工艺管道、设备的吹扫、冲洗及试压工作。

4）因为本工程施工专业多，人员复杂，而仪表属于精密贵重的测量设备，因此注意仪表设备（含传感器、变送器）的安全，选择恰当的安装时间。在仪表设备整体的安装前首先做好准备工作，如配电缆保护管、制作安装仪表支架、安装仪表保护箱等工作。在自控系统、土建专业的安装工作基本结束后，现场人员比较有序的情况下，仪表自控系统或工艺系统联合调试前进行仪表设备安装。

5）隐蔽工程、接地工程均认真做好施工及测试记录，接地体埋设深度和接地电阻值严格遵从设计要求，接地线连接紧密、焊缝平整、防腐良好。隐蔽工程隐蔽前，及时通知监理工程师进行验收检查，验收合格后方可进行隐蔽。

（3）关键自控设备安装

1）PLC 柜、计算机系统的安装，由我公司专业技术人员实施，采取防静电措施，严格执行操作规程。

2）PLC 柜安装到位后，首先检查接线是否正确，连接线紧密，绑扎紧固，接插件牢固整洁，标识清晰正确。

3）PLC 模块安装后，首先离线检查所有电源是否正常。

4）离线、检查 PLC 程序，逐一检查模块功能及通信总线、站号，设定及其他控制功能。

5）检查 DI、DO、AI、AO 接口，检查各路各类信号是否正确传输，特别注意高电压的窜入（如 220VAC 信号），以免损坏模板。

6）上位机安装到位后，检查网络联接情况、上下位机之间的通信情况、网络总线的安装及保护情况。

7）每个单项工程完工之后，均按有关标准自检，及时做好施工测试、自检记录。

3. 仪表系统施工方案

（1）控制要点

1）倾斜型检测仪表设备的安装符合产品生产厂商的安装要求。在配电柜、盘、电启动器或机械装置的净空点 1.0m 范围内，不得有充满液体的管线穿越；确属需要，将按相关规定设置在 PVC 管槽内或将电气装置罩住隔离，以防液体流入电气设备。

2）检测仪表设备管道敷设至控制器，盘的下方设有干净的通道，以便维修。安装在管路上的元件单独设支架，不借用管子进行支撑。

3）检测仪表设备及管道确保远离供热管道，与其他管道的间距满足规范要求。

4）按相关要求提供膨胀环进行检测仪表设备的连接，在管道、阀门检测仪表设备、管件的连接处使用连接器确保位置固定。

5）避免在施工现场进行检测仪表设备管道的弯管或调整，绝不使用加热方式进行管道的弯管或调整。

6）户外安装的检测仪表设备具有防尘、防雨雪保护措施，防护等级不低于 IP55。

7）检测仪表设备的信号输出线采用截面不小于 $1.5mm^2$ 的多股铜芯控制电缆。

8）检测仪表设备管道安装后，及时清除管道内的水及杂质，并按要求着色标记。

9）检测仪表设备安装完毕后进行调试，各仪表指示正常，管道无渗漏。

10）确认预埋、预留件符合图纸要求，牢固，预留传感器位置是否符合工艺测量要求，再进一步检查传感器的安装位置是否符合传感器的技术要求。

11）仪表管路预埋管的预埋和土建同时进行，传感器和二次仪表待土建结束后再进行安装。

12）调试前必须作好充分的准备，例如：试剂的配制等。智能化仪表的调试，先仔细阅读说明书，不能打乱或破坏原有的系统程序。

13）自控仪表一般以电子元件和集成电路居多，安装时要做好防静电、防尘、防潮措施。

14）要严格区分动力、控制、信号和网络线缆，强电和弱电不能公用电缆；不能公用同一根穿线管，在平行敷设中要保持一定的距离，注意仪表接线端子的正负极等。

15）取样管的长短和大小，也会影响测量的精度和测量效果，因此，要选择合适的安装位置，采用合理的取样设备是仪表安装成功与否的关键。

16）防雷接地和信号接地是自动化仪表施工中的重要环节，必须严格按照国家有关规范操作和测试。

（2）压力检测仪表的安装

压力检测仪表宜安装在振动较小的工艺设备或管道上。浊度仪及分析仪表支架安装于取样管路上，螺纹连接安装前检查螺纹是否完好，并清除污物；安装时加合适的垫片，并注意加生料带密封。探头与支架螺口对准，拧紧。浊度传感器安装时使其斜面朝向介质流动方向以增强自清洗作用。变送器安装于墙壁之上，高度、位置严格依据设计图纸，安装可靠、固定。多台变送器并排安装时，变送器在一条水平线上。

（3）水质仪表的安装

水质检测仪表传感器的安装必须注意如下几点：

1）传感器安装支架尽量使用原厂所配支架；

2）变送器的安装必须尽可能靠近传感器；

3）接线准确，确保无误；传感器至变送器用仪表配套的专用电缆连接；

4）安装、维护、更换时，必须参照相关的说明手册，方可进行操作；

5）拧上新电极前，确定 O 形环与安装位置密封面干净、密封良好，不允许渗漏产生。

（4）超声波液位（差）计的安装

1) 超声波液位变送器因其性能可靠、安装方便等优点，在水行业应用的比较多。在本工程安装中注意：由于超声波液位变送器的工作原理是通过声波的反射来达到测量目的，因此它有散射角，在本工程中液位变送器的量程是 0～5m 或 0～10m，其散射半径在 400mm，因此在安装过程中就注意。

2) 超声波液位探头固定在支架上，安装在池壁上。支架安装紧贴池壁，固定牢靠，安装完后用线坠对垂直度进行测量和调整。探头的正面与液体表面保持平行。变送器安装于支柱或墙面上，固定牢靠，周围无振动和冲击。

3) 投入式液位计探头安装于水流平稳，无激流和扰动的位置，探头的端面浸入水中深度与工艺专业协调确定，至少浸入 4cm。

4) 传感器与池壁的间隔距离 R 必须满足 $r = \text{tg}(\alpha/2) \cdot L$ 要求，同时，尽可能便于安装、调整及维护。

r：超声波光束的半径，单位：m；

L：传感器最大测量距离，单位：m；

α：超声波光束的圆锥角，单位：°；

与池壁的间距 $R = r + 0.15 \sim 0.20\text{m}$。

5) 超声波传感器与信号处理单元尽可能靠近，这是由于供货商通常提供的信号电缆为专用电缆，其长度有限，自行加长电缆，将可能影响液位计的测量精度。

6) 超声波的电源及信号电缆敷设加装保护套管。

（5）仪表配管及管道支架制作

仪表管路系统材质宜采用不锈钢或 PVC、UPVC、ABS 塑料管道、管件。管路敷设前先将管子、阀门、配件、各设备组件清洗干净，保证无油、无杂质；管路系统连接宜采用承插焊或对接焊，或采用专用粘结剂粘结，并保证内壁无裂纹、无杂质、密封良好、严禁泄漏。

1) 螺纹连接的管道，密封材料不得进入系统内，仪表配管质量要求符合以下规定：管子与工艺设备、管道或建筑物表面的距离：≥50mm，用尺测量水平敷设坡度：1:10～1:100，拉线、尺量变管半径：金属管≥3 倍管径，塑料管≥4.5 倍管径，样板尺测量；

2) 仪表管道支架间距符合下列规定：

钢管：水平敷设：1～1.5m；

垂直敷设：1.5～2m 铜管、铝管、塑料管及管缆：

水平敷设：0.5～0.7m；

垂直敷设：0.7～1.5m 需要绝热的管路，适当缩小支架间距。

仪表及管道支架制作用钢材符合设计要求，施工规范，具有材质鉴定及合格证书，外形平直，无明显弯曲、翘翘、凸凹、扭曲，表面光洁（无锈蚀）。支架制作下料长度偏差≤5mm，切口卷边、毛刺、锐边（角）必须磨平。所有支架安装及固定仪表、管道的孔（眼）需采用机械方法钻制，不得采用气割钻孔，孔口毛刺需磨平，支架的焊接合乎设计要求，不得漏焊、气孔、裂纹、咬肉，支架除锈、防腐、油漆涂层均匀，无流淌、漏余，附着牢固、无开裂、剥落、气泡、针孔、涂层均匀、颜色一致。

（6）仪表管道吹洗、试压

仪表管道安装完成后，采用清洁的水对仪表管道进行吹洗，除去管道系统内油污、泥沙、尘埃、石渣等杂质，防止杂质进入仪表造成仪表损坏或影响测量信号，吹洗时必须隔离仪表，防止污水进入仪表。仪表管道吹洗合格后，按"中低压管道"对管道进行液压试验。

4. 系统调试方案

（1）调试控制要点

设备安装完毕进行调试。设备调试前对设备安装进行全面检查，以确定设备是否已准确就位，螺栓是否紧固，与供电电缆及其他设备的联接是否准确，是否有遗漏，连接管道及设备内部是否已清除了杂物等等。此类检查均有书面记录，并报项目经理审查。在全面检查完成并通过项目经理审查批准后开始调试。

调试步骤一般分为先辅机后主机、先部件后整机、先空载后带载、先单机后联动。凡上一步骤未符合要求的将及时整改，达到要求后进行下一步骤。首次启动时先用点动，判断有无碰擦及转向错误，待确认无误后方可正式启动。

大型设备调试前编制调试方案。联动调试及试运行将编制调试方案，调试方案包括：准备工作、调试内容、调试步骤、操作方式、人员及岗位配置、可能的应急措施等。调试方案均报请项目经理审查，经批准后进行调试工作。

在准备工作中，配齐足够的工具、材料、各种油料、动力、工作物料，并确保安全防护设施齐全可靠。

在调试全过程中，对设备的振动、响声、工作电流、电压、转速、温度、润滑冷却系统等进行监视和测量，并作好记录。

滚动轴承的工作温度不超过 70℃；滑动轴承的工作温度不超过 60℃；温升小于35℃。根据需要合理配备和安排调试人员，参加调试的人员了解设备的结构和性能，掌握操作程序和方法，具有安全知识和事故应急处理的能力，熟悉调试过程和自己的岗位职责。

在调试期间，对业主的雇员进行培训，以帮助他们在工程移交后能独立进行操作和维护。

（2）自控系统调试

1）优化调试在自控系统验收完成后，系统正常运行半年到一年的时间内进行。其主要内容：仪表参数优化正定、下位机应用软件运行参数优化正定、上位机应用软优化和完善。

2）计算机控制系统调试前，将会同其他有关专业技术人员共同制定详细的联调大纲，并报业主及监理工程师批准。首先全面充分地了解控制方案和须实现的控制功能要求，将自控系统的设计目标及控制要求与供货商所提供的控制软件内容相比较、分析，提出合理意见，使控制软件合理、适用，满足生产工艺需要。调试时将派出各专业技术人员进行系统联调。

3）调试前进一步认真阅读有关产品说明书，依据设计图纸及有关规范，精心组织调试。并仔细检查安装接线是否正确，电源是否符合要求。对所有检测参数和控制回路要以图纸为依据，结合生产工艺实际要求，现场一一查对，认真调试，特别是对有关的控制逻辑关系、联锁保护等将给予格外重视，注重检测信号或对象是否与其控制命令相对应。调试时要充分应用中断控制技术，当对某一设备发出控制指令时，及时检测其反馈信号，如等待数秒钟后仍收不到反馈信号，则立即发出报警信号，且使控制指令复位，保护设备，确保生产过程按预定方式正常运行。

4）在各仪表回路调试和各个电气控制回路调试包括模拟调试完毕的基础上，进行工段调试，完毕后再进行仪表自控系统联调。系统联调是整个工程中最关键、最重要的一个环节，联调成功是整个污水厂投入正常运行的重要标志。在联调过程中，将启动系统相关程序，逐一检查各回路、状态、控制是否与现场实际工作状况一致。根据现场反馈信号，及时检查现场仪表的运行状况，调整控制参数。特别是对模拟量回路调试，其信号的稳定与准确至关重要，直接影响控制效果。因此，对该类信号，要重点检查其安装、接线、运行条件、工艺条件等方面情况，保证各环节各因素正确无误，并提高抗干扰能力。对 I/O 模板、通信模板及 CPU 模板等插拔时，需在断电下进行，不准带电插拔；另外，为防止静电感应而损坏模板，安装调试时带腕式静电抑制器进行操作，并将模板及人体上的静电完全放掉，确保模板安全可靠地运行。

5）对电气操作或马达控制中心（MCC）的原理及柜内接线有一定的熟悉和了解，掌握电气控制（就地）与 PLC 控制（程控）之间的联系和区别，确保所有控制模式均能顺利实现。届时，将邀请电气工程师、设备工程师、工艺工程师等给予支持和配合。

6）通过上位机监控系统，观察其各动态画面和报警是否正确，报表打印功能是否正常，各工艺参数、设备状况等数据是否正确显示，修改参数命令及各种工况的报警和联锁保护是否正常，是否按生产实际要求打印各种管理报表。检查模拟屏所显示内容是否与现场工况相一致，确定模拟屏工作是否稳定可靠。

7）检查是否实现了所有的设计软件功能，如趋势图、报警一览表、生产工艺流程图（包括全厂和各工段工艺流程图）、棒（柱）状图，自动键控切换等方面是否正常。

8）通过系统联调，发现问题，修正程序，并及时与系统设计和软件设计专家讨论问题提出建议和修改方案，达到自控系统功能满足设计要求，并使仪表自控系统能正常连续运行的目的。

9）调试期间将接受业主和监理工程师的指令要求和相关建议，并将完整的调试记录移交给业主，有利于水处理厂今后的日常维护，彻底消除业主的后顾之忧。

（3）单机调试

1）单机调试内容

① 项目经理代表进行的一般检查来校核安装的正确性和工作质量。

② 开关装置、配电设备和高压装置的电试验符合当地供电局的要求。将全面协调及保护的研究措施提交并征求业主和项目项目经理的意见。

③ 就一般电气设备而言，要对设备的功能性，继电器的设定、接地的连续性、地线环路电阻、旋转方向、运行时的电流和绝缘等进行检查。所有检查都有明确记录。

④ 检查仪器仪表回路的完整性、功能性，并予以校准。

⑤ 证明 PLC 和计算机及通信器件均正常操作。

⑥ 检查所有设备在最大工作压力（或接近）时对水、润滑油和空气的密封度。

⑦ 对机械和管道的所有固定配置的适当性和安全性进行检查。

⑧ 检查防潮、防尘、防虫设施，同时，也应检查在设备和构筑物之间是否存在没有

预料到的危险而导致事故。

2）单机调试的形式

单机调试可分为两种形式，即：空载调试和荷载调试。空载调试是在没有负荷加在设备之前进行的，首先要保证电气设备的正常运行，其次验证以下各项：

① 正确的功能；

② 正确的运行温度；

③ 无不正常的振动或应力；

④ 空载调试以每台设备能正常连续运转 2h 为准，泵不进行空载调试；

⑤ 荷载调试以每台设备能连续正常运转 4h 为准。

3）单机调试注意事项

在单机调试期间，要对设备的性能进行检查，如果现场设备允许，可以将设备在现场的功能与出厂测试的结果相比较，以此来鉴定现场条件对设备功能的影响。调试标准和参数严格符合有关的技术文件和技术规范。

① 调试结束后，继续做好下列工作：

② 断开电源和其他动力源；

③ 消除压力和负荷（如放水、放气）；

④ 检查设备有无异常变化，检查各处紧固件；

⑤ 安装好因调试而预留未装的或调试时拆下的部件和附属装置；

⑥ 整理记录、填写调试报告，清理现场；

⑦ 对于进口设备和主要的国产设备，要求供应商一同参加调试且给予指导。

（4）调试

1）在单机调试通过并获得项目认可后，做好联动调试的准备工作，并提前通知业主和项目经理。

2）调试在业主和项目经理参加的情况下，在他们同意的日期进行。调试以源水为介质，确保能够正常且连续运行 72h。

3）调试将覆盖每个单元的所有设备，包括电气、仪表。

4）设备供应商负责调试自控系统中的软件。

5）将派有经验的技术人员参加调试且记录详细的调试过程、结果，这些都将以报告的形式提交给业主和项目经理。

（5）保证测试

1）当调试中发现的影响设备运行的全部缺陷已修正后，经业主和项目经理批准后，将按业主指定的时间对设备进行为期 3 个月的保证测试。

2）保证测试将依据"合同协议书"（功能保证）进行。

3）所有现场检测所需的计量仪器和仪表由我公司提供；所有仪器和仪表经由法定测试机构进行复验并标定。

4）在完成了调试、运行测试和保证测试之后，且提交了设备运行、维护手册和竣工图；业主将签发"运行验收证书"。

第 二 篇

热力能源篇

第 4 章　热力能源工艺技术发展背景与发展趋势

4.1　国内外发展背景

4.1.1　垃圾焚烧发电

1. 世界垃圾焚烧发电历史及状况

垃圾焚烧技术起源于 19 世纪末，进入 20 世纪 70 年代后，由于垃圾中可燃物的增加、工业技术水平不断提高，使得垃圾焚烧技术迅速发展，焚烧处理技术日趋成熟。在近三十年内，几乎所有发达国家、中等发达国家都建设了不同规模、不同数量的垃圾焚烧厂，发展中国家建设的垃圾焚烧厂也不在少数。

从 20 世纪 70 年代起，一些发达国家便着手运用焚烧垃圾产生的热量进行发电。欧美一些国家建起了垃圾发电站，美国某垃圾发电站的发电能力高达 100MW，每天处理垃圾 60 万 t。

21 世纪初期以来，全球有 1000 多处垃圾焚烧发电站，仅仅在日本就有 200 多个垃圾焚烧发电站，总发电能力近 1000MW。日本政府预计，到 2020 年垃圾发电能力将达到 5000MW，发电量可为 500 万户家庭提供照明用电。

2. 我国垃圾焚烧发电历史及状况

我国生活垃圾处理技术起步较晚，但近年来在国家产业政策的支持下，我国垃圾焚烧技术得到迅速发展，垃圾焚烧发电处理在我国呈现出迅猛增长的势头。

垃圾焚烧技术不断完善，并不断地向大规模、全自动化方向发展，相继出现了处理能力很高的大型垃圾焚烧厂，垃圾焚烧发电技术也随之得到了迅猛发展。我国自主研制的垃圾焚烧炉技术，已由固定炉排垃圾焚烧炉发展到循环流化床锅炉。深圳已建成国内第一条使用国产化设备 80% 以上的大型现代化垃圾焚烧发电设备厂。

我国自 1985 年在深圳建立垃圾焚烧发电厂以来，先后在珠海、杭州、上海、绍兴等 15 个城市建成了 20 座垃圾焚烧发电厂并投入运行，而每天焚烧 1000t 垃圾发电规划的城市就有数十座之多。

4.1.2　集中供热工程

城市供热系统建设，是一项十分庞大的工程，处理不好，容易引发不少的发展问题。首先是供热系统的热源，受我国能源结构影响，一般都是采用燃烧煤炭的方法来获取大量的热能，众所周知，煤炭资源是有限且分布不均衡的，显而易见，如果不对该热能来源方式进行改变，煤炭资源是无法满足今后的供热需求的，同时，分散式燃煤锅炉房在煤炭燃烧时所带来的环境污染问题也是相当严重的，在绿色环保为主要发展理念的今天，以分散式煤炭燃烧获取热能的方式是终将被淘汰的。再次，我国的城市供热系统建设在世界范围内而言，起步是较晚的，在相关的技术和设备上是有所缺陷的，一些不成熟的地方势必会影响到发展速度。我国的城市都具备自身的发展特色，同时，因为我国地域辽阔，地域差异较大，这也给供热形式的选择和规划带来了不小的挑战。最初我国北方城市供暖以集中供热为主，分散的燃煤锅炉房为辅。随着国家新的环保政策的出台，在国家相关法律政策大力提倡"节能环保"的大背景下，集中供热作为一种节约能源、减少环境污染的供热方式已经逐步成为我国城镇的主要供热方式，我国各地方城市集中供热产业也得到了快速发展。我国集中供热已形成了以热电联产为主，集中锅炉房为辅，其他方式为补充的供热局面。据相关统计，我国供热产业热源总热量中，热电联产占 62.9％，集中锅炉占 35.75％，其他占 1.35％。详见图 4-1。

随着我国经济的快速发展及人民生活水平和对环境质量要求的不断提高，及在人们不断注重和追求安全、稳定、高效的新形势下，城市集中供热的发展将越来越受到人们的普遍关注，我国城市集中供热行业市场规模将会不断扩大。其中，城市民用建筑集中供热面积增长较快，具有节约能源、改善环境、提高供热质量等综合效益的集中供热在今后将得到大力发展。作为城市基础设施的热力网输送热能系统发展很快，尤其是"三北"地区 13 个省、市、自治区的城市全部都有供暖设施，形成了较大规模，并正在向大型化发展。城市供暖已从"三北"（东北、华北、西北）向山东、河南及长江中下游的江苏、浙江、安徽等省市发展。各地区都努力从现有条件出发，积极调整能源结构，研究多元化的供暖方式，实现供暖事业的可持续发展。

我国供暖所用能源包括：煤炭、燃油、天然气、电能、核能、太阳能、地热等，但是集中供暖所用能源目前仍以煤炭为主，北京、上海和有资源条件的城市开始使用天然气、轻油或电。详见图 4-2 能源分布图。

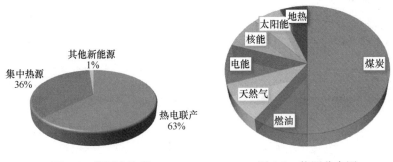

图 4-1　能源占比图　　　　　图 4-2　能源分布图

4.2　发展趋势

4.2.1　垃圾焚烧发电

垃圾发电把各种垃圾收集后，进行分类处理。其中：一是对燃烧值较高的垃圾进行高温焚烧处理，在高温焚烧中产生的热能转化为高温蒸汽，推动涡轮机转动，使发电机产生电能；二是对不能燃烧的有机物进行发酵、厌氧处理，最后干燥脱硫，产生甲烷。再经燃烧，把热能转化为蒸汽，推动涡轮机转动，带动发电机产生电能。

面对世界城市化进程越来越快，城市垃圾泛滥已成为城市的一大灾难。世界各国已不仅限于掩埋和销毁垃圾这种被动"防守"战术，而是积极采取有力措施，进行科学合理的综合处理利用垃圾。我国有丰富的垃圾资源，存在极大的潜在效益。全国城市每年因垃圾造成的损失约近 300 亿元，而将其综合利用却能创造 2500 亿元的效益。

从 20 世纪 70 年代起，一些发达国家便着手运用焚烧垃圾产生的热量进行发电。据有关统计资料显示，我国当今城市垃圾清运量已达 1 万亿 t/a，若按平均低位热值 2900kJ/kg，相当于 1400 万 t 标煤。如其中有 1/4 用于焚烧发电，年发电量可达 60 亿 kWh，相当于安装了 1200MW 火电机组的发电量。无害化垃圾焚烧发电可实现垃圾无害化，垃圾在高温（1000℃左右）下焚烧，可进行无菌和分解有害物质，且尾气经净化处理达标后排放，较彻底地无害化。减量化垃圾焚烧后的残渣，只有原来容积的 10%～30%，从而延长了填埋场的使用寿命，缓解了土地资源紧张状态。

兴建垃圾电厂十分有利于城市的环境保护，尤其是对土地资源和水资源的保护，实现可持续发展。详见图 4-3。

4.2.2 集中供热工程

1. 供热方式多元化

（1）电力供热

中国当前电力总体过剩，弃风、弃光、弃水严重，完全有条件、有能力用电力供热。随着电力供热技术的不断进步，电力供热不仅逐渐成为现实，而且发展前景越来越广阔。电力供热将会一定程度改变中国供热格局，使供热进入新时代。电力供热使得集中供热转变为分散供暖，一举多得。一是，可以便捷地满足热用户多层次、多样化的用热需求；二是，可以有效解决发电设备闲置、发电成本高和电价居高不下问题；三是，给现代城市建设预留出更大的空间，缓解城市交通拥堵，使城市发展更加理想化。

（2）燃气供热

燃气与燃煤供热相比，具有低碳、清洁和便利等诸多优点，可以使热用户摆脱集中供热管网束缚，现已走入千家万户，可以因地制宜地满足热用户多样化的用热需求。中国当前燃气价格与电力价格一样，都有下降空间。随着燃气价格的下降，燃气供热比重会进一步上升。

（3）太阳能供热

随着光伏技术发展，太阳能有效转化为电能和热能已经越来越成熟，越来越经济，越来越现实。太阳能是清洁、可再生、取之不尽、用之不竭的新能源，利用太阳能供热是更高层次的能源革命，是世界发达国家能源革命发展方向。

2. 集中供热系统管理的发展

目前，我国北方城市主要是集中供热，大多数供热系统都面临着技术装备落后，管理粗犷的局面。供热运行管网的跑、冒、滴、漏现象不能及时被发现，造成人力、物力、财力浪费的状态，急需技术改造。在互联网、物联网大发展的今天，集中控制、无人值守、大数据分析，多平台融合，信息共享，智能供热已成为发展的趋势。供热管理系统包括：热网自身的监控系统、无人值守站监控系统、地下管网监控系统、地理信息采集系统、供热终端监控系统等。

综上所述，我国城市供热方式将长期处于以燃煤锅炉大型集中热源厂供热为主，多种供暖方式并存的局面。因此从某种程度上来说，将城市集中供热系统进行全面发展是一项长期的、必要的工作。但是，随着城市集中供热系统规模的不断壮大，集中供热事业面临较多的问题，应通过完善政策制度、建设信息化平台、采用节能设备等措施，提高城市集中供热的工作效率。

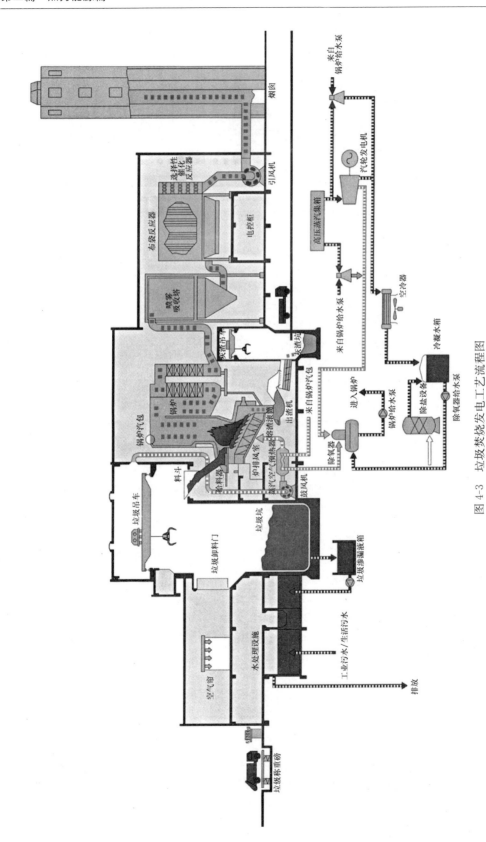

图 4-3 垃圾焚烧发电工艺流程图

第5章 沈阳西部垃圾焚烧发电厂
垃圾焚烧发电相关技术

5.1 项目简介

项目整体概况：

沈阳西部垃圾焚烧发电项目设计日处理生活垃圾 1500t，年处理量 54.75 万 t，设计工况下垃圾热值 6700kJ/kg。项目采用 2 台 750t/d 焚烧炉，配置 4.0MPa/450℃蒸汽参数的余热锅炉，2 台 15MW 凝汽式汽轮发电机组，年额定发电量约 2.05 亿 kWh，其中，年上网电量 1.6 亿 kWh。项目建成效果详见图 5-1。

图 5-1　项目效果图

5.2 垃圾处理工艺介绍

5.2.1 工艺系统总述

1. 垃圾进场、垃圾焚烧及灰渣综合利用部分

垃圾进场—通过地磅称重—通过栈桥—进入卸料平台将垃圾卸入垃圾池—垃圾池储存垃圾（存储 7～10d 使垃圾充分发酵）—发酵后的垃圾通过垃圾吊—送入到垃圾进料口—通过锅炉进料口—经过进料挡板—给料溜槽—进入到焚烧炉推料器—由推料器将垃圾推到焚烧炉干燥段进行干燥—干燥后的垃圾通过炉排搓动到燃烧段炉排上进行燃烧—燃烧后的灰渣通过炉排搓动进入燃尽段炉排—经过燃尽段的灰渣掉入渣井内—通过除渣机将灰渣推入渣池—渣池内的灰渣通过渣吊，将炉渣装到炉渣运输车上—炉渣运输车将炉渣运至炉渣

综合处理厂进行筛选，筛选后分类处理。

2. 锅炉汽、水系统部分

汽轮机做完功的蒸汽—通过凝汽器变成凝结水，凝结水通过凝结水泵进行加压—加压后的凝结水经过低温加热器、轴封加热器—进入除氧器进行除氧—除氧后的水通过给水泵—进入到锅炉给水操作台—通过给水管道—进入省煤器前混合集箱—然后进入省煤器进行加热—加热后的水（130℃）进入到汽包（汽、水分离装置）—进入汽包的水通过集中下降管—进入到锅炉四壁下部的水冷壁下集箱—进入到水冷壁下集箱的水，进到锅炉四周的水冷壁吸收锅炉内的热量变成汽水混合物（饱和水）—因为（饱和水）比重轻，水重将饱和水顺着水冷壁管压到水冷壁上部集箱，然后进入到汽包进行汽、水分离—分离后的水在锅炉水冷壁内继续循环—分离后的汽进入到余热炉水平烟道上的过热器内继续加热（低温段、中温段、高温段）—加热后的蒸汽（过热蒸汽）—进入到主汽管道内—然后送入到汽轮机做功。

3. 烟气净化部分

锅炉燃烧后的烟气通过余热炉后部水平烟道，经过锅炉出口及锅炉至脱硫塔之间的烟管—进入脱硫塔上部烟气入口，经过脱硫处理后，烟气从脱硫塔的下部出口倒出—进入到与除尘器相连接的烟管内（该段烟管布置有消石灰及活性炭喷嘴，作为干法脱硫及吸附烟气中的二噁英、重金属等有毒有害气体的作用）—干法处理后的烟气进入到除尘器进行过滤除尘—脱硫塔及除尘器滤出的灰尘由输送机输送到飞灰仓内。

4. 汽轮发电机组部分

进入汽轮机的蒸汽—推动汽轮机（高转速汽轮机 5000 转）—通过减速机（减到 3000 转）—带动发电机（切割磁力线产生电）—发电机后部为励磁机—发出的电通过发电机小间设备进入 10kV 母线—进入 10kV 母线的电分成两部分：大多部分通过电缆进入到主变压器（变为 66kV）—经过 GIS 设备（封闭式开关厂）并入外部电网—少部分电进入到厂用分支（作为厂内用电）—厂用电进入高压配电室，一部分作为厂用高压电，提供高压设备用电；一部分进入低压配电室（通过低压变压器）变成低压电，作为厂用低压用电。

垃圾焚烧发电工艺流程如图 5-2 所示。

5.2.2　焚烧系统

焚烧系统由垃圾进料系统、焚烧炉系统、排渣系统、燃烧空气系统和点火辅助燃烧系统组成。焚烧系统详见图 5-3。

1. 垃圾进料系统

垃圾进料系统用于将抓吊投入的垃圾顺畅、连续和安全地输送到炉排，垃圾接受料斗能防冲撞、耐腐蚀及耐磨损，具有破桥装置和推料器。系统由垃圾料斗、料斗门兼破桥装置、垃圾溜管、推料器、连接膨胀节、料位计、冷却系统和子系统构成。垃圾进料系统详见图 5-4。

2. 焚烧炉系统

焚烧炉是为了垃圾稳定地焚烧、并将炉渣排到除渣机而设置的。本系统由焚烧炉炉排、耐火材料、保温材料、炉排下的漏渣斗以及一次风风道、二次风风道以及喷嘴、落渣管、焚烧炉和锅炉之间的连接和密封部分、炉内火焰监测器、炉墙冷却系统等子系统组成。

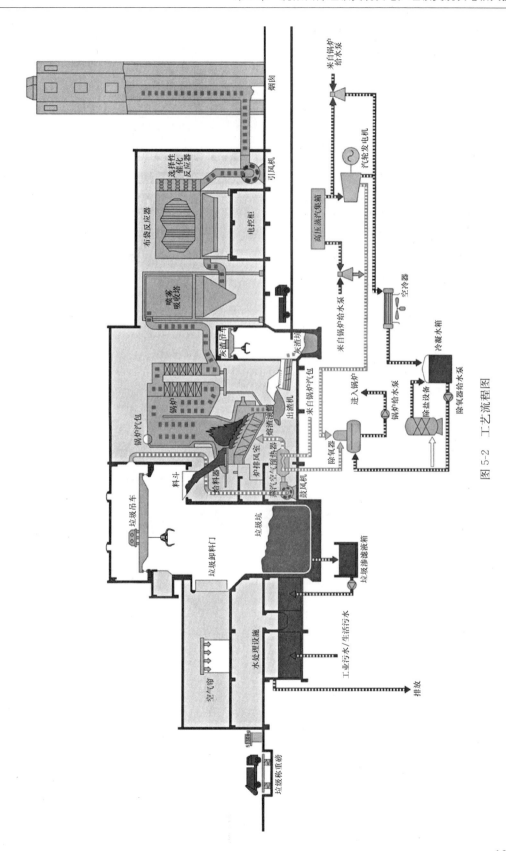

图 5-2　工艺流程图

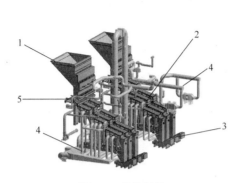 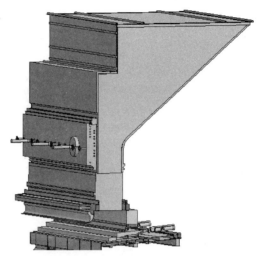

图 5-3　焚烧系统　　　　　　　　　　图 5-4　垃圾进料系统

1—垃圾进料系统；2—焚烧炉系统；3—排渣系统；
4—燃烧空气系统；5—点火辅助燃烧系统

（1）焚烧炉炉排

焚烧炉炉排分为三个区域：干燥区、燃烧区和燃烬区。在推料器的作用下，垃圾首先进入干燥区，通过炉排的动作，垃圾在炉排上往前移动到燃烧区，最后到达燃烬区。焚烧炉炉排详见图 5-5。

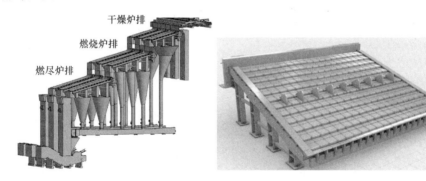

图 5-5　焚烧炉炉排

（2）耐火材料

本工程耐火材料采用 SiC-85 耐火砖、高氧化铝砖（AL-60C）、碳化硅耐火材料等。

在推料器侧面的炉墙、炉排上方侧墙底部等与炉渣和垃圾有接触的地方，使用耐磨损性能良好的 SiC-85 耐火砖和耐火材料。另外，由于 SiC-85 耐火砖的传热率高，在需要防磨损、防结渣、降低表面温度的燃烧段空冷壁底部也使用 SiC-85 耐火砖。

SiC-50 的传热率较高，用于燃烧段空冷壁的上部，以降低壁温，防止结渣。

高氧化铝砖（AL-60C）用于干燥段的上部，防止因吸收垃圾产生的水分而膨胀造成的损伤。

为了保持炉内温度，焚烧炉上部使用 SK-34 耐火砖，其传热性较低。

Si3N4-SiC 的耐磨损性非常高，用于干燥炉排到燃烧炉排、燃烧炉排到燃烬炉排的落差部，防止与垃圾和炉渣接触而引起的磨损。

碳化硅耐火材料，用于与垃圾和炉渣接触的部位。黏土质耐火材料，用于各炉排的上部。高氧化铝耐火材料的抗侵蚀性强、热震稳定性好，用于炉体的进料部位。

（3）保温材料

在耐火砖层与炉壳之间充填岩棉和硅酸盐板。荷载较大的地方使用硅酸盐板。

（4）炉排下的漏渣料斗和一次风风道

1）炉排下的漏渣料斗

炉排漏渣料斗设置在各个炉排的下面，在干燥炉排下设置 3 个、燃烧炉排下设置 9 个、燃烬炉排下设置 6 个。漏渣料斗既有把从炉排的间隙处掉下的漏渣收集到料斗下部的功能，又有从侧面接收一次风，从炉排的底部向焚烧炉均匀供应燃烧空气的功能。

2）一次风风道

为了防止恶臭的扩散，一次风从垃圾池上部抽取，然后从各炉排底部以足够的压力供给炉内。空冷壁排风也汇入一次风。一次风由蒸汽空气预热器及空气直接式预热器加热到要求的温度。该温度的设定值由 ACC 决定。燃烧空气温度由预热器的旁路空气量控制。炉排漏渣料斗及一次风风道详见图 5-6。

图 5-6　炉排漏渣料斗及一次风风道

（5）二次风风道及喷嘴

二次风通过安装在炉体前壁和余热锅炉鼻状部第一隔墙的喷嘴喷入焚烧炉。二次风的作用是防止炉内产生异常高温、提供合适的氧浓度及适当混合可燃性气体。根据经验以及流型计算，确定二次风喷嘴的位置和数量。为了防止二次风喷嘴的热损伤，始终维持最小的二次风量。

（6）落渣管

炉渣料斗和溜管设置在燃烬炉排的下游，从燃烬炉排排出的炉渣被引入除渣机。炉渣料斗和溜管采用坚固的构造。同时，为避免炉渣发生架桥现象，料斗设计了充分的倾斜角度和尺寸。为了防止热辐射以及炉渣燃烧引起的热损伤，在炉渣料斗底部设置水冷夹套。

（7）焚烧炉和锅炉间的连接和密封

因锅炉和焚烧炉本体的热膨胀不同，它们的外壳之间用膨胀节连接以吸收热膨胀。

（8）炉内火焰监测器

炉内的火焰由设置在焚烧炉后壁的闭路电视摄像头进行监视，信号送往中央控制室内的监视器。采用空冷防止摄像机的热损伤，空气吹扫清洁摄像机。另外，摄像机的安装位置还考虑了能够良好地观察燃烧状态和受排渣粉尘的影响最小等因素。

（9）炉墙冷却风系统

每台焚烧炉配置 1 台炉墙冷却风机和 1 台炉墙冷却引风机，冷却风机就地吸风，从两层耐火砖间进入，沿着侧墙的外侧受热后送入一次风机吸风总管，提高一次风温，有效地回收了能量，提高了焚烧炉的热效率。

针对本项目，焚烧炉炉墙采用空气进行冷却。焚烧炉侧墙由耐火材料保护。在炉排片表面高度处的侧墙由侧墙冷却箱组成。冷却风通过一台炉墙冷却风机从两层耐火砖之间的

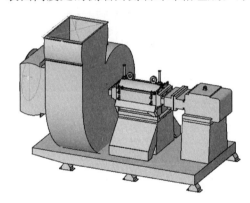

图 5-7　炉墙冷却风机

缝隙处注入，并由一台炉墙冷却引风机引导出炉墙。这股暖风沿着炉墙的外侧被送入加热后的一次风机吸风总管，以回收能量。其优点如下：回收侧墙冷却能量；节省一次风预热所需能量；通过预热风干燥炉排上的垃圾，从而提高燃烧效率。炉墙冷却风机详见图 5-7。

3. 排渣系统

灰渣系统是为了把从燃烬炉排排出的炉渣运送到炉渣坑，并用渣吊将炉渣装入运渣车后运出厂外。垃焚烧时产生炉渣，比炉排间隙大的炉渣大都被推到燃烬炉排，从焚烧炉的后部

排出，落进除渣机。从炉排间隙中落下的漏渣经过炉排底部渣斗和溜管被引入炉排漏渣输送机，由该输送机送到除渣机。这些炉渣和漏渣由内部充满水的除渣机冷却，然后被运送到炉渣坑。储存在炉渣坑中的炉渣被设置在炉渣坑上方的炉渣吊车装入卡车，由卡车运出焚烧厂。排渣系统图详见图 5-8。

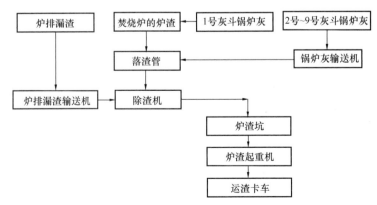

图 5-8　排渣系统图

4. 燃烧空气系统

（1）一次风系统

一次风系统设计考虑采用蒸汽空气预热器加热，最高温度为 200℃。当垃圾热值过低时，开启直接式空气预热器，加热一次风温度最高至 300℃，保证焚烧低热值垃圾时一次风入炉温度能达到燃烧要求。本系统包含一次风风机、一次风蒸汽空气预热器、一次风空气直接式预热器、一次风风机吸入消声器、一次风预热器、风门及分系统。一次风风机详见图 5-9。

（2）二次风系统

本系统是为了使可燃性气体完全燃烧，调节炉内温度而向炉内供应空气的设备。由二次风风机、二次风预热器、二次风风机消声器、二次风控制风门等组成。二次风机详见图 5-10。

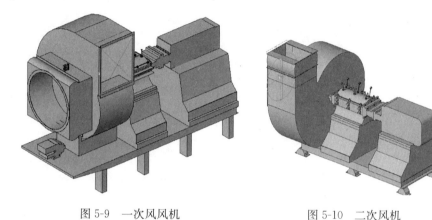

图 5-9　一次风风机　　　　　　　图 5-10　二次风机

5. 点火及辅助燃烧系统

点火及辅助燃烧系统包括点火燃烧器和辅助燃烧器，燃料为 0 号轻柴油。本系统包括点火燃烧器、辅助燃烧器、辅助燃烧器就地控制柜、积灰清扫装置。

点火及辅助燃烧系统能够由冷态启动焚烧炉，并依照焚烧图中提供的数据，在垃圾低热值时提供完全燃烧。燃烧器系统将采用标准的设计型式和经批准的配置。这个配置符合相关的规范和标准。燃烧器系统能使整个炉膛从冷态均匀加热至约 850℃。燃烧器的安装位置及规格能避免使炉膛和锅炉区域内的飞灰软化。在启动过程内无保护的炉排不会过热。炉膛烟气温度降低至 850℃时辅助燃烧器能自动投入运行。

5.2.3　余热锅炉系统

1. 系统概述

本项目的余热锅炉为单筒型，卧式自然循环式水管锅炉。汽包水通过布置在锅炉管屏外侧的下降管进入下集箱，再进入锅炉管屏和蒸发器吸收烟气热量后返回汽包。在 MCR 点的蒸汽产量为 61.7t/h（MCR 点，清洁工况下，汽包抽汽 5.28t/h），三级过热器出口蒸汽为 4.0MPa(g)，450℃。锅炉给水温度为 130℃。

余热锅炉由汽包、水冷壁、过热器、蒸发器以及省煤器等组成。其中，由过热器、蒸发器以及省煤器等组成的对流区布置在锅炉第四水平烟道上。余热锅炉系统详见图 5-11。

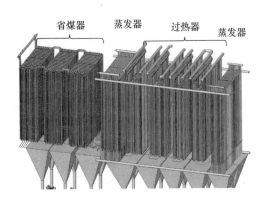

图 5-11　余热锅炉系统

2. 汽包

汽包是水管锅炉中用以进行汽水分离和蒸汽净化，组成水循环回路并蓄存锅水的筒形压力容器。主要作用为接纳省煤器来水，进行汽水分离和向循环回路供水，向过热器输送饱和蒸汽。汽包中存有一定水量，具有一定的热量及工质的储蓄，在工况变动时可减缓气压变化速度，当给水与负荷短时间不协调时起一定的缓冲作用。汽包中装有内部装置，以进行汽水分离、蒸汽清洗、锅内加药、连续排污，借以保证蒸汽品质。

3. 水冷壁

水冷壁是锅炉的主要受热部分，它由数排钢管组成，分布于锅炉炉膛的四周。它的内部为流动的水或蒸汽，外界接受锅炉炉膛的火焰的热量。主要吸收炉膛中高温燃烧产物的辐射热量，工质在其中作上升运动，受热蒸发。

本工程采用膜式水冷壁，由管子和鳍片焊成的气密式结构。优点为炉膛漏风少；可采用敷管炉墙，减轻钢结构荷载，降低锅炉成本；便于采用悬吊结构且改善热膨胀系统；适合大型机械化生产，组装率高；蓄热能力小，缩短起、停炉时间。

4. 过热器

过热器是锅炉中将蒸汽从饱和温度进一步加热至过热温度的部件，又称蒸汽过热器。其位于温度最高的烟气区，采用过热蒸汽可以减少汽轮机排汽中的含水率。过热器是由蛇形盘管、分配集箱集、流集箱以及其他组件等组成。

5. 蒸发器

锅炉蒸发器是一种带有下降管和引出管的蒸发换热设备，它布置在锅炉的过热器后、省煤器前，在蒸发器内，水吸热产生蒸汽。

6. 省煤器

省煤器位于余热锅炉的尾部，是锅炉尾部的重要受热面，锅炉给水能够从省煤器上获得一部分热量以后再进入锅炉，进而有效地减少了烟气所携带的热量，实现能源的高效利用。另外锅炉给水经过预热后进入汽包，有效地降低了汽包本身所承受的热应力，在一定程度上保证了汽包的可靠性。

5.2.4　余热发电及热力系统

本项目利用垃圾焚烧后产生的热量生产过热蒸汽，并将过热蒸汽送入汽轮机做功发电，全厂按日处理垃圾量 1500t/d，设 2 台日处理垃圾 750t/d 的焚烧锅炉，配 2 套 15MW 凝汽式汽轮机＋15MW 发电机组，单台锅炉的额定过热蒸汽量为 61.7t/h。余热发电系统详见图 5-12。系统流程详见图 5-13。

5.2.5　烟气净化

烟气净化采用"SNCR[氨水]＋半干法[$Ca(OH)_2$]＋干法[$Ca(OH)_2$]＋活性炭吸附＋袋式除尘器"的净化工艺流程系统。烟气排放满足《生活垃圾焚烧污染控制标准》(GB 18485—2014)。净化后的烟气由两管集束式钢制烟囱排入大气。

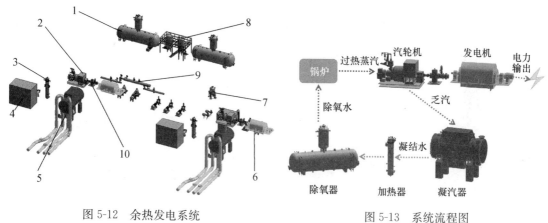

图 5-12　余热发电系统

1—中压旋膜除氧器；2—汽轮机；3—低压加热器；
4—油站；5—凝汽器；6—发电机；7—立式疏水
扩容器；8—连续排污扩容器；9—减温减压器；
10—变速箱

图 5-13　系统流程图

工艺流程：

本工程在垃圾焚烧炉出口的锅炉第一烟道上设置 SNCR 系统的氨水喷嘴，将 $3\%\sim$ 10% 的氨水喷入高温的锅炉烟气中进行脱氮氧化物反应，将烟气中的 NO_x 浓度降低并确保余热锅炉出口的浓度控制在 $200mg/Nm^3$ 以下。

余热锅炉出口的烟气（约 190℃）进入半干反应塔，进行第一步的脱酸处理。消石灰通过制浆系统制成石灰浆，经过旋转雾化器与冷却水一同喷射在反应塔内。进入反应塔的烟气与高度雾化的石灰浆液接触，释放热量使水组分蒸发降低烟温，并进行充分的中和反应，部分重金属吸附在灰尘颗粒上。部分反应产生的飞灰与未反应的石灰在反应塔底部排除，大部分飞灰与烟气一起进入布袋除尘器排除。

在半干法反应塔进口烟道、半干反应塔和布袋除尘器之间烟道分别设置活性炭喷射系统及消石灰喷射系统。活性炭用于吸附重金属、二噁英和呋喃、TOC 等。喷入的消石灰与烟气充分混合可辅助除去烟气中的酸性气体，未反应的物料在除尘器内继续与污染物进行反应。

烟气进入袋式除尘器，前段工艺的反应产物（氯化钙、亚硫酸钙、硫酸钙等）与吸附污染物的活性炭及烟尘在通过滤袋时被分离出来。同时，未反应的消石灰干粉也附着在滤带表面，与通过滤袋的烟气中的酸性气体进行反应，进一步提高酸性气体的除去效率。

采用上述工艺可将烟气污染物排放浓度严格控制在项目排放标准。本项目烟气处理系统由以下各个部分组成：

烟气净化系统详见图 5-14。

1. 半干法反应塔系统

本项目中半干法脱酸采用的药剂为石灰。制浆系统将石灰制成浆液后，输送至反应塔入口处，经旋转喷雾器高度雾化后的消石灰雾滴在塔内与烟气充分混合发生中和反应。与此同时，雾滴水分迅速蒸干，从而形成干燥的反应产物，烟气温度冷却至设定的温度。

塔内发生的化学方程式如下：

$$SO_2 + Ca(OH)_2 = CaSO_3 + H_2O$$

$$2HCl+Ca(OH)_2=CaCl_2+H_2O$$

反应塔详见图 5-15。

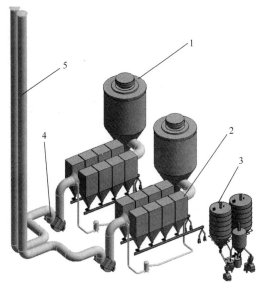

图 5-14 烟气净化系统

图 5-15 反应塔

1—半干法反应塔系统；2—布袋除尘器系统；
3—SNCR 系统；4—引风机系统；5—烟囱及烟道系统

2. 布袋式除尘器

烟气与喷入烟道的消石灰和活性炭混合反应后进入布袋除尘器，烟气中的粉尘会聚集在滤袋迎风面，形成滤饼。滤饼中仍含有大量未反应的消石灰及未饱和吸附的活性炭，其可与烟气中的有害酸性气体继续反应，吸附污染物，提高整体系统的污染物去除效率。

布袋除尘器灰斗壁采用电伴热加外保温，保证温度高于 140℃，防止结露腐蚀设备。布袋除尘器系统设置预热循环风系统，在启炉过程中提前预热除尘器整体设备的温度，保护布袋，防止结露腐蚀。

3. SNCR 系统

本项目中 SNCR 系统采用氨水作为还原剂，在 850~1100℃高温下，氨水与一氧化氮进行如下反应：

$$4NO+4NH_3+O_2=4N_2+6H_2O$$

氨水通过多个喷嘴喷入锅炉第一烟道，喷嘴冷却和物料雾化辅助介质是压缩空气。第一烟道内共设置 2 层的喷头。SNCR 系统设计负荷为将 NO_x 浓度从 $300mg/Nm^3$ 降至 $200mg/Nm^3$。

4. 引风机

本套烟气处理系统的引风机设在烟气处理系统末端，采用"电动挡板+变频"控制，使前端系统保持一定的负压，确保焚烧及烟气处理系统正常稳定运行；同时，也可保护工作人员的人身安全，预防烫伤意外的发生。每一条烟气处理线配置一台引风机。风机的最大风量满足除尘器设计流量下风量的 138%。

5. 烟囱及烟道系统

烟气经引风机送至 2 根 DN2400 的 84m 高的集束烟囱排入大气。烟气管道、管件包括从锅炉省煤器出口，经烟气处理设备到达烟囱各设备之间连接的所有附件。设置膨胀节，防止热膨胀引起烟管错位或施加给支撑件或设备额外作用力。所有的烟气系统的设备、烟管和膨胀节都要求保温，确保外表面温度不高于50℃。

5.2.6 飞灰输送及稳定化处理

根据本项目物料平衡飞灰稳定化处理系统设计能力为 10t/h，日运行 8h，总规模为 80t/d。考虑到飞灰稳定化系统的实际运行需要，本项目设两套飞灰储存、计量和搅拌系统，单线设备处理能力需保证 8h 内处理完每天 24h 的飞灰量。

1. 灰输送系统

本系统是把半干反应塔飞灰和布袋除尘器的飞灰（布袋灰）输送到飞灰储仓储存的设备。半干反应塔下飞灰通过插板阀、星型卸料阀和三通换向阀输送进入烟气处理公用刮板输送机；布袋除尘器下飞灰通过插板阀和星型卸料阀输送至布袋除尘器下刮板输送机，再通过三通换向阀进入烟气处理公用刮板输送机，烟气处理公用刮板输送机后接斗式提升机，再经螺旋分配输送机送到灰仓。飞灰输送系统流程详见图 5-16。

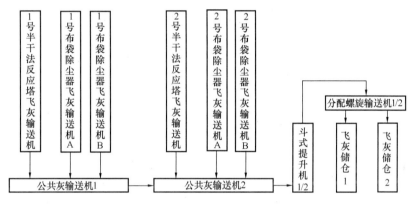

图 5-16 飞灰输送系统流程图

2. 灰稳定化系统

本项目采用"飞灰＋螯合剂＋水泥＋水"的飞灰稳定化工艺，将烟气净化系统收集的飞灰进行稳定化处理。确保飞灰中的污染物被固定于产物内的同时，赋予产物一定的强度，便于最终处理。螯合剂配比：5%；水泥添加量：10%；水添加量：20%。飞灰稳定化工艺流程详见图 5-17。

5.2.7 渗沥液处理系统

垃圾渗沥液产生量主要受进厂垃圾的成分、水分和贮存天数的影响，国内同类垃圾焚烧发电厂垃圾渗沥液的调查

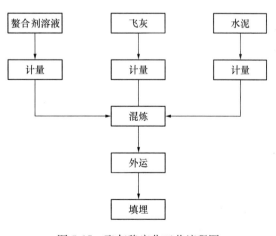

图 5-17 飞灰稳定化工艺流程图

表明，渗沥液产生量约占进厂垃圾总量的 15%～30%。本项目正常工况垃圾焚烧量为 1500t/d，则渗沥液约为 225t/d，垃圾卸料平台、车辆冲洗水约 12t/d，生活污水及实验室排水共计 15.8t/d，合计 252.80t/d。考虑夏季渗沥液产量增多，约占垃圾总量 30% 以上，则焚烧厂渗沥液处理设计规模为 600t/d。

从垃圾仓来的渗沥液中悬浮物含量较高，渗沥液经专用的收集管道进入初沉池将这些悬浮物去除，在进入初沉池的管道上安装螺旋格栅机以去除较大的颗粒的漂浮物。初沉池出水进入调节池，不同时间从垃圾仓来的渗沥液在这里停留混合，起到均衡水量、均化水质及降温的作用。调节池分成两个功能区，分别对水质和水量进行调节。调节池具有预发酵的功能，通过发酵作用降低部分进水有机物浓度。且调节池容积满足 6000m³，分隔设计，满足事故调节的作用。设置搅拌装置 2 套，经过均质均量的废水，通过厌氧反应器供料泵泵送至高效厌氧反应器，在厌氧反应器中利用厌氧生物将高浓度有机废水最终转化为沼气排放，废水中绝大部分有机物被降解、消化。厌氧出水经袋式过滤器过滤后，通过布水系统进入膜生化反应器 MBR，去除可生化有机物。低浓度生活污水直接送入中间水池，直接进入 MBR 处理系统。MBR 由反硝化、硝化和超滤单元组成。生化系统产生的剩余污泥，脱水后送至焚烧厂进行焚烧，脱水上清液回生化系统处理。

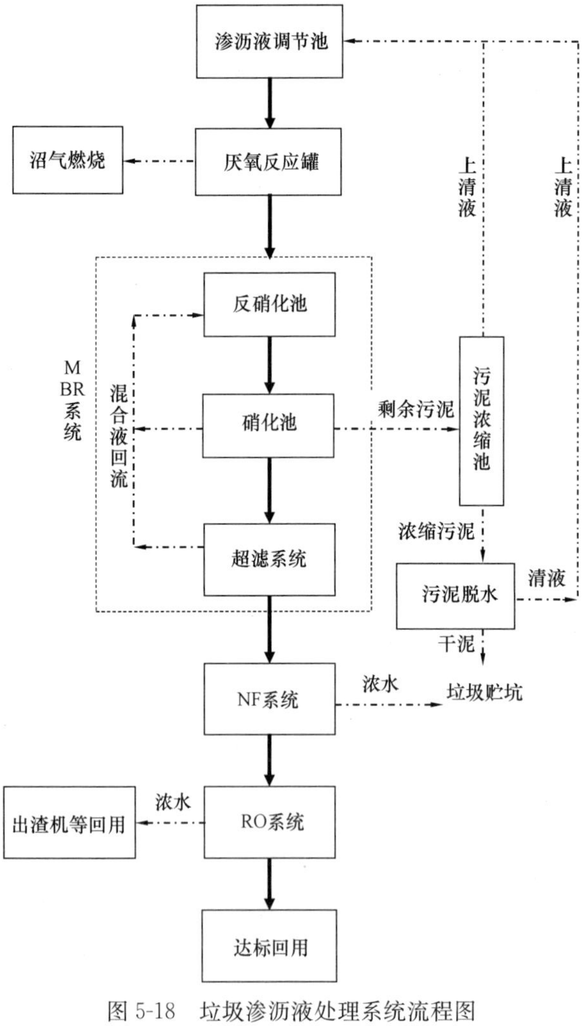

经过 MBR 处理的出水 BOD、氨氮、悬浮物等已经达到排放标准。但是 COD、总氮及部分重金属仍然超标，因此设计采用 NF＋RO 系统对超滤出水进行深度处理，进一步去除 COD、重金属和总氮，以确保出水达标。清液达标排放，浓缩液与化水车间的排水一起回用于冲渣。

渗沥液处理过程中产生的污泥包括：格栅系统栅渣、生化处理系统剩余污泥。污泥通过污泥提升泵打至污泥池，经螺杆泵提升进入脱水机房进行脱水处理，脱水后的含水率低于 85% 的泥饼运至垃圾仓。污泥池上清液和脱水滤液回流污水池后部分至生化系统，部分至预处理系统。

如图 5-18 所示，渗沥液处理设备由六部分组成，包括：（1）综合调节池；（2）厌氧反应器；（3）膜生化反应器（MBR）；（4）纳滤处理系统（NF）；（5）反渗透处理系统（RO）；（6）污泥离心脱水系统；

图 5-18 垃圾渗沥液处理系统流程图

（7）沼气预处理系统。

5.3　施工技术集成

5.3.1　设备安装施工技术

1. 锅炉安装技术

（1）技术概况

本项目垃圾焚烧炉引进往复式机械炉排炉，单台焚烧炉处理能力为 750t/d，设 2 台焚烧炉、2 台 15MW 凝汽式汽轮机和 2 台 15MW 发电机，为 2 炉 2 机配置。

焚烧炉：单台垃圾焚烧量：750t/d，炉排类型为：五级顺推往复式。焚烧炉主要由垃圾给料系统、焚烧炉、液压系统、自动控制系统、炉渣处理等系统组成。

余热锅炉：本锅炉为单锅筒、集中下降管、卧式布置的自然循环锅炉，水平烟道内各级受热面的管束都是垂直布置，烟气横向流过各级受热面。余热锅炉单台金属重量约：1700t。锅炉额定蒸发量：61.7t/h，额定蒸汽压力 4.0MPa、额定蒸汽温度 450℃；锅筒工作压力 4.8MPa。余热锅炉主要由钢架、锅筒、膜式水冷壁、蒸发器、过热器、省煤器、烟道、集箱和本体管路等组成。

（2）工艺流程及施工方法

1）工艺流程

锅炉安装流程详见图 5-19。

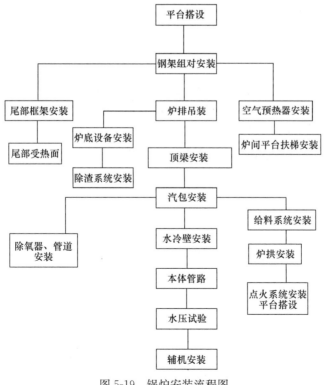

图 5-19　锅炉安装流程图

2）锅炉钢架安装

锅炉钢结构承担着焚烧炉、余热炉两部分锅炉的重量，由钢立柱及顶板梁、连梁等组成。钢立柱通过柱底板分别生根在锅炉房 0m 和卸料平台 15m 楼层基础上。焚烧炉炉排等设备由钢结构支撑。

由于焚烧炉炉排等设备的安装以钢架立柱为基准，因此要求钢架中心线的定位及几何尺寸必须保证安装精确，误差控制在最小范围，以免影响到后续工序的施工。

① 锅炉钢架的安装应适当缩小组合件的单件重量，边组合边安装，并划分为 N 个组合单元，组合成"∩"形。采用无变形吊装法就位。根据现场实际情况确定钢架在炉膛的右侧开口，以吊装水冷壁用。

A. 锅炉钢架单件安装施工程序：

单根钢立柱组对、就位、找正→横梁安装、找正→检查钢架立柱及横梁的安装位置及垂直度、水平度（合格后）→复测钢架的几何尺寸及（立柱）垂直度、（横梁）水平度和中心位置。

B. 锅炉钢架采用预组合法施工程序：

将合格的立柱、横梁等构件在预组合平台上按图纸要求组合、定位→检查组合定位尺寸（合格后）→连接各构件→检查连接螺栓（合格后）→吊装就位→连接横梁→检查钢架的几何尺寸及垂直度、水平度和中心位置（合格后）→平台安装→扶梯安装。

② 锅炉钢架的组合

A. 锅炉钢架的组合应在和组合平台上进行。

B. 立柱对接，用吊车或塔机将同一立柱的各段吊到组合平台上，按图纸要求的顺序和方位对接好，测量立柱组合几何尺寸合格后，方可采用加固板以高强螺栓连接的方式连接立柱，复测立柱组合几何尺寸无误后紧固螺栓。

C. 锅炉钢架吊装前，在每个立柱的柱脚底板上划出立柱的纵、横中心线并打好标识，以便吊装就位时找正。

D. 立柱组对前，应在合格的立柱上划出中心线，以便组对和安装时找正，同时在立柱上画出 1m 标高点。1m 标高点的画法：根据主要卡头标高兼顾多数卡头标高，确定 1m 标高点。

E. 锅炉钢架组对过程中，需焊接时注意焊接顺序和留有适当的焊接收缩余量，避免焊接后组合尺寸超出允许偏差。

F. 锅炉钢架承重构件，在组对时必须保证其质量，焊接工作必须持证上岗，并作焊接记录。在焊接过程中，应采取必要的防变形措施。

③ 锅炉钢构架的安装

A. 利用汽车吊将组合好的钢架吊装就位，并作好临时的固定。

B. 锅炉钢架应就位一件找正一件，不允许在未经找正和固定的钢架上进行下一步的安装工作，以免产生安装后无法纠正的误差；

C. 锅炉钢架吊装就位后，找平、找正的内容及顺序，按下述方法进行：

a. 立柱柱脚中心线对准基础划线中心，用对准两个十字中心线的方法进行检查校对；

b. 根据厂方基准标高点测量各立柱上的 1m 标高点；

c. 各立柱的垂直度应在其相邻的两个垂直面的上、中、下三点用经纬仪进行测量；

d. 相邻立柱间的中心距应在立柱的上部和下部两处测量；

e. 测量立柱顶部和 1m 标高点两处的大、小对角线；

f. 根据立柱的 1m 标高点测量各横梁的标高和水平度。

3）焚烧炉安装

垃圾焚烧炉是整个垃圾焚烧发电厂的核心，其制造、安装质量至关重要，直接影响到整台机组的稳定运行。该工程炉排采用上海康恒生产的五级顺推往复式炉排，由液压装置控制。焚烧炉靠生根在锅炉 0m 的钢支架支撑，整体向上自由膨胀，炉本体主要由垃圾料斗、给料机、中间吸收器、侧面吸收器、机械炉排、炉排液压控制装置、炉排下部灰斗、主灰斗、焚烧炉壳体、出渣机、燃烧器等设备构成。

焚烧炉安装的基本工序：Z1～Z5 焚烧炉钢架施工完成→灰输送机及灰斗临时就位→锅炉整体中心线、焚烧炉长度方向基准线，标高测量/调整→炉排就位→给料机安装→炉排给料机标高测量及调整→炉排、给料机固定螺栓紧固/焊接固定→炉排壳体/密封板安装→给料机段差壳体安装→垃圾给料斗安装→炉下灰斗及出渣机安装→耐火砖安装→燃烧器安装。

锅炉第一层钢架全部安装完毕找正后安装炉排和给料机支架，设备由履带吊直接吊装就位，设备就位后按照图纸要求进行找正固定，合格后，再进行下一步安装。

① 给料机安装

给料机位于进料溜槽的底部，保证垃圾均匀可控地进入到炉排上进行燃烧。给料机通过液压杆推动垃圾通过进料平台进入炉膛，液压杆的动作通过控制系统进行调节。

给料机安装时应注意其安装角度的准确性，防止因角度偏差太大造成的运动不灵活、给料不到位、不准确等现象。此外，液压杆等运动部位的运动间隙要严格控制，保证既能灵活动作，又不会因间隙过大造成泄漏。

② 炉排安装

a. 安装前准备

在炉排支撑钢架上划出炉排安装中心线。

将炉排落灰斗临抛在炉排下方，除渣机、炉底刮板机就位，待炉排固定后再进行安装。

炉排的吊装主要使用炉排专用吊装工具。

炉排吊装前，在炉排底部及前后立面划出其中心线。

b. 炉排安装

（a）炉排首先安装燃烬炉排，接着安装燃烧炉排，然后安装干燥炉排。

（b）炉排中心线要对准钢架上预先划出的炉排安装中心线。

（c）炉排就位后要严格按照技术文件的要求，调整炉排角度，调整角度时使用随设备佩带的专用垫片。

（d）调整完毕检查无误后拧紧螺栓固定炉排。

（e）按同样的方法进行下一件炉排的安装。

（f）按照技术文件要求调整每件炉排之间的间隙，间隙过小将影响炉排片膨胀，间隙过大导致焚烧时杂物落入。

（g）炉排安装完成后，在炉排上方搭设临时平台保护炉排片及施工人员，防止上方施工过程中有坠物损坏炉排及人员。

（h）按照技术文件对炉排密封部位进行焊接，防止漏焊。

c. 给料装置安装

（a）安装时，注意保证给料平台、干燥燃烧炉排间的落差，干燥燃烧炉排和燃烬炉排的落差。

（b）注意保证干燥炉排的倾斜度。

（c）炉条安装后每排炉条应平直，间距一致。整体平整度与图纸相符，移动距离符合图纸要求，移动灵活，无卡涩。

（d）注意保证每个炉条同炉排面的角度符合图纸。

（e）进行整体调整、找正，并调试驱动装置，使液压驱动装置能灵活地驱动活动炉排作往复运动，达到设计要求。

4）余热锅炉安装

本锅炉为单锅筒、集中下降管布置的自然循环锅炉，水平烟道内各级受热面的管束都是垂直布置，烟气横向流过各级受热面。余热锅炉单台金属重量约：1700t。锅炉额定蒸发量：61.7t/h，额定蒸汽压力 4.0MPa、额定蒸汽温度 450℃；锅筒设计压力 4.8MPa。主要由钢架、锅筒、膜式水冷壁、蒸发器、过热器、省煤器、烟道、集箱和本体管路等组成。

受热面设备及联箱到货后要逐一清点、编号，并检查复合设备尺寸。为防止材质错用现象，合金部件进行 100% 的光谱检查。按相应比例抽查管子壁厚及厂家焊缝，重点是弯管处及联箱管座的角焊缝。所有管子及联箱均应选取相应直径的球进行通球试验，并进行内部清理。检查合格后，及时对管口进行可靠的封堵。

① 锅炉锅筒的安装

A. 锅筒吊装前的检查

a. 检查锅筒各中心线，主要接管位置尺寸、焊接质量及人孔封闭面是否符合设计要求。

b. 当锅筒缓慢起吊至地面 200mm 左右时，即停止起吊。全面进行检查起吊机具各性能及受力点情况应正常。同时，将锅筒略作悬空状上下摆动，增加负重。经全面考核各性能、情况良好后，方可继续缓慢地进行起吊工作。

B. 锅筒的吊装：锅筒的吊装必须在锅炉钢架找正和固定完毕后方可进行。吊装时应注意不能损伤锅筒本体及法兰结合面。

C. 锅炉锅筒用吊架悬吊于顶板梁上，故锅筒吊装就位时应同时起吊锅筒吊架。

锅筒的找正：找正时应根据锅炉中心线和锅筒上已复核过的中心线铣眼进行测量，安装标高应以钢架 1m 标高点为准。锅筒的找正用手拉葫芦等进行，用吊线坠方法配合、钢盘尺，测量锅筒纵、横中心线到柱子（或顶板梁）中心距离；用 U 形管水平仪测量其标高和水平，并进行调整。

D. 膨胀指示器应安装牢固，布置合理，指示正确。

E. 锅筒内部装置安装后应符合下列要求：

a. 零、部件的数量不得短少。

b. 蒸汽、给水等所有的连接隔板应严密不漏，各处焊缝应无漏焊和裂纹。

c. 所有法兰接合面应严密，其连接件应有止退装置。

d. 封闭前必须清除锅筒内部的一切杂物。

e. 连接件安装后应点焊，以防松动。

F. 锅筒内部装置安装完毕检查合格后及时办理签证手续。

G. 不得在锅筒壁上引弧和施焊，如需施焊，必须经制造厂同意。

H. 焊前应进行严格的焊接工艺评定试验。

② 受热面的组合安装

A. 膜式壁主要施工程序：前侧水冷壁→右水冷壁→左侧水冷壁→隔墙水冷壁→下降管，由前完后逐渐吊装。

后侧部水冷壁应在顶棚管吊装就位后再吊装侧水冷壁。

B. 受热面在安装前应做下列工作：

水冷壁集箱和排管应做吹扫和通球检查，合格后办理签证并对管口进行临时封闭，并对管排的长度、宽度、平整度及角线进行检查和调整。

C. 受热面的安装要求

a. 水冷壁的安装

（a）水冷壁吊装时，必须有足够强度的刚性支架以防止水冷壁在吊装时发生永久性变形。

（b）水冷壁组合件用 QUY350 履带吊吊送至框架内，直接吊成垂直状态并吊装就位。水冷壁吊装就位后，应立即初步找平、找正，但相互间不得点焊，应处于自由状态。

（c）水冷壁组合件吊装就位完毕后，应将钢架的开口关闭。

（d）水冷壁组合件的找正：当锅筒找正完毕后，可进行水冷壁找正。找正时上集箱以锅筒的纵向、横向中心线及标高为基准，中、下部为方便起见可以立柱的中心线为基准，拉钢丝检查，标高以立柱标高为基准。各集箱的标高及水平度可用水准仪或液体连通器等水平仪测量找正，并对各测量结果进行记录。

（e）所有水冷壁找正后应进行临时加固，并将所有的刚性梁安装完毕，经质检人员检验合格后，将水冷壁四角按图纸要求进行焊接密封，同时，凡与水冷壁管有关的视孔、检查孔、仪表孔均应安装焊接完毕，所有焊接部件均应由持证高级焊工进行焊接。

b. 蒸发受热面安装

（a）锅炉设置有两组蒸发受热面，悬吊结构，一、二级分别安装在水平烟道进口及省煤器前，每排两组。

（b）每组蒸发受热面由四排管子组成，每排管子焊接在上下集箱上，再通过悬吊耳子将四排管子连接成一组。

（c）蒸发受热面吊装采用布置在炉后的塔吊直接从炉顶板梁间预留空间贯入，穿装吊杆，待整体找正后，焊接间距固定挡板。

（d）管排在组合场做好外观检查，几何尺寸校验。

（e）所有组件起吊前做好加固，多点起吊，以免变形。

（f）蒸发受热面管排与两侧墙水冷壁及其管排相互间的距离应严格按图纸尺寸要求进行调整，保证锅炉本体的热膨胀。

c. 过热器安装

（a）过热器由三级、二级和一级过热器组成，布置在水平烟道内，两级喷水减温器布置在一、二、三级过热器之间。饱和蒸汽由连通管引入一级过热器进口集箱。蒸汽经过Ⅰ级喷水减温器后引入二级过热器进口集箱，经过管排后进入Ⅱ级喷水减温器，再进入三级过热器，最后加热成过热蒸汽进入过热器出口集箱。

（b）一、二级过热器为逆流布置，三级过热器为顺流布置。管子和集箱均悬吊在顶梁上，一起向下膨胀。

（c）过热器安装顺序

三级过热器安装→二级过热器安装→一级过热器安装

a）根据图纸、供货清单对照现场过热器管排、出入口集箱进行清点、检查，找出每级过热器的特殊管排。

b）对过热器进、出口集箱进行划线，划出集箱的纵横中心线。

c）每组吊装采用卷扬机机直接从14m渣沟上吊装穿入顶棚管，按从前到后的顺序依次紧密临抛在吊挂梁上，待全部吊装完后，再按从后到前的顺序依次用手拉葫芦调整，水平移到安装位置，穿装吊杆、找正、固定、安装梳形板。

d）管排在组合场做好外观检查，几何尺寸校验。

e）所有组件起吊前做好加固，多点起吊，以免变形。

f）过热器管排与两侧墙水冷壁及其管排相互间的距离应严格按图纸尺寸要求进行调整，保证锅炉本体的热膨胀。

g）过热器管子安装对口时，必须严格遵守施工规范中的管子对口规定，杜绝错口和角变形现象。对口过程中，施工工具必须做好防坠落措施，

h）作业人员应佩带工具袋，小型工器具必须系安全尾绳，较大的工器具必须系保险绳。

d. 省煤器安装

（a）省煤器安装作业顺序：

施工人员熟悉图纸及技术资料等→工器具检查→设备清点、检查→通球→省煤器管排临时吊装→→省煤器管排吊装组合、安装。

（b）省煤器组合

a）将省煤器管排及散管吊至组合架上。

b）用角向磨光机和磨头进行管口的磨制，将管口清理干净，管口内外壁10～15mm内现出金属光泽。

c）按照图纸将省煤器管排进行临时固定，并使每根散管中心线与管排上相应的管子的中心线重合。

d）省煤器蛇形管组装前，必须进行通球试验，以检查管子的畅通和弯头处截面的变形情况，每排通球管子必须做通球记录，并办理签证；通球试验合格后，按照图纸将每排管排之间的连接管进行焊接。

e）焊接施焊前再次复核管子尺寸，管排序号与散管是否与图纸相符，确认无误后再施焊。

（c）省煤器吊装及安装

a）起吊前做好加固，多点起吊，以免变形。

b）省煤器管排与两侧护板及其管排相互间的距离应严格按图纸尺寸要求进行调整，保证锅炉本体的热膨胀。

c）省煤器管子安装对口时，必须严格遵守标准中的管子对口规定，以杜绝错口和角变形现象。对口过程中，施工工具必须做好防坠落措施。

d）作业人员应佩带工具袋，小型工器具必须系安全尾绳，较大的工器具必须系保险绳。

e. 受热面的焊接。

f. 受热面组合安装注意事项：

（a）省煤器、过热器管组装前应将管内吹扫干净。

（b）水冷壁管在组合和安装前必须分别进行通球试验，试验用球应采用钢球，通球直径应符合规范要求。

（c）受热面管应尽量用机械切割，如用火焰时铲除氧化铁将管口修平。

（d）受热面组件吊装前，应做好吊装准备，复查各支点、吊点的位置和吊杆的尺寸。

（e）锅筒、联箱的膨胀间隙留设必须符合设计要求，位置正确。

（f）受热面管子应保持洁净，安装过程中不得掉入任何杂物。

g. 受热面整体找正验收合格后进行锅炉连接管道及附属管道的安装。

③ 空气预热器的安装

A. 安装前检查：

a. 检查预热器外壳有无变形，尺寸是否与设计图纸相符。

b. 检查箱内有无尘土、石子、木块、锈片等杂物，检查管子和管板的焊接质量；螺旋鳍片有无变形，如有变形应用钳子调整。

B. 空气预热器安装时应注意管箱的进出方向，不得装反。

C. 整个空气预器应保证密封，凡不密封处工地安装时就地密封，安装结束后，与冷风管同时进行风压试验，应无泄漏。在锅炉启动前还应进行一次全面检查，管内不得有杂物、尘土堵塞等。

D. 空气预热器的保温工作应在风压试验完毕后进行。

④ 锅炉范围内管道安装

A. 锅炉本体管道安装（汽水连通管）：

锅炉本体管道包括：顶部连接管、下降管、省煤器连接管、给水操作平台锅炉给水管、主蒸汽引出管及排气管等，其安装要点如下：

a. 在锅筒、过热器、水冷壁、蒸汽管等组合安装找正固定合格后，可进行连接管的安装。

b. 按照图纸清点连接管及零件等，并对管道内部进行清理，对管子长度、弯曲度、弯曲方向较难分清的管件应做好标记，以免装错。

c. 本体连接程序：先长管后短管，先难后易，先上后下，先里后外。每根管吊入安装位置后，必须随时临时固定好。

d. 本体管安装时，除图纸注明装设支架外，一般不设吊架。

e. 连接管要求对口必须正确，间隙均匀，不应强行对口。

f. 管子和管件的坡口及内外壁 10～20mm 范围内的油漆、污垢、铁锈等，在对口前应清除干净，直至露出光泽。

B. 锅炉排污、疏水管道安装要求：

a. 管道本身在运行状态下有坡度的，要能自由热补偿且不妨碍锅筒、集箱和管系的热膨胀。

b. 不同压力的排污、疏放水管不应接入同一母管。

c. 锅炉定期排污管必须在水冷壁集箱内部清理干净后再进行连接。

d. 管道上阀门的位置应便于操作和检修。

e. 支架安装位置应正确、平整、牢固，与管子接触良好并不妨碍管子热膨胀。

C. 取样管道安装要求：

a. 管道本体应有足够的热补偿，保持管束在运行中走向整齐。

b. 蒸汽取样器安装方位应正确。

c. 取样器冷却器安装前应检查蛇形管的严密性。

D. 排汽管安装时应注意留出热膨胀间隙，使锅筒、集箱和管道能自由膨胀，其支吊架应牢固。安全阀排汽管的重量不应压在安全阀上。管道及附件与安全阀连接前应把杂物清除干净。

5）锅炉整体水压试验

水压试验是锅炉安装过程中的重要控制节点，锅炉受热面及锅炉本体管道全部安装完成后，必须进行水压试验。

① 水压试验范围

水压试验的范围包括受热面系统的全部承压部件及本体管道，即：锅筒、水冷壁、过热器、省煤器、蒸发管、顶部连接管、下降管、过热器连接管、给水操作台至锅炉给水管、集气箱出口阀门以内的过热蒸汽管等，还包括锅炉范围内疏水、放空、取样、排污、加药仪表取样管一次阀门以内的管道等及其附件。

注：安全阀不参加水压试验，水位计只参加工作压力试验，不参加超压试验。

② 水压试验前的检查及准备工作

A. 承压部件的安装工作全部结束，全部承压焊口的检验及所有合金钢部件的光谱检查工作全部结束。

B. 组合及安装时所用的临时设施应全部拆除并清理干净。

C. 锅炉主要走道平台，扶梯安装完毕。

D. 水压试验的临时给排水管道安装结束，临时堵板的安装完毕。

E. 备有充足的安全低压照明灯具和检修必用品及工具。

F. 安装记录、检验及试验签证应整理齐全，并符合规定要求。

③ 水压试验的要求

A. 锅炉水压试验的压力为锅筒工作压力的 1.25 倍；该锅炉水压试验压力为 6.0MPa。

B. 锅炉水压试验时的环境温度一般应在 5℃ 以上，否则应有可靠的防寒防冻措施。

C. 水压试验用水必须使用合格除盐水。水质应满足以下要求：氯离子含量小于 0.2mg/L；联胺或丙酮含量为 200～300mg/L；pH 值为 10～10.5（通过氨水调节）。

D. 水压试验时锅炉上应安装不少于 2 块经过校验合格、精度不低于 1.0 级的压力表，试验压力以锅筒或过热器出口集箱处的压力表读数为准。

④ 水压试验的步骤

A. 水压试验前开启设备上所有的放空阀门，各给水总阀门、分阀门；关闭所有疏水、放水、排污阀门。该工作检查完毕后，可开始向锅炉上水。

B. 在上水过程中，注意观察各放气阀门，待放气阀上部放气管见水无空气排出后，关闭其放气阀。放气阀全部关闭后，此时锅炉水已上满，关闭进水总阀，对锅炉进行一次全面检查。

C. 经检查无异常后，可用升压泵对锅炉进行升压。升压速度均匀缓慢，一般不应大于 0.3MPa/min，当达到试验压力的 10％ 左右时，应作初步检查。如无异常或渗漏，可升至工作压力检查有无漏水和异常现象。

D. 根据工作压力下全面检查的结果，决定是否继续升压进行超压水压试验。如无异常和渗漏，可继续升压，但在进行超压水压试验前应做好以下工作：

a. 将水位计与锅筒联通阀门关闭；

b. 所有检查人员应停止在承压部位进行检查和工作，并远离受热面设备，所有无关人员应全部撤离水压试验范围。

E. 继续升压至试验压力，保持 20min 后缓慢降至工作压力进行全面检查，检查期间压力应保持不变，检查中若受压元件金属壁和焊缝上没有水珠和水雾，卸压后无残余变形，则认为水压试验合格。

F. 在水压试验时，对焊缝处所发现的大小渗漏，均应进行处理，是否再进行超压水压试验，应视渗漏数量和部位的具体情况而定。

G. 检查完毕后，即可缓慢降压，降压速度为 0.3～0.4MPa/min。当压力降至接近零时（锅筒压力表读数），应打开所有放气阀和放水阀，将水排尽。

在降压过程中，可利用余压对疏水、排污、取样等管路、阀门进行带压冲洗，以检查上述管路畅通情况。冲洗管路的余压不得低于 1.2MPa。

H. 锅炉在试验压力下的水压试验应尽量少做，争取一次成功。水压试验合格后，应及时办理水压试验合格签证。

6）烘炉

① 烘炉条件

焚烧炉、余热锅炉墙筑完毕，汽水系统及设备保温基本结束。炉内及护排清除干净，炉膛及辅助系统风压试验合格。

烘炉需用各系统的设备以安装、调试完毕。

烘炉需用的热工、电气仪表和 DCS 系统安装、校验合格。

烘炉所需的燃料已备好，并符合使用要求。

特殊部位需要开排气孔，应检查排气孔的密度和部位是否符合要求。

烘炉时的升温速度、调试运行及操作方案已审查并通过。

升温速度的控制详见图 5-20。

② 烘炉步骤

A. 焚烧炉、余热锅炉内浇注料养护分三个阶段：低温、中温和高温三个控制点。

B. 低温阶段到 300℃，中温到 540℃，高温到 800℃ 为控制点。

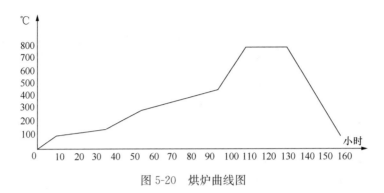

图 5-20　烘炉曲线图

C. 低温阶段先进行炉膛养护，待炉膛升温到 150℃，恒温结束进行下一步中温烘。

D. 低温烘炉可采用焦炭或木材燃烧进行 150℃烘炉，也可启用点火油枪进行烘炉。

E. 在 300℃恒温后，低温烘炉结束，交付运行，投入使用，此时应按工作油枪的最小工作量操作，严格控制升温速度。

F. 生产单位投用后，可进行酸洗、煮炉工作，并继续按烘炉升温要求升至 540℃。

在此期间，进行管道吹扫工作。

G. 在 540℃恒温结束，在给料系统、除渣系统、底灰和飞灰系统、除尘系统全部试运后，投用燃料运行。

H. 初次投用燃料时，应严格按温升速率操作，并在 800℃恒温 12h，然后进行生产要求的运行操作。

7）煮炉

① 煮炉的目的：锅炉在维持适当的压力温度条件下，加入化学药剂进行煮炉，以除去炉管壁附着的铁锈和油污等物质，并使金属表面钝化，以保证锅炉机组安全、经济运行。

② 煮炉应具备的条件：当烘炉完毕后，应马上进行煮炉。给水泵试运合格，除氧器及给水系统冲洗完毕，并可投入运行。化学水系统、燃油系统、输煤系统、工业水系统、煤灰系统等都可投入运行。

③ 煮炉开始时的加药量应符合锅炉设备技术文件规定。

④ 药品应溶解成溶液后方可加入锅筒内，配制和加药时，应采取安全措施。

⑤ 加药时炉水应在低水位。

⑥ 煮炉期间，应定期在锅筒和水冷壁下集箱取水样进行水质分析，并经常注意排污、加药。

⑦ 煮炉结束后，应交替进行持续上水和排污，直到水质达到运行标准，然后应停炉排水，冲洗锅炉内部和曾与药液接触过的阀门，并应清除锅筒、集箱内的沉积物，检查排污阀，应无堵塞现象。

⑧ 煮炉后检查锅筒和集箱内壁，其内壁应无油垢，擦去附着物后，金属表面应无锈斑。

⑨ 煮炉完毕后应整理记录，办理签证。

2. 烟气净化设备安装技术

（1）技术概况

烟气净化系统主要设备含反应塔、石灰浆制备系统、活性炭系统、布袋除尘系统、飞灰输送系统及其配套的附属设备和电气、热工控制系统等。

（2）工艺流程及施工方法

1）脱酸反应塔安装

① 首先检查土建基础是否符合要求，并复查土建移交的中心线和标高。

② 在基础上划出反应塔支架安装的纵横中心线，并做好标记。

以反应塔支架安装的纵横中心线为基准，划出反应塔4根立柱"十"字中心线，并采用垫钢板的方法调整各立柱的相对标高在误差范围内。

③ 在组合场对4根立柱进行划线，并从立柱顶部向下划出1m标高线，1m标高线以下部分如有误差，则在调整各立柱的相对标高时一起调整。

④ 反应塔支架按左右（或前后）与横梁，斜撑组合成二片，然后由塔吊分别吊装就位，就位时采用钢丝绳与葫芦固定。

⑤ 反应塔支架组合后，必须验收几何尺寸并进行临时加固后方可起吊，就位时采用经纬仪器找正。

⑥ 反应塔支架的连接大部分采用扭剪型高强度螺栓，为此应做好以下工作所有构件安装前，必须对摩擦面或顶紧面进行清理，并有专人检查，符合要求后，方可起吊安装。

A. 高强度螺栓在施工前应按规范要求进行复验并且必须入仓库保管，并按不同规格分类存放，地面应用木板垫高，做好防雨，防潮工作。

B. 高强度螺栓必须有专人保管，领用时必须认真做好发放记录，当天安装剩余螺栓应及时归还仓库保管员，严禁现场随地堆放。

C. 高强度螺栓安装紧固，必须按规定要求进行，当天安装的高强度螺栓当天紧固完毕。

D. 为使螺栓均匀受力，初紧、终紧必须按一定顺序进行。对H型钢应先腹板，后翼板，一般接点应从螺栓群的中间向外紧固，在同一接点中，严禁螺栓长短不一。

E. 螺栓紧固结束后，应及时刷上油漆，以防锈蚀。

F. 用经过标定的专用工具进行扭矩抽样检查，抽样数量按规范要求，被抽样的螺栓位置应分布均匀，验收完毕后，做好检测记录。

G. 反应塔也在组合场进行圆周方向的组合，拼接时钢板错口必须符合规范要求，同时，控制周长和椭圆度，并在内部加临时十字支撑。

H. 反应塔上下方向可分几组，视供货情况再定。反应塔锥体整体组合，由塔吊先吊装锥体就位，然后从下往上逐层吊装。每吊装一件要找正一次上下同心度，以保证组件垂直度，特别要注意顶部烟气进口的角度。反应塔高度方向的调整放在最上层下的焊缝之间。

I. 为了安全及施工方便，平台走道可同步安装。

J. 反应塔安装时，四周搭设脚手架，并在每条焊缝下方1m处设作业层，脚手架搭设时必须留出保温距离。

2）布袋式除尘器安装

布袋式除尘器布置在反应塔与烟囱之间，主要作用是吸收烟气中的飞灰，中和反应物，反应剩余的 $Ca(OH)_2$ 颗粒和活性炭，并可进一步反应，从而提高整套装置的烟气净化效率。

①0框架结构施工

采用"组合法"安装工艺。将框架设备的零部件在施工现场（近路侧）组合现场，预先组合成片状吊装就位。

A. 框架组对前的准备工作

根据图纸和设备清单检查数量是否齐全，外观无裂纹、重皮、严重锈蚀、厂家焊缝缺陷，并进行编号。

搭设组对平台，组对平台平整度≤3/1000，平台大小满足最大组对框架的施工要求。

B. 立柱对接

将对接的立柱放置在组对平台上，对各段进行检查，核对其长度、托架等尺寸是否符合设计。

调整接口位置、检查立柱各部尺寸，总长度应比设计长5mm作为焊接收缩余量，各项尺寸符合要求后点焊固定。对接质量要求如下：柱中心线允许偏差≤1.5mm；横梁标高允许偏差为±5mm。

复查立柱各部尺寸有无变化，然后进行正式焊接。为避免受热变形应采取双人对焊。

C. 框架组合

调整立柱相对位置使每根立柱彼此平行，同时，各立柱基准点标高线应处在同一直线上（用拉对角线方法校正）。柱间距应比图纸尺寸大5mm（取上、中、下三点测量）。

在各项校正结束后可将横梁与立柱点焊固定，复查无误后进行正式焊接。

② 除尘器灰斗安装

除尘器支架安装验收后，先进行灰斗梁的安装。灰斗梁采用散装，按图纸要求，分别将灰斗梁吊装就位，就位后灰斗梁与钢支架之间固定点必须焊接牢固，滑动点则进行临时加固，并在整台除尘器全部安装结束后，方可拆除。

在组合场将灰斗进行拼接，并对所有焊缝进行渗油试验，焊好临时吊耳。必要时在灰斗内部进行加固。

灰斗就位时，要保证上下口中心线垂直。

最后进行灰斗与灰斗梁的焊接工作，焊接后及时进行焊缝渗油试验。

③ 除尘器壳体安装

首先在灰斗梁的上平面再进行一次划线，并调整标高。

除尘器壳体在组合场按左右方向组合成4片，由塔吊分别吊装位。

就位时采用可调节的硬支撑固定，以方便壳体找正，待找正完毕，即可吊装左右连接梁，并焊接牢固。

分别吊装壳体内的前后隔板及除尘器进出口烟管，进出口阀门，通烟管。

④ 布袋安装

先安装布袋上下框架，使之每仓形成整体。

清点并检查布袋及紧固件。

逐层安装布袋及紧固件，使布袋与上下框架连接牢固可靠。

最后安装顶部盖板，及附属系统。

袋笼、滤袋安装袋笼、滤袋安装前应作以下检查：

A. 对袋笼进行 20％ 的抽样检查。

B. 袋笼所有的焊点应焊接牢固，不允许有脱焊、虚焊和漏焊现象。

C. 袋笼与滤袋接触的表面应平整光滑，不允许有焊疤、凸凹不平和毛刺等缺陷。袋笼的耐高温防腐涂层应完整、无损。

D. 滤袋安装前，所有焊接作业必须结束。净气室内严禁吸烟。袋笼在安装前检查包装箱有无损坏，塔吊将袋笼吊上除尘器顶，人工将袋笼从包装箱中抽出，由净气室检修门运进净气室。穿滤袋之前，将花板孔周围以及其他可能与滤袋接触的部件进行打磨，清除毛刺尖角。净气室内所有杂物清理干净。施工人员随身不能携带任何零碎物品，以防掉入滤袋。滤袋安装后，不垂直度应小于 5/1000 滤袋长，最大小于 25mm。

3. 汽机安装技术

（1）技术概况

本工程汽轮发电机组具有高工作效率及高稳定性的，单缸、冲动、凝汽式汽轮机。汽轮机通过齿式联轴器与齿轮箱高速轴连接，齿轮箱低速轴通过膜片联轴器与发电机连接。调节汽阀采用油动机控制。采用提板式调节阀。来自锅炉的新蒸汽经隔离阀，通变径三通接头分别进入汽轮机蒸汽室两侧的主汽门。主汽门内装有蒸汽滤网，以分离蒸汽中的水滴和防止杂物进入汽轮机。机组由 1 级调节级及 9 级压力级组成。蒸汽在汽轮机中膨胀做功后排入冷凝器中凝结成水，经凝结水泵进入汽封加热器，然后送入回热系统。汽轮机纵剖面详见图 5-21。

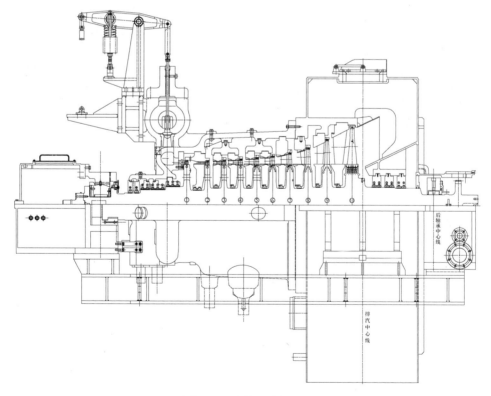

图 5-21　汽轮机纵剖面图

（2）工艺流程及施工方法

1）工艺流程

汽轮机安装工艺流程详见图 5-22。

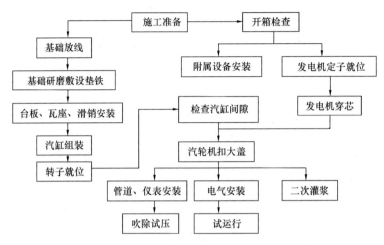

图 5-22　汽轮机安装工艺流程图

2）基础交接验收及垫铁布置

汽轮机基础施工结束，交付安装前应由监理单位、土建单位、安装单位进行检查验收，满足下列要求后，做好交接签证工作：

① 基础混凝土表面应平整、无裂纹、孔洞、蜂窝、麻面及露筋等现象。

② 基础纵横中心线应垂直，纵横中心线偏差应≤10mm。

③ 混凝土承力面标高偏差应≤10mm。

④ 测量、检查并核对各地脚螺栓孔的尺寸和标高，其偏差应符合厂家技术文件要求。

⑤ 按"垫铁布置图"安放垫铁，垫铁表面必须平整干净。垫铁的布置位置和荷载除应符合制造厂技术文件的要求外，尚应符合下列规定：

A. 应布置在负荷集中的部位；

B. 应布置在台板地脚螺栓的两侧；

C. 应布置在台板四角；

D. 相临垫铁间的水平距离宜为 300～700mm；

E. 台板加强筋部位应适当增设垫铁；

F. 垫铁的静负荷不应超过 4MPa；

G. 垫铁安装完毕，应按实际情况绘制垫铁布置图。

3）汽机本体安装

① 本工程汽轮机为整体供货，汽轮机安装就位前，应完成下列工作：

按照设备实物核对基础的主要尺寸，应能满足安装要求。

基础混凝土应去除表面浮浆层，并凿出毛面，被油污染的混凝土应凿除。

安放垫铁处的基础表面应凿出新的毛面并露出混凝土骨料，垫铁与基础应接触密实，四角无翘动。

安放临时垫铁或调整用千斤顶的部位应平整。

② 基础与台板间垫铁的形式、材质要求：

垫铁应采用钢板、钢锻件、铸钢件、铸铁件加工，如按制造厂要求使用特制的混凝土砂浆垫块。

斜垫铁的薄边厚度不得小于 10mm，斜度为 1/10～1/25。

垫铁应平整、无毛刺，平面四周边缘应有 45°倒角，平面加工后的表面粗糙度值不高于 5。

③ 垫铁安装应符合下列要求：

每叠垫铁不应超过 3 块，特殊情况下不得超过 5 块，其中，只允许有一对斜垫铁。

两块斜垫铁错开的面积不应超过该垫铁面积的 25％。

台板与垫铁及各层垫铁之间应接触密实，用 0.05mm 塞尺检查，可塞入长度不得大于边长的 1/4，塞入深度不得超过侧边长的 1/4。

④ 地脚螺栓安装：

无锈蚀、无油垢。

螺母与螺栓应配合良好。

地脚螺栓的长度、直径应符合设计要求，其垫圈、垫板中心孔等尺寸应符合要求。

螺栓与螺栓孔或螺栓套管内四周间隙应大于 5mm。

螺栓垂直允许偏差为 5mm。

螺栓下端的垫板应平整，与基础接触应密实，螺母应锁紧并点焊牢固，螺栓最终紧固后应有防松脱措施。

拧紧后螺栓上部末端宜露出蝶、母 2～3 个螺距，下部末端丝扣应露出螺母。

地脚螺栓应在汽缸最终定位后正式紧固，用 0.05mm 塞尺检查台板与轴承座、汽缸间的滑动面、垫铁及各层垫铁间的接触面应符合标准要求。地脚螺栓紧固时不得使缸的负荷分配值和中心位置发生变化。

⑤ 汽机本体安装：

汽机检查与安装：汽机设备到货后，联合相关单位对汽机本体进行开箱验收检查，检查无误后开始安装。

汽机安装采用汽机吊进行吊装，汽机本体重量为 37t，但由于行车仅为 32t，根据实际情况将采取以下方案：利用小车原有的两个吊装孔，在顶部放置两根 $\phi133\times10$ 的厚壁钢管进行固定行车上额外的 1 个定滑轮，穿绕从行车厂家借用的 50t 吊钩以减少行车钩绳出头拉力，避免行车电气和机械部分超负荷给行车造成损伤。

汽机就位前的检查：检查汽机各进出口的运输封口是否良好，如发现未封口，应仔细检查有无杂物进入。为保证安全，滑轮组安装完成后进行负荷试验，负荷试验合格后再进行汽机的吊装；事先协调好厂家的供货时间，运输车辆进场后直接开进汽机房，行车开到汽机中心线位置停好，安装人员将临时顶撑就位。吊装用具准备好后用行车起吊定子离车箱 10cm 处静止 10min，对行车制动器、金属结构、吊具及建筑结构等进行检查，如发现异常立即放下停止作业，待采取必要的安全措施，确认状态良好后方可正式起吊。一切条件均无异常后慢慢起升，起吊时应使汽机处于水平状态，当汽机底部超出 8m 平台后行车小跑向安装位置跑动，汽机完全进到基础上方时停止小跑拆除下方的包装枕木，检查台板接合面有无毛刺和油漆等杂物，否则进行清理。检查合格以后平稳走动小跑，缓慢移动，当汽机纵向中心线与基础纵向中心线一致时停车。缓慢使汽机就位，在就位的过程中不得将手伸入汽机下方，就位过程要平稳。

在起吊时应特别注意钢丝绳的选择、捆扎。起吊至安装地点时与基础上预先划好的汽机中心线对准就位。然后用钢丝法来找汽机中心，左右横向移动可用千斤顶移动；上下移动可调整垫铁或变更调整垫片的厚度。

⑥ 基础二次浇筑：

复核台板与设备接触良好，座架螺栓、台板螺栓已紧固。

联系土建单位进行基础的二次浇筑工作。

汽轮发电机组基础二次浇筑工作应同时进行。

4）发电机本体安装

① 底板就位：

按照制造厂提供的底板布置图在基础上划出底板的分布位置，然后在该位置进行基础凿毛，把底板基础标高调好。

清理基础表面层。凿削后的表层，不能留有残渣、杂质和各种松散及有害的材料，如：油污、砂粒、淤泥等。

检查台板上地脚螺栓孔是否与基础地脚螺栓相配，且检查其中心线是否相符。

台板、滑动板、机座底脚应用清洗溶剂仔细擦洗，清除锈斑、油漆污垢，使台板外观平整光洁，无损伤、变形和毛刺，滑动板则要求无卷边，平整光洁，滑动板放在基础底板上。

台板就位找正，台板位置偏差以纵横中心线为基准进行测量，要求误差 2mm 范围内。

② 定子吊装：

发电机台板找正结束后就可起吊定子使其就位，因定子较重（25.1t），利用汽机吊吊装，满足吊装需要。在起吊时应特别注意钢丝绳的选择、捆扎。定子起吊至安装地点时与台板上预先划好的定子中心线对准就位。然后用钢丝法来找定子中心，左右横向移动可用千斤顶移动；上下移动可调整垫铁或变更调整垫片的厚度。

③ 发电机穿转子：

转子检查：检查转子轴颈、轴密封处外观应光洁，无锈蚀、损伤。转子轴颈不柱度、椭圆度均应≤0.03mm。做好外观检查等工作。并配合电气专业做好转子电气部分检查试验。

定子检查：检查定子内部应清洁，零部件无松动现象。并配合电气专业做好定子电气部分检查试验。

穿转子：发电机穿转子拟采用接长轴法，也可采用滑板及滑块滑移法。制造厂设备到货后根据厂家要求再编制详细的作业指导书。

转子起吊和安装过程中的注意点：

A. 转子起吊时，护环、轴颈、小护环和励磁机联轴器等处不得作为着力点。在起吊前轴颈处最好能加以包扎保护。

B. 在转子穿入定子时，应避免转子和钢丝绳碰撞定子线圈端部等处，风扇叶片不能撞击定子内圈和线圈端部压板螺钉，以免叶片和定子叠片受伤。

C. 在转子穿入定子时，由于重绑钢丝绳而需将转子搁置在定子铁心上时，应用木块或其他非金属块垫在转子本体上，并避免触及线圈。在搁置转子时需支撑于转子本体上，不许触及大护环。

D. 穿转子必须经监理单位的检查验收签证，方可进行。

④ 空气间隙及磁力中心：

空气间隙的测量及调整方法：在定子两端用专用工具分别测量静子与转子铁芯同一断面的上下、左右四点的间隙，四周空气间隙应均匀相等，测量的空气间隙值之差应符合厂家要求，为了使数值准确，应将转子转动 90°，再重新测量一遍。测量定转子磁场中心，根据制造厂要求进行调整。

⑤ 端盖封闭：

清理并复查机座内部清洁无杂物，机务、电气、热控检查验收工作结束。端盖封闭需经监理单位检查办理隐蔽工程签证后进行。

⑥ 空冷器安装：

空气冷却器应在发电机定子安装前安装，以便利用定子下面的热风道吊装空气冷却器。

空气冷却器安装前应检查散热片是否脱焊，对弯曲卷边的散热片进行校正，按要求进行水压试验，安装时冷却器与冷风室的接合缝应严密。

⑦ 联轴器对接：

当联轴器中心符合要求后方可进行此项工作。联接螺栓和螺母应作好对应的标记。联轴器联接时先将两个联轴器按找中心时的相对位置对正，然后用预先准备好的临时连接螺栓接好，再测量联轴器外圆的晃度，每个测点相对变化值不大于 0.02mm。安装联接螺栓应加润滑剂，用小榔头轻轻敲入，不得过紧或过松，螺栓的紧力按制造厂提供的数据进行。联轴器螺栓正式紧好后，应复查联轴器各测量点圆周晃度值和连接前的变化不大于0.02mm。最后将螺母锁紧。联轴器联接经检查验收合格后，便可以进行联轴器罩壳的安装工作，罩壳的安装按制造厂家图纸的要求进行。

5）油系统安装

① 油泵的安装：

主油泵的检查和组装应符合下列要求：

泵壳水平结合面应该接触严密，紧 1/3 螺栓后用 0.05mm 塞尺检查应塞不进，水平结合面一般不使用垫料。

叶轮与轴及其连接件均应配合紧密，无松动。

固定叶轮轴向位置的紧缩螺母应有防止松脱的装置。

轴颈的径向晃度一般应不大于 0.03mm，叶轮密封处的径向晃度一般不大于 0.05mm。

叶轮密封环与泵轴油封环间隙均应符合制造厂规定，密封环与外壳间一般无紧力，其间隙值不应大于制造厂规定。

密封环与叶轮端面的轴向间隙一般为 2～3mm。

主油泵出口止回阀应动作灵活不卡涩，启动排油阀的活塞应灵活。

② 油站的安装：

油站安装前应检查各部开孔是否安全、位置是否正确、油站内部挡板及滤网是否完整和安置稳妥、各油室有无短路情况等。油位计安装时须注意浮筒套管应与油站对正，并保持垂直，浮筒不许碰触油站侧壁，浮筒应作浸煤油试验，以检查其严密度。

油站的就位工作应根据设计图纸进行，油站的纵横中心线及标高允许偏差为±10mm。然后用普通水平仪在油站四角检查并调整好油站的水平。油站的安装应在支架已经装好，但运转结构尚未完成前进行，以便油站的吊装就位。

③ 油管路的安装：

A. 油管路的装配

油管路配制安装均采用二次装复的方法进行施工（即：一次装复后拆下酸洗，然后进行二次装复，每段管件内部都必须检查过，并彻底吹扫干净）。

油管路的安装应根据设计图纸，选用规定的油管和阀门。安装后的油管路必须达到系统正确、油路畅通、管路支架齐全、安装牢固，系统投入后，应无渗油、漏油现象以及管路无振动。安装中应注意以下几点：

a. 油管法兰的密封面应平装光洁，使接触部分均匀分布。润滑系统的平口法兰应内外施焊，内圈应做密封焊，外圈应采用多层焊。

b. 润滑油系统的阀门在管道上安装时应平放，防止运行中阀芯脱落切断油路。以便于判明阀门开关情况，油系统应采用明杆阀门，并标有明确的开关方向。

c. 油系统管路应进行预组装，组装时应达到横平竖直，回油管路应有不小于 5/1000 的向油站侧倾斜坡度。

d. 油管路预组装时要把所有仪表插座焊接好，预组装完毕后，把全部油管路拆下，进行水压试验，调速油管路试验压力为工作压力的 1.5～2 倍，保持 5min 无渗漏。

B. 油管路的焊接

油管道应尽量减少法兰接口的和中间焊接，并确保油管内清洁，管子焊接前必须经相关负责人检查内部已彻底清理干净才允许施焊，焊接采用氩弧焊焊接。

油管路的焊接应由合格的中压或高压焊工担任，焊缝的坡口、间隙符合规范要求。

C. 油管路的酸洗

采用系统循环酸洗时，回路中不得有支路死角在高点排除空气，最低点应装排放阀，确保系统能充满和排尽溶液。

酸洗时最好有专业人员配合，确保酸洗及钝化质量。

酸洗时应采取必要的安全防护措施。

D. 油管路的清理

油管路最终安装前应对油管内壁进行清理。利用压缩空气为动力，用砂子的冲击力将管内附着物清理干净，然后用蒸汽吹扫，必须把焊渣等硬性杂物彻底清扫干净，再用压缩空气吹干，并喷油保护。为彻底清除喷砂后管壁内的杂物，应用蒸汽及压缩空气再做冲洗清理。在冲洗的同时可用小锤轻击管子外壁及焊口处，使管壁在骤冷骤热时膨胀收缩，使内壁附着物更易剥落。清理完毕后的油管路应喷涂润滑油，以防锈蚀，喷油后将各管口严密封闭。

5.3.2 电气施工技术

1. 发电机及引出线系统设备安装

（1）施工准备

汽轮发电机组运到现场后，会同供货方等有关人员，根据制造厂提供的交货明细表，进行详细清点，并作好记录。发电机的设备清点检查完后，如不能立即安装应存放在清洁、干燥的仓库或厂房内，并采取防护措施。

根据随机文件的要求进行下列试验：

1）定子出线套管的耐压试验。

2）定子出线套管的气密试验。

（2）施工方法

发电机引出线安装，套管安装前应进行仔细检查，要求瓷件、法兰完好无裂纹，引出线罩与套管的法兰结合面平整无损伤，橡皮密封垫平整、无变形，无老化僵硬或龟裂。安装套管时应仔细清理套管和出线罩上法兰结合面，不平的地方可用锉刀修整。然后用白布蘸酒精擦净结合面上的污垢，套上干净的密封垫，再对角均匀地拧紧法兰螺栓，安装过程中，应小心谨慎。不得碰伤瓷瓶。用布条蘸酒精擦净各接触面油污，用直尺检查接触面应平整其镀银层不得有麻面起皮及覆盖部分，镀银层不宜锉磨，所有导电接触面都应进行研配，使接触面不小于 70%。紧固连接螺丝，应注意铁质螺栓位置，紧固后不得构成闭合磁路。

引出线绝缘包扎引出线绝缘包扎应在套管及过渡引线安装完毕，并经水压试验和通水试验合格后进行。

配合机务安装项目：

1）发电机穿转子。

2）确认定、转子绝缘合格，且表面无锈蚀破损现象。

3）测量励端轴承对地绝缘电阻用 1000V 摇表，测量阻值不低于 1MΩ。

接地装置安装为消除大轴对地的静电电压，根据图纸要求进行大轴接地。

2. 盘柜安装

（1）柜体就位与找正

柜体就位应在基础型钢安装完毕并调整合格后，地面混凝土凝固后进行安装。对于瓷砖地面进柜时应在地面铺设保护设施。

按图纸规定的顺序将盘柜做好标记，把盘柜运到开关室楼下，并去除外部包装，按先里后外的顺序用吊车将盘柜吊至相应的开关室内，注意吊装盘时吊索应固定在盘柜顶的吊环上。施工人员将盘柜拉至放在开关室内的液压装卸机上，注意防止液压装卸机滑出，待放置平稳后，方可松开钢丝绳。

用液压装卸机将盘柜运至安装位置附近，并依次做好，盘柜之间留好安装空间。打开进线仓及电缆仓柜门，取出松散的部件。然后用人工将其搬运到安装位置，首先精确地调整第一个盘，再以其为标准逐个地调整其他的盘。

从成列盘柜的无备用间隔一端开始安装第一块盘柜，并找正。

松开第一块、第二块盘柜母线螺丝，并拆下连接铜板，慢慢将第二块盘紧靠在第一块盘旁。

并盘：取出所有抽屉，装上盘柜间螺丝，注意全部螺丝都已装好，插入所有抽屉。

按以上步骤将剩下的盘柜依次进行并盘安装。

（2）柜体固定

当柜体就位找正后，才能进行固定柜体，固定方式采用螺栓连接。连接位置应在柜体内侧，一般选在柜的四角，应牢固可靠。盘柜的保护接地应可靠。

在混凝土墙上明装配电箱时，如有分线盒，先将盒内杂物清理干净，然后将导线理顺，分清支路和相序，按支路绑扎成束。待箱体找准位置后，将导线端头引至箱内，逐个压接在器具上，同时，将保护地线压在明显的地方，并将箱体调整平直后进行固定。在电具、仪表接线安装完毕后，先用仪表校对有无差错，调整无误后送电，并将卡片框内的卡片填写好部位、编上号，箱门贴系统图。

（3）母线安装

高压开关柜的母线均为配制成型母线且有相应编号，母线先清理干净，根据厂家编号穿入相应母线夹中，对应其位置后，紧固母线夹。所有母线搭接面清洗干净后，均匀涂抹上电力复合脂，穿上固定镀锌螺栓，用力矩扳手紧固至规定力矩值即可。安装时应注意以下几点：

1）检查母线表面应当光滑、平整，无变形、扭曲现象。

2）母线在支柱绝缘子上固定时，固定应平整牢固，绝缘子不受母线的额外应力。

3）母线伸缩节不得有裂纹、断股和折皱现象。

3. 直流系统及附属设备安装

直流系统设备安装时，建筑工程应全部结束，并且通风设施齐全完好，室内照明充足，照明灯具采用防爆型。

蓄电池安装才用人工搬运的办法，将电池摆放在电池架上，各蓄电池的正、负极首尾相连，每列蓄电池应排列成一直线。蓄电池间的距离相同，并以能连上连接条，且不会使电池端往受额外应力为准。按次序贴上蓄电池编号。在端柱和连接的接触面上涂一层电力复合脂。用力矩扳手拧紧螺母，外露金属部分再涂一层防腐油。

按厂家说明书的要求，逐个测量电池电压。达到规定值，如电压严重不足，应通知监理，要求厂家更换电池。

新电池的极板在制造厂制成时，若活性物质的成分不够均匀，这就要进行初充电还原解决，初充电过程是否完善将直接影响蓄电池的容量和寿命，因此初充电工作必须严格细致地进行。按蓄电池制造说明书，选择充电方式：恒压法或恒流法。充电过程中，每小时记录一次电池的电压、密度、温度。

按厂家说明书中的规定时间和放电电流，对电池放电。首次放电终了时，应符合下列要求：蓄电池的最终电压和比重应符合产品技术条件的规定。不合标准的蓄电池电压不得低于整组蓄电池中单体电压平均值的2%。电压不合格的蓄电池数量不超过该组蓄电池数量的5%。

蓄电池首次放电完成之后，若放电容量达到额定容量的95%，再次充足电即可交付使用，如果经5次循环达不到标准，应检查原因。采取措施，主要是对容量不足的电池进行个别处理，否则不能使用。

定期检查并记录，检查有无电压异常的蓄电池。检查蓄电池室内的环境如温度、湿度、通风等不会影响蓄电池的正常运行。

4. 电缆安装

（1）电缆电线安装

准备好需敷设电缆的临时标签牌，标签牌应书写清晰、固定，以确保下道工序的施工人员能清晰辨认。

对于相同路径的动力、控制、信号电缆应一次敷设完毕，避免相同路径的电缆重复敷设，电缆应敷设整齐，避免电缆交叉。

动力电缆、控制电缆与信号电缆应分层敷设，并按顺序排列整齐，尽量避免交叉。

电缆的绑扎应牢固，绑扎方式一致，满足规范要求。

（2）直埋电缆敷设

电缆弯曲半径符合规范要求，在沟内敷设有适当的蛇形弯，电缆的两端、中间接头、穿管处、垂直位差处均留有适当的余变。

电缆之间，电缆与其他管道：道路、建筑物等之间平行和交叉时的最小净距，满足规范的要求。

电缆敷设完毕，请建设单位、监理及质量监督部门作隐蔽工程验收，作好记录、签字。

电缆上面与电缆下面一样，覆盖 10cm 砂土或软土，然后用砖或电缆盖板将电缆盖好，覆盖宽度超过电缆两侧 5cm。

（3）二次接线

电缆接线前应检查核对电缆，防止敷设差错。

同一盘内的电缆接线应由一人完成。

电缆芯线束排列应互相平行，横向芯线应与纵向线束垂直。

电缆线束的弯制不允许使用尖咀钳、钢丝钳等有锐边尖角的工具，应用手指或弯线钳进行，线束拐弯处在同一位置，弯度一致，保持平整美观。

往端子排上接线前，应再检查一下每根芯线的位置是否正确，线端标志头的标号是否正确。

接线应整齐、清晰、美观，线芯长度一致，弯曲一致。导线绝缘应良好，无损伤。每个接线端子的每侧接线应为 1 根，不得超过 2 根，接线工作完成后，还应对全部接线进行一次校对，确认无误。

5.3.3　热控专业

1. 变送器校验

外观检查：变送器应完整无损，固定不得有松动现象，铭牌应完整清晰，且上面应标注产品名称、型号、级别、规格、量程范围、厂名或商标、出厂编号、制造日期等。

零位和量程的调整：输入压力源，信号为零位时，调整调零部件，使输出电流为4mA。往正压室加压至额定差压值时，调整量程调整部件，使输出为 20mA。

基本误差和回程误差检定：对正压室加压，依次递增量程 0%、25%、50%、75%、100%测量各点输出电流，均匀选择不少于 5 个校验点校验，记录其各点读数，其基本误差和回程误差应不超过变送器的允许误差值。

2. 取源部件安装

在电厂建设中，随着自动化程度的提高，温度、压力等参数作为自动控制的重要组成部分是运行中必不可少的。系统运行过程中，要对设备及工艺流程的温度、压力、流量、物位等参数进行取样。中低压管道系统和附属车间系统的热工取样在现场安装。施工前依据设备安装图纸设计加工件图，严格按照加工图纸制作取样装置，取样部件的材质要与主设备或管道的材质相符并有检验报告。烟、粉、灰、渣系统的取样要考虑耐冲刷。针对飞灰严重的位置，应加装防封堵取样器。高温高压管道上的取样装置采用加强型，在管道上将取样装置的材质做出明显标记。在油管路酸洗前及机务管道安装前取样开孔，高温高压管道的取样装置焊接完成后做热处理工作。

（1）测点位置的选择

测孔应选择在管道的直线段上，因为直线段内，被测介质的流束呈直线状态，最能代表被测介质的参数，测孔应避开阀门、弯头、三通、大小头、挡板、人孔、手孔等对介质流速有影响或会造成漏泄的地方。

不宜在焊缝及其边缘上开孔及焊接。

取源部件之间的距离应大于管道外径，但不小于 200mm。压力和温度测孔在同一地点时，压力测孔必须开凿在温度测孔的前面（按介质流向），以免因温度计阻挡使流体产生涡流而影响测压。

在同一处的压力或温度测孔中，用于自动控制系统的测孔应选择在前面。

测量、保护与自动控制用仪表的测点一般不合用一个测孔。

蒸汽管的监察管段用来检查管子的蠕变情况，严禁其上开凿测孔和安装取源部件。

高压等级以上管道的弯头处不允许开凿测孔，测孔离管子弯曲起点不得小于管子的外径，且不得小于 100mm。

（2）取源部件安装的要求

安装取源部件的开孔、施焊及热处理工作，必须在热力设备或管道衬里、清洗和严密性试验前进行。不得在已封闭和保温的热力设备或管道上开孔、施焊，必须进行时，应提出保证内部清洁和外部整齐的措施，并办理批准手续。

安装前，对各类管材、阀门、承压部件应进行检查和清理；对合金部件必须进行光谱分析并标识；对取源阀门必须进行严密性试验。

取源部件的材质应与热力设备或管道的材质相符，并有质量合格证。合金钢材安装后必须进行光谱分析复查合格并有记录。

在热力设备和压力管道上开孔，应采用机械加工的方法；风压管道上开孔可采用氧—乙炔焰切割，但孔口应磨圆锉光。

取源部件的垫片应遵循规定选用。

对中、高压的压力、流量取源部件，应加装焊接取源短管。

除锅炉烟、风外，其余介质的取压和取样管路上应根据被测介质参数装设取源阀门，其型号、规格应符合设计要求。阀门公称直径宜选择 10mm，对于只装设取源阀门的测量管路，阀门公称直径可选用 6mm。取源阀门应尽量靠近测点和便于操作，并固定牢固，还应采取能补偿主设备热态位移的措施。

安装取源阀门时，应使被测介质的流向由阀芯下部导向阀芯上部，不得反装；其阀杆应处在水平线以上的位置，以便于操作和维修。

取源阀门及以前的管路应参加主设备的严密性试验。

取源部件安装后，应有标明设计编号、名称的标志牌。

飞灰严重的位置，取压短管及焊接短管焊接后应进行煤油渗透处理，确保无裂纹及渗漏，防止堵塞取源部件。

3. 测孔的开凿

测孔的开凿，一般在热力设备和管道正式安装前或封闭前进行，禁止在已冲洗完毕的设备和管道上开孔；测孔开凿后一般应立即焊上插座，否则应采取临时封闭措施，以防异物掉入孔内。

对于压力、差压，因系测量静压力，严禁取源部件端部超出被测设备或管道的内壁。

根据被测介质和参数的不同，金属壁测孔的开凿可用下述方法：

（1）在压力管道和设备上开孔，应采用机械加工的方法。使用机械方法开孔的步骤：

1）用样冲在开孔部位的测孔中心位置上打一样冲印；

2）用与插座内径相符的钻头（误差小于或等于±0.5mm）进行开孔，开孔时钻头中心线应保持与本体表面垂直；

3）孔刚钻透，即移开钻头，将孔壁上牵挂着的圆形铁片取出；

4）用圆锉或半圆锉修去测孔四周的毛刺。

（2）风压管道上可用氧乙炔焰切割，但孔口应磨圆锉光。使用氧乙炔焰切割开孔的步骤：

1）用划规按插座内径在选择好的开孔部位上画圆；

2）在圆周线上打一圈冲头印；

3）用氧乙炔焰沿冲头印内边割出测孔，为防止割下的铁块掉入本体内，可先用火焊条点焊在要割下的铁块上，以便于取出割下的铁块；

4）用扁铲剔去熔渣，用圆锉或半圆锉修正测孔。

4. 温度取样安装

根据设计图纸中温度计的型号，确定温度计插座的形式。温度取样应安装在能代表被测介质实际工况，并不受剧烈振动和冲击的位置，不得安装在管道和设备的死角处。汽水系统的高温、高压温度装置采用热套式取样装置，在管道上开 ϕ38mm 的孔，将热套焊接在管道上；中低压汽水管道和烟、风等低压测温装置采用螺纹连接方式，在管道上开孔，将温度计插座焊接在管道上，将测温元件拧入温度计插座，安装前检查插座丝扣和清除内部氧化层，用丝锥将插座螺纹攻一遍，以防止螺纹卡涩，测温元件与插座接触紧密。煤粉管道上安装的测温元件，安装可拆卸的保护罩，以防元件磨损。

插入式热电偶和热电阻的套管，其插入被测介质的有效深度应符合下列要求：

（1）高温高压（主）蒸汽管道的公称通径不大于 250mm 时，插入深度宜为 70mm；公称通径大于 250mm 时，插入深度宜为 100mm。

（2）一般流体介质管道的外径不大于 500mm 时，插入深度宜为管道外径的 1/2；外径大于 500mm 时，插入深度宜为 300mm。

（3）烟、风及风粉混合物介质管道，插入深度宜为管道外径的 1/3～1/2。

（4）回油管道上测温器件的测量端，必须全部浸入被测介质中。

5. 压力取样安装

取样装置安装时按规程规定的要求确定取样开孔位置，蒸汽介质开孔在管道水平向上45°夹角之间，水、油介质开孔在管道水平向下45°夹角之间，气体介质开孔在管道垂直上方及两侧45°夹角之间。

管道厂家已经完成高温高压管道压力取样管座的安装，在管道上开 ϕ10mm 的孔，焊接压力管座，主汽管道、再热热段的压力取样管材质是合金管，再热冷段的压力取样管材质一般是不锈钢管。在施工现场进行中、低压及烟风管道的取样及敏感元件安装，压力取样管材质是不锈钢管。一次门前的压力取样管的敷设长度根据管道保温层厚度确定，一次门距离保温层 50mm。烟风取压装置安装时选合适的安装位置，炉膛压力测点的开孔左右位置一致，一次风压的取样位置要考虑炉膛压力对其的影响，两侧取压的开孔位置一致。取样装置采用可吹扫和拆卸的结构，风粉混合物的取样采用防堵结构。安装时考虑到介质中的粉尘可能堵塞取样扩容器，在烟道开孔要稍大于取样扩容器直径，使扩容器深入烟道外壁再施焊，保证扩容器与烟道内壁平齐。测量带有灰尘或气粉混合物等浑浊介质的压力时，取压管的安装方向要符合下列规定：

（1）在炉墙和垂直管道或烟道上，取压管倾斜向上安装与水平所成夹角大于 30°；

（2）在水平管道上，取压管安装在管道上方，宜顺流束成锐角安装。

风压的取压孔径与取压装置外径相符，以防堵塞。在取压装置上安装吹扫用的堵头和可拆卸的管接头。

6. 物位取样安装

平衡容器安装前检查平衡容器的外形尺寸及技术参数应满足设计要求。平衡容器外观应无沙眼、重皮、裂纹。平衡容器预留管口尺寸及材质应符合设计要求。汽侧、水侧导压管截止门前后的管路应水平安装，截止门阀门杆应水平安装，平衡容器垂直安装。焊接应请合格的焊工进行，氩弧焊打底，电焊覆面。焊接前应用磨光机将焊口打光并磨出坡口。用 8 号槽钢做平衡容器支架，用 U 形卡子将平衡容器固定。施工人员在运输及安装平衡容器的过程中应避免碰撞管座，做好明显的液位标记。施工人员安装阀门时应注意正确的阀门安装方向及介质流向。阀门的阀芯应向外旋出 3～5 圈，以防焊接热胀顶坏阀体。

超声波料位计探测器的安装与器壁距离应大于最大测量距离处的波束半径，且应避开下料口，超声波束传输范围内不应有料位界面外的其他物体。

7. 流量取样安装

用于差压流量测量的检出元件有节流装置（如孔板、喷嘴、长径喷嘴）和测速装置（如均速管、机翼测速管）。其中，与长径喷嘴、机翼测速管等配套的取压装置是由制造厂将它们组装在一起的，现场使用时，把整套装置安装于被测管道中即可。孔板、喷嘴的安装由机务人员根据设计现场进行安装。

均速管的安装：首先检查均速管的型号、尺寸和材料应符合设计要求，表面应光洁平整、金属零件无锈蚀、开孔应无毛刺和机械损伤。对于垂直管道，均速管可安装在管道水平面沿管道圆周 360°的任何位置上，正负压引压管接头应处于同一水平面上。

差压取压装置的安装：节流装置的差压从取压口引出，取压装置包括插座、取压管、冷凝器和取压阀门等。测量蒸汽流量时，取压口至取源阀门之间应装设有冷凝器，两个冷凝器的液面应处于相同的高度，为此垂直管道的下取压管应向上与上取压管标高取齐。

8. 仪表管路安装

导管支架安装。仪表安装工安装校正，电焊工焊接。安装后进行防腐处理，先刷一层防修锈漆，再覆盖一层面漆。

预配管（有膨胀处应考虑膨胀）。测量并计算好导管直段长度和弯头尺寸，研究图纸资料，进行管路走向的二次设计。

管路清洗、刷漆后入库保管。入库时应做好标识，领用时应注意承压不同的热力系统应使用不同材质的管材、阀门等。

将试压后的阀门固定在阀门支架上。

5.3.4 设备调试技术

1. 锅炉烘炉调试方案

（1）调试范围

烘炉范围：焚烧炉膛区域第一烟道、第二烟道、第三烟道、余热锅炉水平烟道等。

（2）调试前应具备的条件

1）锅炉本体及管道安装结束、水压完毕、保温结束，各部位膨胀指示器正确并把冷态调整到零，膨胀位移不受阻。

2）锅炉点火前的工作压力水压试验。水压试验后，用 1.5MPa 以上的压力冲洗各仪表管。

3）一、二次风机，引风机，给水泵等设备试转调试合格。

4）锅炉启动、辅助燃烧器及其油系统正常投入运行，能够 DCS 画面上进行监控。

5）调试范围内的工业水、冷却水能正常投入运行，消防水、生活水满足投运条件。

6）除盐水及除氧水系统能投入运行，给水系统能补水。

7）炉排液压油系统能正常投入运行。

8）锅炉的疏水、排污、加药、取样系统能正常投入使用。

9）火检工业电视调试完毕能正常投用，显示正常。

10）烟气净化系统能正常投入运行。

11）各系统等阀门调试完毕，且开关灵活无卡涩现象。

12）DCS 系统能显示汽包压力、汽包壁温；给水系统能显示给水压力、给水流量；点火装置系统能显示火检情况、燃烧器温度；风系统能显示风压、风量、风机电流、挡板开度。

13）DCS 系统具备：一、二次风系统、引风系统启、停和开、关，给水系统中的水泵和阀门能启、停和开、闭；对有关系统能进行报警和保护；锅炉事故放水、向空排汽门电动门试转合格，开、关有中停功能。

14）MFT 和风机联锁保护功能，均能正常投入使用。

15）除氧给水系统及减温水安装工作结束，管道冲洗完毕，给水泵试转合格，具备投入条件。

16）化学清洗炉水排放，已接临时管道至污水处理站。

17）其他监测系统，汽包两侧的就地水位计能正常投入。汽包、过热器集箱、给水管道就地压力表能正常投入。电接点水位计暂时切除，工业电视系统正常投入使用。

18）调试现场具有充足的照明。调试期间，现场主要调试人员与主要运行人员之间应能通过对讲机联络。

19）消防系统能正常投入，消防器材充足并按有关规定就位。

20）调试现场应设有明显的标志和分界线，并设专人把守，严禁与调试无关人员进入。危险区应有围栏和警示标志。

21）调试区间内场地基本平整，通道畅通，施工脚手架应全部撤出，现场干净整洁。

（3）调试工作内容及程序

1）点火启动前的检查与准备

① 对整个锅炉进行全面检查，确认安装工作已全部完成，炉内无人，各种安全设施完好正常投运。

② 楼梯、栏杆、人孔门、防暴门、平台、沟盖板等完好，脚手架、脚踏板已清除，现场整洁，通道畅通，照明充足。

2）循环燃油系统

① 油管道、法兰、焊口无泄漏，点火油泵工作正常，油压等在线监测系统正常投运。

② 压缩空气储能罐、过滤器、干燥器处于正常工作状态。

③ 点火燃烧器单体调试结束，工作正常，能远程监控。

④ 燃油充足。

3）汽水系统

① 管路保温无破损，法兰、管道、焊口无泄漏，设备齐全无缺损，管路无积灰、积油。

② 给水调节门、给水电动门、旁路电动门、减温器调节门、减温器电动门、反循环电动门、向空排汽门、紧急放水电动门、主蒸汽电动门、主蒸汽旁路门开关灵活、指示正确、关闭严密，给水管道上各疏水门关闭。

③ 连续排污门、连续排污门、定期排污门（包括电动门）、开关灵活、关闭严密。

④ 疏水箱水位正常。

4）锅炉辅机系统

① 锅炉辅机无缺陷，周围环境清洁无杂物。

② 一次风机、引风机调节挡板开关灵活，无卡涩，均可从 $0\sim100\%$ 自由开关，引风机变频系统可有效投用。炉排下风室调节风门调节灵活，无卡涩。

③ 风机润滑油位正常（在 $1/2\sim2/3$ 之间），油镜清晰无污垢，冷却水畅通。

④ 风机轴承温度、振动监测正常投运。

⑤ 疏水泵启停正常，油位正常（以不甩油为准）。

⑥ 联系电气人员测定各电机绝缘，给各电机及其操作装置送上电源。

5）烟气净化系统

① 反应塔、袋式除尘器各人孔门应关闭。

② 袋式除尘器应选择一仓室作为烘煮炉期间旁通管用且不装布袋。

③ 袋式除尘器进口门应关闭（作为旁通管的仓室入口门打开）。

④ 袋式除尘器各室出口提升阀应关闭（作为旁通管的仓室提升阀打开）。

6）热工检测监视系统

① 所有压力表、温度计、汽包水位计应处于工作状态，指示清晰准确。

② 各仪表投入正常工作状态，高低限报警正常。

③ 火检设施探头等检查清洗合格，点火设备检查合格。

④ 转动机械温度、振动监测无故障，运行良好。

⑤ 烟气在线监测、氧量监测运行正常无缺陷。

⑥ 工业电视运行正常，水位、压力、火焰监视画面显示清晰。

⑦ 锅炉向空排汽全开，主汽门关，主汽旁路门开。

⑧ 检查炉膛、烟道，关闭锅炉本体及烟道上的人孔门及手孔门，炉底捞渣机水封正常。

　7）锅炉上水

锅炉上水，汽包水位保持在±50mm 之内，锅炉给水符合水质标准（除盐水），水温不超过 70℃，水温与汽包壁温差最大不超过 50℃。上水时间冬期不少于 4h，夏期不少于 2h。

8）风烟系统静、动态联锁试验结束

① 确认一次风机、引风机调节挡板全部关闭，引风机烟道挡板阀开启后，依次启动各风机，调整燃烧室负压 100Pa。

② 保持一次风机运行，调整引风机调节挡板开度，保持燃烧室负压。

（4）点火操作

1）锅炉点火

① 经试运指挥部批准后，锅炉方可点火。

② 锅炉总连锁投入，各项保护（除水位保护、甩负荷切除外）其余全部投入连锁。

③ 对锅炉火检系统进行检查，管路阀门开启，火焰检测探头冷却风通畅；主辅燃烧器可靠好用。

④ 检查油管道、油压力、流量表、含氧量表无异常。

⑤ 启动燃油泵，调节母管油压在 0.28MPa 左右。

⑥ 满足点火条件后，锅炉点火。

⑦ 在点火画面中，首先进行辅助点火方式（自动或手动）选择，一般情况下选择自动点火方式，并对炉膛温度进行监视，若点火不成功，应进行吹扫，并查明点火失败原因后方可重新点火。

⑧ 点火成功后可按照锅炉升温曲线逐步缓慢升温。

⑨ 根据炉膛温度上升情况调整燃烧。

2）点火安全注意事项

① 在锅炉点火前燃油系统所有快关阀、调节阀应处于关闭状态。

② 如果燃烧器未着火，或者点燃后火咀又熄灭时，立即关闭点火器。查明熄火原因并消除后，按点火吹扫逻辑重新点火。

③ 点火前炉膛火焰工业电视和锅炉火焰检测器必须处于正常工作状态，锅炉总连锁及全炉膛熄火保护系统正常投用。

④ 在锅炉点火时，不允许锅炉周围有无关人员存在。

⑤ 在锅炉点火前确认向空排气一、二次门全开。

⑥ 锅炉点火成功后，由于炉膛耐火浇注料面积大，升温升压应缓慢（不超过 30℃／

h）按照升温升压曲线逐步缓慢升压。

⑦ 在锅炉升压过程中，锅炉汽包上下壁温差应控制在40℃之内。

⑧ 若汽包上下壁温差较大，可采取加强锅炉定期排污放水的措施。

⑨ 减弱燃烧，放慢升压速度，开大向空排汽门，等汽包壁温差在50℃范围之内后在继续升压。

⑩ 在锅炉升压过程中，应注意调整承压部件受热均匀，膨胀正常，并记录各承压部件的膨胀值。

⑪在升压过程中，应开启高、低温过热器集箱上的疏水门、向空排汽门，使过热器得到足够的冷却。严禁关小过热器出口集箱的疏水门、向空排汽门，以免过热器管壁温度急剧升高，注意监视各温度测点的变化，防止过热器壁温超限。

⑫在锅炉现场应设置明显禁止吸烟标志；若需动火，应办理动火工作票，经调试专责签发后，方能开始工作。

⑬点火后要对现场进行一次油管检漏，发现泄漏要及时汇报和消除。

3）锅炉升温升压

① 在点火升温初期，以炉内常温为起点按升温速率控制升温。因低温烘炉已进行，在低温段不进行长时间烘炉。

② 烘烤要求按照烘炉曲线进行。

③ 按烘炉曲线恒温24h，根据现场情况可适当延长时间。经取样化验合格后，按停炉操作步骤进行停炉检查。（如需进行煮炉，可待煮炉结束后停炉。）

④ 如果炉墙在烘烤过程中出现开裂和脱落，应立即采取修复措施，并查找原因，以免再次发生此类现象。

⑤ 热养护记录要求：

在烘烤过程中需对下列数据进行记录：点火时间、燃烧量、升温速率、区间起止运行时间、恒温时间、停炉时间、降温速率及时间、开启人孔门的时间、补水时间，以及各部位膨胀指示。

⑥ 其他要求：

a. 在烘炉过程中，要有专人负责，统一协调各运行人员的操作；

b. 在烘炉过程中应经常检查锅炉本体的膨胀情况，炉内是否有异物和脱落物体，各炉门是否严密关闭，水汽系统是否有漏点和堵塞点，风烟系统设备运行是否正常；

c. 要DCS上仪表能显示各测点参数；

d. 在烘炉过程中，严禁违章操作，必须听从指挥，与运行无关的人员严禁触摸启动按钮和改动仪表触点。

⑦ 关于停炉保养问题，原则上采用压力保养，具体方法由建设单位制订并实施。

2. 锅炉煮炉调试方案

（1）调试范围及目的

1）锅炉碱煮的范围

汽包中心线以下、水冷壁管、水冷蒸发管、汽包下联箱、省煤器。

2）调试目的

由于新建机组在制造、储藏、安装等过程中在金属受热面会产生氧化皮、焊渣、腐蚀结垢、油性物质等产物。为了机组在整套启动时的受热面内表面清洁，防止受热面因结垢、腐蚀发生事故；为了机组在整套启动时能够有一个优良的汽水品质，机组在整套启动前必须进行化学清洗，清除这些污染产物使锅炉受热面清净，提高锅炉热效率。

（2）调试前应具备的条件

1）锅炉点火前的工作压力水压试验。水压试验后，用 1.5MPa 以上的压力冲洗各仪表管。

2）结合烘炉一起进行，即锅炉点火前，将煮炉药品加入锅内，煮炉前期按高温烘炉要求升温。

3）一、二次风系统、炉膛及烟气系统、垃圾给料系统、炉排液压油系统、炉墙冷却风系统单体试车合格。

4）锅炉本体各处的膨胀指示器安装正确，并在冷态下调整到零位。除氧给水系统及减温水安装工作结束，管道冲洗完毕，给水泵试转合格，具备投入条件。锅炉过热器出口集箱向空排气电动门调试合格，并具有中间暂停功能。

5）石灰石系统、活性炭系统、SNCR 系统安装工作结束，空负荷试转合格，具备投入条件。

6）燃油、燃烧器系统安装工作结束，调试合格，具备投入条件。

7）炉渣系统、除尘器及飞灰系统、吹灰系统安装工作结束，空负荷试转合格，具备投入条件。

8）疏水、排污、加药、取样系统能正常投入。

9）工业水、冷却水等其他公用水系统，除满足转机要求，给水泵所需冷却水能正常投入。

10）热工控制系统 DAS 系统，能正确显示系统设定的所有运行参数；SCS 系统，设定的所有设备的启停、阀门开关、顺控、报警及连锁保护等功能正常投入。

11）其他监测系统，汽包两侧的就地水位计能正常投入。汽包、过热器集箱、给水管道就地压力表能正常投入。电接点水位计暂时切除，工业电视系统正常投入。

12）调试现场具有充足的照明。调试期间，现场主要调试人员与主要运行人员之间应能通过对讲机联络。

13）消防系统能正常投入，消防器材充足并按有关规定就位。

14）调试现场应设有明显的标志和分界线，并设专人把守，严禁与调试无关人员进入。危险区应有围栏和警示标志。

15）调试区间内场地基本平整，通道畅通，施工脚手架全部撤出，现场干净整洁。

16）锅炉本体、除氧给水系统及燃油系统各转机、管道、阀门按有关规定已标记及挂牌。

（3）调试工作内容及程序

1）药品的配制及加药

按照相关规定，对 9.8MPa 以下的汽包锅炉采用碱煮炉，其药量按中等锈蚀锅炉考虑。

① 锅炉内部冲洗，向锅炉进除盐水到汽包正常水位，然后从定排放水，直至冲洗水比较清亮为止。

② 汽包水位在最低处时向锅炉加药。

③ 加药量，以锅炉正常水容积 43m³ 计算：

A. 纯液态氢氧化钠：43m³×4kg/m³＝172kg。

B. 纯磷酸三钠（晶体状）：43m³×4kg/m³＝172kg。

④ 配药及加药方法：

A. 在疏水箱内配药，用疏水泵加入锅筒。

B. 将氢氧化钠用热水溶解后加入汽包内。

C. 将磷酸三钠用热水溶解后加入汽包内。

D. 维持汽包水位至汽包中心线。

注：若不能满足以上条件，可用人工从汽包人孔门进行人工上药。

2）煮炉步骤

① 第一阶段

A. 锅炉按正常程序点火。

B. 锅炉点火后，按烘炉升温要求调整燃烧。

C. 锅炉起压后完成下述操作，按煮炉升压要求调整锅炉压力，并作好记录。锅炉膨胀指示记录由运行人员记录并存档。

D. 汽包压力升到 0.1MPa，关闭炉顶空气门，只开向空排汽门。

E. 汽包压力升到 0.3～0.4MPa，全面检查锅炉的膨胀情况，并进行热紧螺栓工作，抄膨胀指示器一次，炉水取样一次。

F. 升压至 0.8MPa 后稳压 8～10h，再次检查锅炉的各部膨胀情况，抄膨胀指示器一次；定排一次。注意保持汽包水位在中心线。

G. 升压至 1.0～1.5MPa，稳压 8～10h；定排一次，抄膨胀指示器一次。

H. 升压至 2～2.5MPa，适当开大向空排汽门，煮炉 8～10h。在加药及煮炉初期（前 8h）取样分析间隔为 4h。

I. 煮炉中期，每 8h 对水冷壁下联箱定排一次，每点排污时间不超过 30 秒钟，排污后半 h 应取样化验一次。煮炉中期 8h 内，在煮炉中期取样分析间隔为 2h，分析人员如发现炉水总碱度低于 45mmol/L，磷酸根低于 1000mg/L，应从加药系统补充加药。

J. 煮炉后期 8h，每 1h 取炉水化验一次，监测炉水碱度及磷酸根含量的变化，并作好记录。如测定值基本趋于稳定，煮炉即告结束，否则应适当延长煮炉时间。

② 第二阶段

A. 煮炉合格后，继续维持压力 2～2.5MPa，投入锅炉连排，并每小时定排一次进行换水。

B. 换水期间每小时取炉水化验一次，以便掌握换水情况，直至换水合格。炉水合格标准为：碱度≤0.5～1.0mmol/L，磷酸根含量≤5～15mg/L，pH≥9～11。

C. 换水合格后，按规程停炉、放水、冷却、清扫残留物。

D. 关于停炉保养问题，原则上采用压力保养，具体方法由建设单位制订并实施。

3. 锅炉吹管调试方案

（1）调试范围及目的

1）调试范围

① 锅炉本体过热器。

② 主蒸汽管道。

③ 减温减压装置管道。

2）调试目的

尽管过热器、旁路管及其蒸汽管道系统，在制造、运输、保管、安装过程中采取了一定的措施来保持内部洁净，仍难免遗留有一定杂物。为确保机组安全运行，试运前必须对过热器及其蒸汽管道进行吹洗，以清除系统内之杂物和锈垢，使投运后汽机的通流部分不至于受机械损伤而造成事故或效率下降。吹管期间投垃圾运行，因此吹管前，锅炉投垃圾所涉及的油、垃圾、灰、渣等辅助系统均安装调试完毕。

为了指导锅炉吹管工作的顺利进行，保证与锅炉吹管有关的系统及设备能够安全正常投入运行，特制定本方案。

（2）调试前应具备的条件

1）前阶段调试中发现的问题和缺陷已经消除。主蒸汽系统上不参加吹扫的温度测点和流量孔板等已拆出，孔洞已堵好。与吹管无关的其他系统已可靠隔离。

2）给水、减温系统：安装工作结束，给水泵试转合格，管道冲洗合格。

3）炉排及垃圾疏渣系统：安装工作结束，空负荷试转合格，具备投入条件。

4）垃圾投料系统：安装工作结束，空负荷试转合格，具备投入条件。

5）渣处理系统：安装工作结束，具备投入条件。

6）渗滤液处理系统：安装工作结束，具备投入条件。

7）石灰浆喷淋系统：安装工作结束，具备投入条件。

8）活性炭喷射系统：安装工作结束，具备投入条件。

9）除尘器及飞灰固化系统：安装工作结束，具备投入条件。

10）DAS 系统：能正确显示系统设定的所有运行参数。

11）SCS 系统：系统设定的所有设备的启停、阀门开关、顺控、报警及连锁保护等功能正常投入（与汽包水位有关的联锁保护暂时解除）。

12）主蒸汽管道及其疏水管道的安装、保温工作已完毕，各支吊已检查合格。

13）在集控室粘贴锅炉吹管临时系统图及操作注意事项。

14）管临时控制门、吹管临时管道、消声器等已安装完毕，并检查合格。准备好20 块铝质靶板，并已磨光。

15）吹管临时排汽口处的围栏和警示标志已装设完毕。

16）生产准备：燃油 50100t，除盐水 200t（除盐水箱和除氧器高水位），处理具备连续制水运行。

17）吹管前应完成的试验。

① 冷态通风试验。

② 点火前的工作压力水压试验。

③ 各电动门，调节门试验，试验合格。

④ 锅炉主联锁试验、转机联锁保护试验。

（3）调试工作内容及程序

1）吹扫原则性方案

对锅炉过热器、主蒸汽管道、集汽联箱及供热管道等主要系统，采用蓄能降压法吹扫和稳压吹扫法相结合的方式进行吹管。

稳压法吹管是在保持锅炉汽温、气压不变的情况下进行吹管。其特点为：每次有效吹管的时间较长，吹管效果佳。蓄能降压法是利用锅炉的蓄热短时释放进行吹管的方法。其特点为：操作简单，每次吹管时间较短，耗水量小；锅炉各部分参数变化大，有利于管壁上的金属氧化物及焊渣的剥落。

2）吹扫流程

① 锅炉本体过热器、主蒸汽管道、母管（汽机电动主汽门前段）。

汽包→过热器→主蒸汽联箱→电动主汽门→主蒸汽管→母管→汽机蒸汽管→临时管道（汽机主汽门前）→临时电动主汽门前→水平临时管道并装设靶板→排入大气（消声器）。

② 减温减压装置管道，接临时管根据具体情况吹扫 10 次左右。

吹管系数计算方法：

$$吹管系数 = \frac{吹管时蒸汽流量^2 \times 吹管时蒸汽比容}{额定负荷时蒸汽流量^2 \times 额定负荷时蒸汽比容}$$

吹管控制参数＞1.0。

按规程要求，吹管系统各管段的吹管系数应大于 1，在此原则下经计算其控制参数范围如下：

吹管最大流量 25～30t/h。过热蒸汽温度＜360℃。

汽包蒸汽压力，初参数：3MPa 左右，终参数：2.0MPa。

吹洗过程中，应至少有一次停炉冷却（冷却时间 8～12h），吹管总次数估计 70～85 次。吹管时汽包饱和温度下降值不得超过 40℃。

3）吹管的临时系统

① 临时管道要求

临时管道的管径应与被吹洗管道一致，其焊接应采用氩弧焊打底。临时管汽流出口处应略向上倾斜，其出口方向附近应无其他设备设施或建筑物。固定支架应充分考虑汽流的反作用力。

② 靶板要求

为了检验蒸汽管道的吹洗质量，应在临时管道入口 1m 内设置靶板。靶板宽度为排汽管内径的 8%，长度纵贯管子内径。

③ 吹管步骤

吹管前，应使锅炉主汽门后被吹洗管道上的所有汽门全开。

锅炉按正常程序点火及升压。

在锅炉第一次升压期间，须对炉衬进行高温养护。

当汽包压力达到 0.3～0.4MPa，稳压 4～6h，全面检查锅炉的膨胀情况，并进行热紧螺栓工作，抄膨胀指示器一次，炉水取样一次。

当汽包压力达到 0.5MPa 时，开启锅炉至临时排汽管路出口内的各处疏水门进行疏水、暖管，暖管时间 2～3h。

暖管合格后，当汽包压力升到 1.5MPa 时，关闭锅炉向空排汽门，全开临时吹管控制门进行第一次试吹管，压力降至 1.0MPa 时，关闭吹管控制门，开启向空排汽门，全面检查被吹洗系统的情况，如无异常继续升压吹管。

当汽包压力升到 2.5MPa 时，关闭锅炉向空排汽门，全开临时吹管控制门再次进行试吹管。当压力降至 1.8MPa 时，关闭吹管控制门，开启向空排汽门，再次检查被吹洗系统的情况，如无异常即可正式吹管。

当汽包压力达到吹管控制参数范围内时，进行吹管。每次吹管结束后，应关闭吹管控制门及旁路门，冷却管道，排空运行，升压进行下一次吹管。

冲洗时至少有一次停炉冷却过程（冷却时间 8～12h）。

全部吹扫工作结束后，停炉并恢复系统。

（4）吹扫效果检查及质量标准

依据现行行业标准《火力发电建设工程机组调试质量验收及评价规程》DL/T5295 规定，连续两次现换靶板检查，靶板上的冲击斑痕粒度小于 0.8mm 且肉眼可见斑痕不多于 8 点，经试运指挥部验收小组认可合格后，试运各方办理签证手续。

4. 汽机调试方案

（1）整套启动方案

启动试运工作分首次启动及试验、带负荷及 72h 试运、24h 试运三个阶段进行。

1）首次启动，空负荷试运及试并网发电阶段

本阶段要完成汽机冲转、定速、空负荷试运及首次并网；主要目的为检查汽机及有关系统启动运行情况，重点观察轴瓦温度、轴瓦振动、轴向位移、差胀及调节系统工作性能。在上述情况正常的基础上完成各项试验工作：

① 阀门快关试验；

② 打闸试验；

③ 机组转速 500r/min 时，手动打闸，进行摩擦检查；

④ 机组定速后，作远方、就地停机试验；

⑤ 主油泵与润滑油泵切换；

⑥ 汽机保护（ETS）停机试验；

⑦ 机组转速 3000r/min 时，进行 DEH103％电超速试验；

⑧ 汽门严密性试验；

⑨ 完成发电机空载特性试验；

⑩ 首次并网带负荷 4MW 运行 3～4h。（该项试验时间安排根据现场具体情况确定）；

⑪ 解列后，锅炉逐渐提升主汽参数，作调节汽门严密性试验；

⑫ 电超速（3300r/min）试验；

⑬ 机械超速（3270～3360r/min）试验。

2）带负荷及 72h 试运阶段

机组空负荷试验结束后若无重大缺陷可重新带负荷，进行带负荷调试，如汽水品质调试，全面投入系统及设备，投入热工自动调节装置，轴封加热器、低加投运，供热抽汽的投运，完成机组真空严密性试验。机组进入 72h 的条件：

锅炉燃烧燃烧正常；汽水品质合格；汽机保护装置全部投入；投入低压加热器；供热抽汽的投运；厂用电已经切换；自动投入率达到 90％以上；主要仪表投入率 100％；发电机满负荷；就可进入满负荷 72＋24h 运行，考验机组运行情况。

3）24h 试运及移交试生产阶段

机组 72＋24h 试运行后移交试生产。

（2）主要系统的运行方式

1）除氧给水系统

① 启动初期除氧器采取定压运行方式，由启动蒸汽（加热蒸汽母管）供汽。机组负荷大于 50％且三段抽汽压力大于除氧器压力后可改由本机三段抽汽供给，随机组负荷滑压运行。

② 锅炉点火后利用启动汽源对除氧器补充水及给水箱水加热（水箱壁升速度＜5℃/min），当给水箱温度水温达 50～80℃时，方可向锅炉上水。

③ 锅炉点火升压后，除氧器压力维持 0.17MPa（表压）左右，汽机带负荷后再逐渐滑压运行。当三段抽汽供汽压力不能提供除氧器加热时，可根据具体情况切换至二段抽汽供汽。

2）汽封系统

本工程设计轴封有两路，由高压汽源和启动汽源组成，机组启动初期由启动汽源供汽，机组负荷大于 60％后，由本机高压轴封漏汽供给，即自密封。维持轴封压力 0.105～0.15MPa，当母管压力高于设定值后溢流阀开启，排汽至凝汽器。机组冷态启动时，应先抽真空后向轴封供汽，热态启动则应先向轴封供汽后抽真空。低压汽封温度不大于 170℃。

3）回热系统

试运期间，机组一台低压加热器及轴封冷却器随机投入，低加疏水回凝汽器，一段抽气供锅炉空气预热器。

4）凝结水系统

两台凝结水泵，一台运行一台备用，运行初期凝结水水质未合格前凝结水排地沟。试运中通过调节凝结水再循环门，保持凝汽器水位。水质合格后凝结水回收至除氧器。

（3）机组启、停及运行

1）试运期间机组启动方式选择

试运期间机组主要采取滑参数压力法启动方式。即：主蒸汽达到一定的压力和过热度后，机组冲转，机组并网进入下滑点后逐渐全开调节汽门，负荷由锅炉滑参数控制负荷。

2）机组启动状态的划分及冲转参数的选择

① 冷态启动：高压缸上壁调节级处内壁金属温度＜150℃时的启动状态；

② 参数选择：主汽压力：≥1.5～2.0MPa，蒸汽温度过热度≥50℃，上下缸温差不大于 50℃。电动主汽门前蒸汽温度高于汽缸金属温度 50～80℃。

③ 热态启动：汽轮机调节级下部汽缸温度≥200℃时的机组再启动称为热启动。

（4）冷态滑参数启动

1）汽机冲转前的检查与准备工作

① 检查调速系统、油系统、蒸汽及疏水系统；轴封冷却器系统；油箱油位等处于正常良好状态。系统设备阀门、仪表及电源处于准备启动状态。

② 检查所有音响和灯光信号确认其能正常工作。确保 DCS 系统 DEH 系统工作良好。

③ 做好启动前，冷态时汽缸膨胀、差胀、轴向位移、上下缸温度等原始记录。

④ 启动交流润滑油泵向润滑油系统充油 30min 以上，检查并调整润滑油母管油压，维持在 0.08～0.12MPa，确认轴承回油正常。投入排烟风机。

⑤ 凝汽器通冷却水。

⑥ 盘车投入运行。

盘车装置挂闸，手动盘车，转子应盘动灵活。启动盘车，记录盘车电流。盘车投入后应仔细倾听有无摩擦声，并测量大轴晃度，作好记录。

⑦ 启动高压油泵，检查油路严密性；

⑧ 冷凝器热水井注入合格的除盐水，水位维持在热水井的 1/2～2/3，开启凝结水泵再循环门，启动凝结水泵。

⑨ 启动射水泵抽真空。

⑩ 打开主蒸汽管道的疏水门，主汽压力 0.5MPa 时开启旁路进行暖管，暖管至电动主闸门前。汽机冲转前 30min，开电动主汽门旁路门暖管，至速关阀前。暖管过程中控制升压速度在 0.1～0.15MPa/min，升温速度不超过 5℃/min，注意汽缸温度变化。

⑪汽封送汽，维持压力为 0.105～0.13MPa。（表压）启动轴封风机。

2）冲转条件

蒸汽温度过热度≥50℃。

润滑油油压：0.08～0.12MPa。

润滑油温度：35℃以上。

高压油压：0.65～0.7MPa。

真空～56kPa。

大轴晃度值不大于原始值 0.03mm。

汽缸金属温差及胀差等参数正常。

蒸汽温度高于金属温度 50～80℃。

3）冷态滑参数启动主要操作

① 检查确认主、辅机设备及系统无异常，运行参数满足冲转条件。

② 在 ETS 画面中投用机组各本体联锁保护。

③ 联系调度和锅炉，从冲转到额定转速阶段应稳定燃烧，维持汽轮机蒸汽参数正常。

④ 开启电动主汽门，关闭电动主汽门旁路一、二次门。

⑤ 先将主汽门操纵座手轮关到底，将保安装置挂闸，保安油路接通，全打开启动阀手轮。接到开机信号后，缓慢开启主汽门，直至主汽门全部打开。

⑥ 然后操作控制器，开启汽轮机，根据编制好的程序进行暖机、过临界，直至升到额定转速，设定目标转速 500rpm/min，并设定升速率 100rpm/min。

⑦ 升速至 500rpm/min 的范围内，来回进行升速降速，检查汽缸体动静部分有无摩擦。摩擦检查结束后，维持转速 400～500rpm/min，暖机 15min 左右进行全面检查后方可继续升速（当转速>5～15rpm/min 盘车应自动退出）。

⑧ 摩擦检查结束后，重新挂闸，设定目标转速 1200r/min，以 100r/min 的升速率升速至 1200r/min，暖机 30～60min 左右。

⑨ 中速暖机结束后，设定目标转速 2300r/min，控制升速率平稳、快速越过临界转速 1580rpm/min，临界转速时升速率自动变为 600rpm/min，升速至 2300rpm/min，暖机

30min（因机组为首次启动，是否适当延长暖机时间，暖机时间暂定为60min）。

⑩ 高速暖机结束，确认一切参数正常后，设定目标转速3000r/min以每分钟100r/min升速率升速至3000r/min（升速至2850r/min，注意高压调门油动机动作，停用高压油泵，注意润滑油压的变化情况，将高压油泵、交流润滑油泵、直流油泵投入联锁备用）。

⑪ 机组达3000r/min运行稳定后，进行远方打闸停机，确认速关阀、调速汽门、抽汽逆门关闭正常。重新挂闸升速至3000r/min。

⑫ 将汽机转速降至3000r/min运行，进行汽机调节、保护系统试验及电气空载试验，并进行全面检查、作好记录；电气进行假同期试验时，要防止DEH得到假并网信号使机组超速。

（5）首次并网带负荷

电气试验结束后，机组采用手动或自动同期并网操作。当机组并网后，检查发机和励磁机运行情况，控制好水温和风温。

机组首次并网带负荷1～3MW进行2～4h暖机，然后解列作超速试验。

1）带负荷期间的主要操作

凝水合格后，缓慢将冷凝水倒向除氧器，并维持凝汽器正常水位及凝结水泵压力。

负荷1MW时，分别关闭各段疏水阀门。

负荷2MW时，及时调整均压箱、轴加压力，将阀杆漏汽导至除氧器。

负荷3MW以上时，可以考虑抽汽供热投入运行。

2）带负荷期间的主要控制

排汽温度空转不超过100℃；

轴封供汽压力0.1009～0.1274MPa；

润滑油压：0.08～0.12MPa；

冷油器出口温度：35～45℃；

轴承回油温度：<65℃；

推力瓦金属温度：<90℃；

轴向位移油压：0.5～0.55MPa；

轴振动：≤50μm；

油箱油位：0mm；

凝结器压力：0.00628MPa；

汽缸前部缸壁金属温升率：<2～2.5℃/min；

汽缸前部内壁上、下半温差：<50℃；

主蒸汽温升率不超过1.5～2℃/min。

（6）热态滑参数启动

热态启动应按制造厂产品说明书要求及热态启动特点遵守以下各点：

汽轮机调节级下部汽缸温度≥200℃；

冲转前必须保证连续盘车4h；

检查大轴弯曲比原始值不大于0.03mm；

汽缸上下半温差<50℃；

升速率设定范围：150～250r/min；

先向轴封送汽后抽真空；

升速过程有关操作及注意事项同冷态启动。

（7）启动过程注意事项

升速和加负荷过程中应注意推力瓦温度、回油温度、轴向位移、绝对膨胀、差胀、汽缸和法兰温度、上下缸温差、机组振动等。

冲转后注意倾听各转动部分有无异声，轴封应无摩擦现象，如有异常应立即停止启动。

主机通过临界转速时应平稳，升速率适当加快。

热态启动时必须注意高温部分的过冷却和负胀差。

轴承进油温度不应低于 35℃。当进油温度达 45℃以上时，投入冷油器。

随时注意调整各冷油器、冷风器，保持好润滑油温、油压和风温等，及时调整轴封压力。

注意对本体及管道疏水进行调整，检查疏水是否畅通，防止发生水击现象。

密切监视机组轴承振动情况，升速过程中通过临界转速时振动一般≤120um，若超过 120um，应停机分析查找原因。

热态启动时，根据汽缸金属温度，迅速提升转速及并网带负荷至冷态滑参数启动曲线上相应的工况点。

主汽门前蒸汽参数发生急剧变化时，应密切注意汽机胀差及轴承振动。

（8）停机

试运过程中机组停机方式及操作按电厂运行规程进行。

第6章 辽中热源厂集中供热工程工艺相关技术

6.1 项目简介

6.1.1 项目整体概况

1. 项目主要信息

项目主要信息详见表 6-1。

项目主要信息表

表 6-1

序号	内容	说明
1	工程名称	辽中区 2#热源厂集中供热工程
2	建筑地点	沈阳近海开发区保税路 8 号
3	建设单位	沈阳绿环澄源热力有限公司
4	设计单位	泛华建设集团有限公司
5	建筑功能	供热厂房及其配套设施
6	占地面积	45000m²

工程主要内容为：

满足 4 台×100t 热水锅炉房一座（主厂房）、烟气净化车间、干煤棚、生物质用房、蓄水池泵房、综合楼、烟囱、除尘器下部用房、门卫室、新建换热站及其配套热网工程；购置安装各种生产设备 40 台（套），主要有锅炉、鼓风机、引风机、除硫脱硝设施等生产设备及其配套控制设备。辽中热源厂效果图详见图 6-1。

2. 主要工艺系统及建筑物组成

根据厂区的位置特征，主厂房坐北朝南，由南向北为设有主厂房、脱硝间、除尘器下部用房、烟气净化车间、烟道及烟囱、干煤棚，输煤廊在主厂房的西侧，由两段输煤皮带及转运站组成。蓄水池及泵房、综合楼位于厂区的东部。燃煤锅炉房区域的东侧为预留用地。

热源厂内工程主要工艺系统包括：上煤除渣系统、锅炉及配套系统、水处理及循环系统、烟气净化系统、给排水系统、电力系统、仪表及自动控制系统等。

供热管网工程主要工艺系统包括：市政热力管网系统、热交换系统、电控系统。

热源厂内主要建、构筑物包括：主厂房、烟囱、综合水泵房及地下水处理泵房、工业消防水池及生产水池、烟气净化车间、输煤斜廊、干煤棚、人流门卫、物流门卫、办公楼等设施。

工程涉及专业包括：热工、电气、自控、给水排水、暖通、总图、建筑、结构。

图 6-1 辽中热源厂效果图

6.1.2 各系统概况

1. 供热管网概况

本工程为辽中区 2 号热源厂集中供热工程一级网工程，全长约 28km，经由保税区路敷设至东环路后向 3 个主要供热区域敷设，与辽中区、茨榆坨镇等多处城区有交叉与居住小区、农贸市场、市政道路、现有河流等位置交错布置。为根据设计图纸将管网分为 5 个不同子项。管网子项划分详见表 6-2。

管网子项表 表 6-2

序号	线路名称	管道规格	全长（km）
1	热源厂出口 O 点-茨榆坨镇 F 点热网	DN900/DN600	6
2	热源厂出口-工业园区南线	DN400	3.3
3	工业园区北线-滨水新城热网（至惠涌站）	DN800	8
4	茨榆坨镇北线	DN400	3.4
5	茨榆坨镇南线	DN400	1.9

2. 换热站概况

本次招标包括改造旧站 16 个，新建换热站 10 个，其中，5 万 m^2 换热站 3 个，10 万 m^2 换热站 3 个，15 万 m^2 换热站 4 个。换热站简介详见表 6-3。

换热站简介表 表 6-3

建筑面积	5 万 m^2	199.39m^2	层高	5m	
	10 万 m^2	199.39m^2			
	15 万 m^2	201.09m^2			
主要建筑做法	保温做法	屋面	100 厚岩棉保温板		
		外墙	100 厚自熄、阻燃性保温板		

主要建筑做法	屋面防水		3+3厚SBS改性沥青防水卷材
	墙面做法	内墙	高级涂料墙面
		外墙	大白腻子墙面
	楼地面		混凝土楼地面
换热系统	5万 m²		设置两套2.1MW板式换热器，供暖补水泵采用变频调速器控制补水压力
	10万 m²		设置两套4.2MW板式换热器，供暖补水泵采用变频调速器控制补水压力
	15万 m²		设置两套6.3MW板式换热器，供暖补水泵采用变频调速器控制补水压力

3. 锅炉系统

锅炉系统采用沈阳锅炉制造有限公司生产的QXL72-150/90Ⅱ型层燃煤单锅筒链条炉排热水锅炉共4台，循环方式为强制循环，单台设计循环水流量103.3t/h。使用燃烧为Ⅱ类烟煤，颗粒小于50mm，低位热值18.85MJ/kg。

热水锅炉为中压强制循环、单锅筒横向布置，锅筒与下降管及膜式壁相连，回水由锅炉前部进入下集箱经省煤器上升至上集箱进行一次升温，再由下降管至前集箱经过膜式壁进行二次加热后到达锅筒，预热配置预热器以及省煤器。热水出口参数为1.6MPa、150℃，锅炉给水温度130℃，烟气出口温度为190～210℃。

4. 烟气净化系统

烟气净化采用"SNCR+袋式除尘器+石灰石-石膏湿法脱硫"工艺。

配置2套SNCR脱销管道系统、4台除尘器、4台脱硫塔及4台鼓引风系统。

烟气在锅炉内进行烟气脱销处理后、再进入除尘器进行粉尘分离，再进入脱硫塔内进行脱硫喷淋，净化后的烟气由公共烟道汇集到烟囱排入大气。烟囱最小筒壁外径5.26m，高度100m。烟气在线监测室设在35m平台处。

5. 自动控制系统

本工程生产过程监测控制采用集中控制的方式，在主厂房设立一个中央控制室，配置一套先进的计算机集中分散控制系统（DCS）及就地采用PLC系统作为子站，对全厂实现集中统一协调的监控，达到高效、节能、安全、环保的目的。

DCS主监控系统，由控制站、操作站、值长站、工程师站、通信网络、现场仪表组成。在中央控制室设置操作站和值长站，在工程师站室设工程师站和历史数据站，当任一操作站发生故障时，经过授权后其工作均能在其他任一操作站上操作。

在中央控制室的控制台上设有紧急停炉按钮，紧急停机按钮和发电机跳闸按钮，便于处理紧急事故，确保生产安全。

中央控制室内设置工业电视监视系统，设置彩色大屏幕监视系统，以对一些关键部位和特殊场所进行直观监视，改善操作条件和提高配置水平。设置烟气在线监测系统，烟气污染物排放指标实时向大众公示。

全厂设置现场I/O、工业控制级和信息层网络通信网络三层通信网络，实现了对生产全过程高效运行和科学管理。

6. 电气系统

在主厂房内由国家电网进入两路供电电源，一备一用，主供容量9000kVA，备用容量 5000kVA，采用计算机综合保护系统控制及备自投进行主供电源及备用电源的切换，母线采用单母线形式运行。变压器组配置形式为 2 台 2500kVA、2 台 1000kVA 及 4 台 500kVA 高压启动电机。

7. 上煤除渣系统

本项目上煤系统采用 DTⅡ型通用固定皮带运输机，系统配置一用一备，皮带与落煤器及筛分机在控制系统上进行连锁控制。

除渣系统采用联合除渣系统形式，设备选型为 ZBC（1100）板式重链除渣机，系统由平渣机、斜渣机及鄂式阀门组成。

8. 热力站热交换系统

本项目根据供热站的供热面积划分成高中低三个区域，每个区域的热交换设备和水泵配套系统单独配置，均采用水—水热交换器，采用冷热水在板式换热器密封槽内对流进行充分换热，根据建筑物高度设置水泵的扬程为最高点水头损失的 1.2 倍，二级网设计供水温度 65℃，二次网设计回水温度 50℃。循环泵采用分布式变频控制系统控制一次网水量调节，二次网采用定压变频控制系统。

6.2 集中供热工程工艺系统介绍

6.2.1 工艺总述

辽中热源厂配置了 4 台 70MW 热水锅炉及其配套设施、1 号管网及 2 号管网合计 50 多公里集中供热管网及 50 多个换热站，形成了一整套城市集中供热系统，总热负荷面积 600 多万平方米。集中供热系统整体系统详见图 6-2。

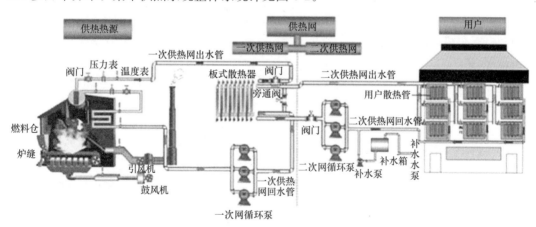

图 6-2 集中供热系统整体系统图

整套供热系统划分为供热系统、热力管网系统。由热源厂经过煤的燃烧产生热量与水进行热交换达到 60～130℃ 的热水，通过热力一次管网将热水送至换热站，再由热力站的水—水热交换器对流换热提升二次网水温到 30～50℃ 将热量提供至二次网，由二次网循环泵提供循环动力将热能输送到终端用户。

整套供热系统根据技术专业也可划分为上煤除渣系统、锅炉系统、水处理及循环系统、烟气净化系统、电控系统。

1. 供热热源系统

供热热源系统根据材料介质划分为输煤、输渣系统、烟风系统、水系统。热源厂各介质工艺流程见图6-3。

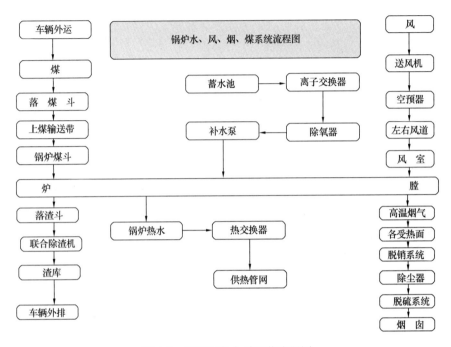

图 6-3 热源厂各介质工艺流程图

煤由公共交通运输并储存在煤场经现场车辆运送至落煤口的筛分机均匀分布到输煤皮带再经过混煤机铺设到链条炉排上匀速燃烧，燃烧后形成炉渣通过下渣口排放到除渣机运送到渣库。

风由送风机经过空气预热器进行一次加温，为锅炉内的煤提供燃烧所需的空气，煤与空气燃烧后形成的烟气先经过省煤器及空气预热器后经过除尘器对烟尘形成过滤、烟气中的灰尘由气力输灰系统运送至灰库进行储藏，烟气经过除尘器后进入脱硫塔内与塔内的喷淋系统对流清洗后脱去烟气中的 SO_2 和其他硫化气体形成水雾烟气，经过除雾处理后由烟囱排放至大气。

水由地下水进过除铁、除锰、脱油后进入蓄水池储存沉淀，由给水泵运送至锅炉间内的水处理系统，经过除氧软化后送至锅炉内与燃烧产生的热量进行循环换热，达到预定的温度后由一次网系统将热量输送至换热站。辽中热源厂工艺系统布置见图6-4。

2. 热力管网系统

热水由热源系统升温后通过在一次网管道内形成闭式循环，由循环泵带动锅炉内网循环、二次网分布式变频泵辅助一次网循环及调节站内所需的热量，形成一个可调节的循环系统，一次网热水（红色）通过水—水交换器与二次网水（蓝色）进行热交换，由循环泵将热量输送至用户，并将交换后的水通过回水管再次来到换热器内进行循环热交换。供热管网系统见图6-5。

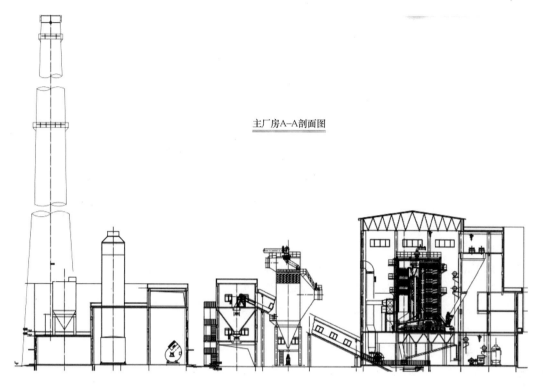

主厂房A-A剖面图

图 6-4　辽中热源厂工艺系统布置图

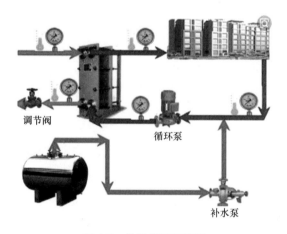

调节阀

循环泵

补水泵

图 6-5　供热管网系统图

6.2.2　各系统集中供热工艺

1. 锅炉系统

（1）本锅炉本体

本项目采用横梁式链条炉排层燃锅炉，采用单锅筒卧式强制循环水锅炉，由 4 根 $\phi 325 \times 14$ 下降管，锅炉采用耐热浇注料全覆盖水冷壁及膜式壁。锅炉水循环系统在上下集箱间形成两个循环与烟气充分换热，后管束管组和后拱采用强制循环方式，两侧对流管束和前拱采用回水射流方式，烟室部分受热面采用自然循环方式。锅炉总回水首先由后管束管组下降至后拱管组，由后拱管组经连通管、锅筒内部回水和下降管进入侧水冷壁和两侧对流管束及前拱管，水在各上升回路进入锅筒，经与螺纹烟管换热后由锅筒上部装置流出锅炉。有在这些通道里，烟气的温度被降低，到末级过热器的进口处不高于150℃。通道的设计，使其能最大限度地去除粉尘，进入对流受热段的烟气尽可能干净。整个锅炉总共有Ⅰ级预热器和Ⅱ级省煤器。

（2）锅炉的控制

锅筒水位是影响锅炉安全运行的重要参数，水位过高，会破坏汽水分离装置的正常工作，严重时会导致蒸汽带水增多，增加在管壁上的结垢。水位过低，则会破坏水循环，引起水冷壁管的破裂，严重时会损坏锅筒。所以，其值过高过低都可能造成重大事故。它的被调量是锅筒水位，而调节量则是给水流量，通过对给水流量的调节，使锅筒内部的物料达到动态平衡，变化在允许范围之内，由于锅炉锅筒水位对蒸气流量和给水流量变化的响应呈积极特性。但是在负荷急剧增加时，表现却为"逆响应特性"，造成这一现象是由于负荷增加时，导致锅筒压力下降，使锅筒内水的沸点温度下降，水的沸腾突然加剧，形成大量气泡，而使水位抬高。锅筒水位控制系统，实质上是维持锅炉进出水量平衡的系统。

控制目标值：在操作界面上利用鼠标键盘实现对水泵启停的控制；在仪表盘上使用原有的DDZ-Ⅲ操作器对水泵进行手动/自动调节控制。

系统给水自动调节分为三种模式：单水位控制模式：只通过检测锅筒水位来控制给水量；双冲量水位控制模式：监测锅筒水位、供热流量，将流量作为前馈信号，与锅筒水位组成前馈—反馈控制方式。

两冲量水位控制模式：监测锅筒水位、给水流量，将锅筒水位作为主控变量，给水流量作为辅助被控变量的串级控制系统前馈信号组成前馈—串级反馈控制方式。

冲量水位控制实现方式：在异常情况下，如液位偏离正常值较大时，采用规则控制，可以快速恢复水位，保证锅炉的安全稳定运行；当水位控制和主锅筒蒸汽温度控制发生矛盾时，可根据矛盾的主要方面进行两者的协调控制；它包含给水流量控制回路和锅筒水位控制回路两个控制回路。

（3）锅炉燃烧过程控制系统控制

锅炉燃烧过程有三个任务：给煤控制、给风控制、炉膛负压控制。保持煤气与空气比例使空气过剩系数在1.08左右，燃烧过程的经济性，维持炉膛负压，所以，锅炉燃烧过程的自动调节是一个复杂的问题。炉膛负压 P_f 的大小受引风量，鼓风量与煤气量三者的影响。炉膛负压大小，炉膛向外喷火危机设备与运行人员的安全。负压太大，炉膛漏风量增加，排烟损失增加，引风机电耗增加。根据多年的人工手动调节搜索，锅炉的 $P_f=-50\sim100$Pa 来设计。调节方法是初始状态先由人工调节空气与煤气的比例，达到理想的燃烧状态，在引风机全开时达到炉膛负压100kPa，投入自动后，只调节煤气蝶阀，使压力波动下的高炉煤气流量趋于初始状态的煤气流量，来保持燃烧中高炉煤气与空气比例达到最佳状态。因此，锅炉燃烧过程自动控制系统按照控制任务的不同可分为三个子控制系统。即蒸汽压力控制系统，烟气氧量控制系统和炉膛负压控制系统。

（4）锅炉的清灰

余热锅炉采用吹灰器及控制系统。

清灰设备由压缩空气或电驱动阀门开闭，以驱动压缩控制从喷嘴高速喷出，达到清除锅炉管束表面积灰的目的。吹灰器作为一种传统的吹灰方式，压缩空气直接吹扫受热面，对清除受热面的积灰和挂渣都有较好的作用，对结渣性强、灰熔点低的灰效果也很好。

（5）锅炉排污系统

本系统用于处理锅炉排污、沉积物，特别是水垢容易在锅炉管道内表面形成，外界因素如加热会影响其在水中的溶解平衡。每种污染物在水中都有其各自的溶解度，当浓度过高时便会沉淀。如果水接触灼热表面，污染物的溶解度降低，形成沉淀，出现水垢。水垢或沉淀的常见成分为磷酸钙、碳酸钙、氢氧化镁、硅酸镁、各种形态的氧化铁和这些沉淀吸附的二氧化硅。这些沉淀会使得高温的锅炉管道产生严重的问题，引起热效率降低和爆管的危险。因此，锅炉需要进行排污以排除这些污染物。

1）锅炉连续排污以避免上述问题。连续排污水由锅筒水位线下部排出，其总量约为蒸汽产量的 1%，流量由流量计（FI）测量和显示。

2）锅炉定排管道设置在下降管底部和锅炉管道下集箱。因为气压很高，管道上采用双重手动截断阀。

3）排污阀控制要求：每台锅炉的排污阀开启不得超过 30s，排污方式为少排、勤排、均匀排。同一锅炉禁止两个集箱同时排污水。

（6）锅炉水软化系统

软化水采用软化除氧器和钠离子交换器软化，软化水总硬度≤0.6mol/L，软化水再经除氧器后作为锅炉及一次网的补水，水质含氧量≤0.1mg/L。

采用全自动离子交换器，设备为机电一体化设计，交换树脂采用强酸阳离子交换树脂，树脂失效后用 NaCl 再生，水处理设备布置在一层水泵房。

除氧装置采用全自动除氧设备，用于除去水中溶解氧。真空除氧罐设备，整机采用封闭机构，运行期间始终处于真空负压状态，给水首先通过悬膜式除氧装置，在真空负压作用下分离出 20%～30%。再经电化学除氧，进入铁板阴阳极板的电解池除氧装置。使得水质满足热水锅炉补水水质要求。

（7）锅炉本体主要技术参数

锅炉本体主要技术参数见表 6-4。

锅炉本体主要技术参数表

表 6-4

型号	SHL70-1.6/130/70-AII
额定热功率	70MW
额定出水压力	1.6MPa
额定出口水温	150℃
额定进口水温	90℃
设计热效率	83.4%
炉膛辐射受热面积	486.7m²
对流排管受热面积	2339.6m²
空气预热器受热面积	1395.3m²
水压试验压力	2.0MPa
设计排烟温度	155.2℃
冷空气温度	20℃
热空气温度	135℃
设计煤种	Ⅱ类烟煤
锅炉本体总水阻力	0.095MPa

（8）锅炉辅助设备参数

锅炉辅助设备参数见表6-5。

锅炉辅助设备参数表　　　　　　　　　　　　　　　　　表6-5

序号	设备名称	参数	台数	备注
1	炉排减速机	zj80w，$n=5.5kW$	4	电磁调速电机
2	鼓风机	CH G1-1 no18.5D，$Q=158km/h$， $P=5152Pa$	4	变频调控
3	引风机	CH Y1-1，no21.5D， $Q=265422m/h$， $P=5152Pa$	4	变频调控
4	锅炉循环泵	KQSN500-M19，$Q=2029T/h$， $h=23m$ $N=185kW$	4	变频调控 三用一备
5	钠离子交换器	$G=100t/h$	1	
6	软化水箱	$V=30m$	1	
7	真空化学除氧器	$G=50t/h$	1	

2. 烟气净化系统

本项目设计燃烧功率为$4\times70MW$热水锅炉。炉排采用链条机械炉排。烟气净化采用SNCR［氨水］＋袋式除尘器＋"石灰-石膏法"脱硫技术的净化工艺流程系统。烟囱入口设置烟气在线监测装置，反馈至在线监测监视系统中，运行人员根据污染物排放情况进行人工调节设备运行工艺。

（1）工艺简述

烟气处理系统工艺是根据项目的烟气量、污染物浓度等参数，采取一系列工艺技术措施将烟气中的颗粒物、二氧化硫、氮氧化物和汞及其化合物等污染物通过物理、化学的方法去除，使处理后的烟气符合排放要求。

（2）烟气净化工艺流程

本工程的烟气净化工艺流程为SNCR［氨水］＋袋式除尘器＋"石灰-石膏法"脱硫技术。该烟气净化工艺在国内外得以普遍使用，净化效果得到广泛的验证。

（3）烟气处理系统工艺流程

本工程在锅炉出口的锅炉第一烟道上设置SNCR系统的氨水喷嘴，将$3\%\sim10\%$的氨水喷入高温的锅炉烟气中进行脱氮氧化物反应，将烟气中的NO_x浓度降低并确保余热锅炉出口的浓度控制在$200mg/Nm^3$以下。

锅炉出口的烟气（约140℃）进入袋式除尘器，吸附污染物的活性炭及烟尘在通过滤袋时被分离出来。同时，滤袋过滤下灰库的灰尘通过重力集中在各除尘器下部的灰罐中，通过气力输灰系统集中输送至灰库。袋式除尘器的清灰为引风反吹方式，可实现在线/离线定期清理附着在滤袋上的飞灰。

脱去粉尘的烟气进入脱硫反应塔，进行第一步的脱酸处理。消石灰通过制浆系统制成石灰浆，经过旋转雾化器与冷却水一同喷射在反应塔内。进入反应塔的烟气与雾化的石灰浆液接触，释放热量使水组分蒸发降低烟温，并进行充分的中和反应。石灰浆液回流至石膏池通过罗茨风机将沉淀的石膏形成石膏浆送至压滤机中进行石膏的回收。

出口烟气约通过公共烟道送至 100m 高的烟囱排入大气。

烟气净化工艺系统中的各单元系统和引风机变频器及风门在运行中根据末端的烟气在线监测系统（CEMS）的实测数据实时调整运行参数，确保排放达标并且避免药剂和能量的浪费。

烟气处理系统的各单元纳入烟气处理系统的 DCS 系统，在中央控制室的操作员站上实现对所有电机和控制阀门的状态监视、报警、启/停设备、调节点设定、开/关阀门等。

采用上述工艺可将烟气污染物排放浓度严格控制在项目排放标准。

本项目烟气处理系统由以下各个部分组成：

SNCR 系统；

布袋除尘器系统；

引风机系统；

石灰-石膏法反应塔系统；

烟囱及烟道系统。

（4）SNCR 系统

本项目中 SNCR 系统采用氨水作为还原剂，在 850～1100℃ 高温下，氨水与一氧化氮进行如下反应：

$$4NO+4NH_3+O_2=4N_2+6H_2O$$

氨水通过多个喷嘴喷入锅炉第一烟道，喷嘴冷却和物料雾化辅助介质是压缩空气。第一烟道内共设置 1 层的喷头。SNCR 系统设计负荷为将 NO_x 浓度从 300mg/Nm³ 降至 200mg/Nm³。

（5）袋式除尘器

烟气经过脱硝、热交换后进入布袋除尘器，烟气中的粉尘会聚集在滤袋迎风面，形成滤饼。经净化的烟气由滤袋支撑花板上方排出。

为了能在正常操作的情况下，进行检查、监视、更换滤袋或进行维护工作，除尘室已被划分成 2 个大的仓室，这样可以在任何时间关闭一个仓室，对其进行检查、检修。每个仓室有一个气动气密截止阀，分别设在进出口上；并且在仓室之间设隔热层。这种结构形式，使退出工作的仓室能容易和安全地接近，进行特定的维护工作。布袋采用引风机清洁空气反向送风清灰。开启反吹阀后通过反吹管反向送风，使附着在滤袋外表面的粉尘在滤袋膨胀产生振动和反向气流的作用下脱离滤袋，落入灰斗。为防止二次吸附，减少除尘器阻力，延长布袋寿命，袋式除尘器设置在线清灰和分室离线清灰的清灰方式。系统根据布袋前后的压差变化启动反吹阀门，在线清灰反吹持续十几秒。当压差下降不明显时，进行深度反吹清灰。如效果仍不佳时，则自动关闭压差较高仓室进行离线清灰流程。

布袋除尘器灰斗壁采用电伴热加外保温，保证温度高于 140℃，防止结露腐蚀设备。布袋除尘器系统设置预热循环风系统，在启炉过程中提前预热除尘器整体设备的温度，保护布袋，防止结露腐蚀。

（6）石灰-石膏法脱硫系统

工程脱硫工艺采用技术工艺最为成熟的"石灰-石膏法"，脱硫塔采用"逆流型喷淋塔"采用一炉一塔设置、并考虑设置旁路烟道不设 GGH，按锅炉 BMCR 工况全烟气脱硫，装置设计脱硫效率不小于 90%。吸收剂采用石灰粉制浆系统，粒径为 200 目≥90%过筛率，酸不溶物宜≤5%（干基），CaO≥75%，脱硫石膏经真空皮带脱水后外运。

除尘产生的粉尘、脱硫副产物等固废实施分类堆放，减少暂存时间，暂存场要严格按照《一般工业固体废物贮存、处置场污染控制标准》（GB 18599—2001）有关要求进行设计，采取必要的防尘、防雨设施。脱硫浆制备系统采用密闭、正压设置；脱硫产生的废水经沉淀处理后上清液循环利用，废水进入厂区除渣系统或水处理区域。

所有设备采用噪声较低的设备、安装隔声罩、减振基座，并采取隔声、吸声、消声等措施，确保厂界噪声满足《工业企业厂界环境噪声排放标准》（GB 12348—2008）2 类标准要求。

系统设计的工艺应采用国内最新的技术，并且具有可靠性和稳定性，既保证高效率和低成本运行，又能够符合相关环境保护要求，同时，系统设计满足使用地的抗震设防要求，还考虑防风、防雨、防冻等措施。

排放要求：满足《锅炉大气污染物排放标准》（GB 13271—2014）大气污染物排放控制表 3 限值的要求，本项目排放烟气中，SO_2 排放浓度<100mg/m³。

石灰-石膏法脱硫系统组成：

① 脱硫塔本体；

② 浆液喷淋系统；

③ 除雾器；

④ 氧化风机；

⑤ 石膏脱水系统；

⑥ 浆液制备系统；

⑦ 工艺水系统；

⑧ 仪表及控制。

1) 脱硫塔本体

本工程为 4×70MW 热水锅炉，采用一炉一塔即 4 台套锅炉脱硫系统，本工程脱硫系统与主体工程统一规划。

吸收塔的结构尺寸：

吸收塔入口宽度（直径的百分比）	60%～90%
入口烟道到第一层喷淋的距离	2～3.5m
喷淋层间距	1.2～2m
最顶层喷淋层到除雾器的距离	1.2～2m
除雾器的高度	2～3m
除雾器到吸收塔出口的距离（直径百分比）	0.5～1m
吸收塔出口宽度（直径百分比）	60%～90%

2) 浆液喷淋系统

吸收塔内部浆液喷淋系统由分配管网和喷嘴组成，喷淋系统的设计能合理分布要求的喷淋量，使烟气流向均匀，并确保石灰浆液与烟气充分接触和反应。

浆液喷淋系统采用 316L。

浆液在母管内均匀分布,而且也能把浆液均匀分配给连接喷嘴的支管。

吸收塔在喷淋层配有大量喷咀,喷淋角有一定比例的重叠度。

所有喷嘴能避免快速磨损、结垢和堵塞,喷嘴材料采用 316L 材料制作。

喷嘴与管道的设计便于检修、冲洗和更换。喷淋层示意见图 6-6。

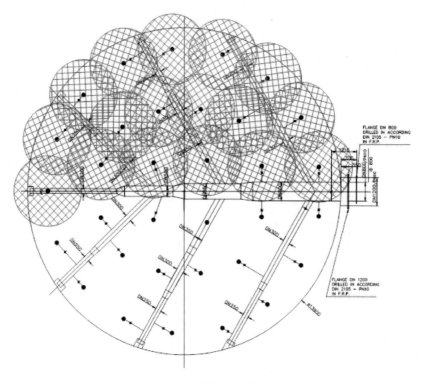

图 6-6　喷淋层示意图

喷淋母管采用 DN250 管道,前段采用 DN150 管道,支管段采用 DN65 管道,整体系统采用 316L 材质,大大延长了喷淋系统的使用寿命,母管入口处采用大小法兰套孔连接,支管处采用法兰连接以方便后续的运行及维修。

3)除雾器

除雾器用于分离塔中气体夹带的液滴,以保证传质效率,降低有价值的物料损失和改善塔后压缩机的操作,一般多在塔顶设置除雾器。可有效去除 $3\sim5\mu m$ 的雾滴,塔盘间若设置除雾器,不仅可保证塔盘的传质效率,还可以减小板间距。所以,除雾器主要用于气液分离。亦可为空气过滤器用于气体分离。此外,丝网还可作为仪表工业中各类仪表的缓冲器,以防止电波干扰的电子屏蔽器等。

湿法脱硫,它还溶有硫酸、硫酸盐、二氧化硫等。如不妥善解决,任何进入烟囱的"雾"实际就是把二氧化硫排放到大气中,同时,也造成风机、热交换器及烟道的玷污和严重腐蚀。因此,湿法脱硫工艺上对吸收设备提出除雾的要求,被净化的气体在离开吸收塔之前要除雾。除雾器是 FGD 系统中的关键设备,其性能直接影响到湿法 FGD 系统能否连续可靠运行。除雾器故障不仅会造成脱硫系统的停运,甚至可能导致整个机组(系统停机)。

除雾器安装在吸收塔顶部,用以分离净烟气夹带的雾滴。除雾器出口烟气携带水滴含量不大于 $75mg/Nm^3$(干基)。

4)氧化风机

氧化风机为两台,流量裕量为 10%,压头裕量为 20%。氧化风机为罗茨型。

氧化风机能提供足够的氧化空气,氧化风管布置合理,使氧化塔内的亚硫酸钙充分转化成硫酸钙。

氧化风机为无油设备,提供的氧化空气无油。

风机运行在最高效率点上。风机要有几乎平坦的效率特性曲线,以保证运行时机组在各种负荷下都有最佳的效率。

氧化风机设置消声器,风机噪声满足相关标准。

氧化风机室内布置。

5)石膏脱水系统

① 系统概述

吸收塔的石膏浆液通过石膏浆液泵把经充分氧化后的石膏送入石膏水力旋流站浓缩,浓缩后的石膏浆液进入真空皮带脱水机,进入真空皮带脱水机的石膏浆液经脱水处理后表面含水率小于 10%,送入石膏库存放待运。石膏旋流站出来的溢流浆液一部分返回脱硫塔进行再次氧化,一部分进行外部排放。

为控制脱硫石膏中 Cl^- 等成分的含量,确保石膏品质,在石膏脱水过程中用水对石膏及滤布进行冲洗,石膏过滤水收集在滤液箱中,然后用泵送到石灰制浆系统。

② 设计原则

石膏旋流站为公用设施,系统设置两台真空皮带脱水机。真空皮带脱水机的出力按 2 台锅炉燃用设计煤种 BMCR 工况运行时产生的 100% 石膏浆液量配置,并满足处理设计煤种时石膏浆液量的要求,配真空泵、气液分离等辅助设备,当一台工作时切换另外一台真空皮带脱水机,保证系统的无故障运行。

系统设置一个石膏库,其容积按两台锅炉 BMCR 工况运行时三天(每天 24h 计)的石膏量进行设计,并考虑冬季防冻措施。石膏库设有铲车等装运设施。

③ 主要设备

A. 旋流器组

石膏脱水系统旋流器包括石膏旋流器。石膏旋流器组浓缩后的石膏浆液从旋流器下部可自流到真空皮带脱水机,离开旋流器的浆液中固体含量 40%～60%。

旋流器环状布置在分配器内,每个旋流器都装有单独的手动阀。

旋流器采用耐磨耐腐蚀的聚氨酯材料制作,旋流器组整个系统为自带支撑结构,同安装的结构钢支腿、平台扶梯一起作为设计的完整部分,所有支撑结构件采用碳钢构件。

为防止旋流器被大颗粒堵塞,旋流器组入口安装过滤器。

石膏旋流站的设计保证吸收塔排出浆液的分离效率,同时,还应考虑石膏浆液量变化范围调整的要求。

设计维护人员到达所需要的通道和扶梯。

B. 真空皮带脱水机

设计为浆液重力自流进入滤布。皮带脱水机与水力旋流浓缩器建造在同一建筑物的不同层面。主框架结构为带防腐层的钢结构，用标准的滚动轴承和耐压的型钢组成。

输送机支撑滤布，同时提供干燥凹槽和过滤抽吸的干燥孔及输送带的真空密封。连续性的柔性裙边把输送带的两边缘粘合起来，防止浆料和淋洗液外流。

配备石膏脱水的所有辅助设备。如输送带的支撑设备；滤布连续清洗设备。滤布的张紧系统是通过一个回路来自动控制。真空皮带机见图6-7。

图 6-7　真空皮带机

C. 真空泵

每个真空皮带脱水机配置一台真空泵，真空泵容量满足皮带脱水机的要求。

真空泵采用环型水封式，铸铁制造。

真空泵采用三角皮带传动，并有适当的防护装置。

真空泵配备自动水封控制阀和滤网。

设1加1备用（共两台）100%容量的滤出液泵，泵选用水平离心式。

石膏冲洗水和皮带冲洗水的供，包括冲洗水箱、管道系统。

D. 皮带输送机和石膏储存

石膏储存包括卸料斗等另有汽车运输石膏的进出口通道。

6）浆液制备系统

① 技术要求

A. 石灰浆液制备系统概述

石灰由气力输送机输送到石灰储仓内存放，根据工艺需要定量加灰。当浆液制备罐内浆液不足时，自动打开浆液制备罐电动阀补充工艺水，同时，螺旋输送机及石灰粉仓下的星型卸灰阀自动开启将石灰加入浆液制备罐内，加入一定量后自动停止。加入浆液制备罐内的石灰通过搅拌制成混合均匀的浆液后进入制备泵，当浆液储罐的液位出现低位时，自动开启制备泵将石灰浆液打入到浆液储罐内存放；当出现高位时，制备泵自动关闭，储罐浆液根据脱硫塔内 pH 值自动加入脱硫塔内。

B. 设计原则

4 台锅炉的脱硫装置公用一套浆液制备系统。

全套吸收剂供系统满足脱硫系统所有可能的负荷范围。

卸料仓及储存室的容量按三台锅炉在 BMCR 工况运行 3 天（每天按 24h 计）的吸收剂耗量设计，石灰浆液储罐满足四台炉同时运行 6h 的用量。

注：石灰不能长久储存，应采用新鲜石灰为最佳，储存量不得大于三天用量。

② 设备

石灰浆液制备系统全套至少包括，但不限于此：

A. 运送石灰粉的罐车，根据石灰的距离、石灰的消耗量，确定罐车的容积和台数。或者根据市场运输情况和运输条件，利用社会运输力量站直接运送到热源厂。

B. 石灰配料仓

石灰储仓尺寸：$\phi 4.5 \times 6m$（直筒部分）；

配料仓设置仓壁振动器 3 台。

C. 浆液制备罐

4 台 100T/H 脱硫塔公用一套制浆池，用于制备、缓冲、石灰浆液，浆液箱容量按 3 台炉设计工况下 4h 的石灰浆液量考虑，浆液制备罐采用碳钢结构尺寸为：$\phi 5 \times 5m$。

D. 浆液输送泵：制备泵共设置 2 台离心式浆液输送泵，1 台运行 1 台备用，将浆液制备罐内石灰浆液打入到浆液储罐内，浆液储罐内的浆液通过浆液泵根据塔内浆液 pH 值送至各吸收塔。

E. 螺旋输送机

储仓下部设置 1 台螺旋输送机，用于将石灰输送到浆液制备罐内。

7）工艺水系统

① 系统概述

从供水系统引接至脱硫岛工艺水箱，为脱硫工艺系统提供工艺用水。其主要用户为：吸收塔蒸发水、石灰浆液制备用水、石膏结晶水、石膏表面水；真空泵用水；除雾器、真空皮带脱水机及所有浆液输送设备、输送管路、贮存箱的冲洗水；氧化风机和其他动设备的冷却水及密封水。

② 技术要求

工艺水系统满足脱硫装置正常运行和事故工况下脱硫工艺系统的用水。

工艺水箱为碳钢结构，其可用容积按 4 台炉脱硫装置正常运行 1h 的最大工艺水耗量设计。

工艺水系统为脱硫系统共用，每台工艺水泵的容量按六台炉 100％BMCR 工况的用水量设计。

除雾器冲洗水泵共二台，一运一备，单泵容量按两台炉 100％BMCR 工况的用水量设计。

工艺水泵共两台，一运一备，当进烟口温度超过设定温度时用于脱硫塔进口烟温的降温。

优化工艺水系统的设计，节约用水。设备、管道及箱罐的冲洗水和设备的冷却水回收至集水坑或浆池、浆液箱重复使用。

工艺水泵、除雾器冲洗水泵采用离心泵。

③ 管道和阀门

A. 管道

a. 设计原则

管道设计时充分考虑工作介质对管道系统的腐蚀与磨损，借鉴以前用于类似脱硫装置上的成功经验，选用恰当的管材（如 PE 管、碳钢管、衬塑钢管和玻璃钢管道等）、阀门和附件。

介质流速的选择既要考虑避免浆液沉淀，同时，又要考虑管道的磨损和压力损失尽可能小。

管道及附件的布置设计满足脱硫装置施工及运行维护的要求，并避免与其他设施发生碰撞。

b. 技术要求

管道系统的布置设计（包括合理设置各种支吊架）能承受各种荷载和力。我方计算所有主要管道的热膨胀位移和力，并且确保管道作用在设备上的力和力矩在各个设备厂商规定的范围之内。

所有管道系统设计有高位点排气和低位点排水等措施。

无内衬管道用焊接连接，内衬管道用法兰连接。

以下给出了用于不同介质的管道材料，作为供设计选择的最低要求。

浆液和含氯液体：PE 管道，如果 PE 管不满足刚度要求的，则用合适的不锈钢管连接。

吸收塔循环管：塔外，PE 管道；塔内，316L 材质管道。

管道的调整段：316L 材质管道。

工艺水：普通碳钢管。

冷却水：普通碳钢管。

空气管：普通碳钢管。

B. 浆液管道

浆液管道防止磨损和腐蚀，防止浆液沉淀的形成。

浆液管配备自动冲洗、排水和排气系统，排水输送到排水坑或排水沟。排水和排气管的支撑足以承受最大推力。排水管连接至沟道格栅以下，避免楼面溅水和积污。

在装置停运期间，对要求冲洗的各个设备能迅速进行冲洗。输送浆液管道的布置尽可能短，尽量减少弯头数量，以避免浆液在管道中沉淀。

所有接触浆液的设施配备足够数量的冲洗设备，并合理布置。

排水送到就近的排水坑内。

所有浆液管道的材料符合使用要求。

PE 管采取措施防止机械损伤。

PE 管和配件的设计采用法兰连接。

C. 阀门

阀门的设计、制造、试验及安装将采用中国最新的标准和相应的国际标准，并提交招标方确认。如果本节提出的要求比确认的标准更严格，则按本节要求执行。

所有阀门设计选型适合于介质特性和使用条件。浆液系统的阀门考虑介质的磨损和腐蚀。

功能相同、运行条件相同的阀门将能够互换，阀门的规格统一，尽量减少阀门的种类和厂家数量，并开列阀门清单说明阀门的种类和材料。

合理设计控制阀，使其在特殊环境下和在启动、正常运行、停机、故障时都能可靠地运行，操作控制阀时不产生振动以影响相关的回路。

控制阀的设计和安装易于观察焊缝和控制阀整体的拆除，不需要从管道上拆除阀体。

使用的材料与流入的介质和工作环境相适应。特别是对于阀座表面，使用耐磨损和液流气蚀的材料。在各种运行条件下，每个控制阀的设计寿命不低于 20000h。无论在何种条件下，阀体在运行 10000h 前不会发生重大磨损或功能障碍。

采取特殊的措施来防止液流气蚀或冲刷。

控制阀严密不漏，阀门的泄漏试验要符合 ANSIB16.104V 级标准。在压力不平衡时能开闭阀门，即在工作时能克服系统所达到的最大差压。

8）控制及仪表

① 系统概述

本工程控制系统采用上位机＋PLC，选用可编程序控制器（PLC），操作人员在脱硫综合楼操作室上位机（操作员站）进行整套工艺系统的运行参数设置、监控，实现对脱硫除尘系统的顺序自动启停，运行参数自动检测和储存，并对关键参数实行自动调节。本系统可独立运行，也可通过网络连接并入厂方计算机系统。

整套系统设计为自动运行及机旁操作，采用成熟、可靠、完善的控制方案，可在少量操作人员的操作下安全、稳定的运行。从而为提高效率，减轻工人劳动强度。

② 控制策略

主要测量参数及调节回路

控制系统的控制参数主要包括 pH 值、出口二氧化硫浓度、液位、温度等参数的测量和控制。测量信号经变送器转换为 4～20mA 的标准信号后送至 PLC；再经特定的控制算法运算后，输出 4～20mA 标准信号或开关信号，控制相应的电机转速、泵的启停等，从而实现被控参数的调节。

③ 化灰系统

主要测量参数：化浆器液位、石灰加入量。

主要控制回路：石灰加入量的控制。

当浆液制备罐内浆液不足时，自动打开浆液制备罐电磁阀补充工艺水，同时，螺旋输送机及石灰粉仓下的星型卸灰阀自动开启将石灰加入到浆液制备罐内，加入一定量后自动停止。加入到浆液制备罐内的石灰通过搅拌制成混合均匀的浆液后进入制备泵当浆液储罐的液位出现低位时，自动开启制备泵将石灰浆液打入到储罐内存放；当出现高位时，制备泵自动关闭，储罐浆液根据脱硫塔内 pH 值自动加入脱硫塔内。

④ pH 值控制回路

主要工艺参数：石灰浆液泵的转速、脱硫液 pH 值。

脱硫浆液 pH 值控制是系统最重要的控制回路，通过检测脱硫液 pH 值，信号接入 PLC。pH 测量值与设定值进行比较，通过调节成品浆液泵管路上的电动阀的开启与关闭，实现对塔釜 pH 的控制，保证塔釜 pH 稳定，使整个系统稳定运行，确保整个系统具有较高的脱硫效率。

⑤ 各罐、池液位控制

根据各罐内的液位开关信号，当出现高位时停止进液，低位时延时停止排液，并发出报警信号。

⑥ 循环浆液池液位

主要工艺参数：循环浆液池液位、循环泵。

主要控制回路：循环浆液池液位控制。

出现低液位时开启除雾器冲洗阀自动开启，循环管路上的电动阀门自动关闭停止向氧化塔输送浆液，当出现极低液位时循环泵自动停止，出现高位时停止除雾器的冲洗。

⑦ 控制系统

A. 系统组成

整个系统由上位计算机（操作员站）和下位机（PLC）组成，具有数据采集、运算控制、控制输出、控制调节、设备运行状态监视、故障报警、实时数据处理和显示、数据管理、图形显示、远程通信等，以及这些信息的组态、调试、诊断等功能。操作员的命令，包括接收来自操作员键盘、鼠标信息，进行各种监视信息的显示和查询站主要操作，如工艺流程图显示、报警显示、运行数据报表查询、各种表格和列表显示，输入操作员的命令和参数，修改系统的运行参数，实现人为对系统的干预，如在线参数修改、控制调节等。

操作员站还设有密码权限保护，可通过操作员专用键盘的硬锁进行权限锁定。

B. 系统配置

a. 上位机（操作员站）：

该部分是实现自动控制系统的管理核心部分，是监控系统可靠性和稳定性的保证，用于控制方案选择、参数修改设定，并对工艺运行情况进行实时在线控制和管理。由控制室工控主机来实现，使用 Windows XP 操作环境，配以工控组态软件，形成各工作界面、数据库和动画模拟。控制系统配置见表6-6。

控制系统配置表

表6-6

名称	型号	单位	数量
工控机	研华	台	1
显示器	三星液晶显示器	台	1

b. 下位机（脱硫系统控制柜内 PLC）：

该部分是自动控制系统的控制及信息处理核心部分，实现数据和信息的采集并按工艺要求进行控制，由脱硫系统控制柜内 PLC 来实现。

C. 控制系统功能

根据工艺的要求，本工程实施后，仪表自动控制系统可实现对厂方锅炉烟气脱硫系统各运行工况、各工艺参数进行实时监测及控制的基本要求：

对各工艺检测（监控）参量进行计算机实时处理，根据不同的工艺条件，自动调整各工艺参数于正常范围之内，以保证烟气脱硫系统工艺的正常运转。

实时显示烟气脱硫系统的整个运行工况、各分系统的运行工况和各工艺点的工艺参数，并进行统计归档，以曲线、参数汇总、报表等形式供管理人员参阅，同时对各工况及各工艺点的异常情况进行故障报警等。

（7）引风机

本套烟气处理系统的引风机设在除尘器末端脱硫系统前端，采用"电动挡板＋变频"控制，使前端系统保持一定的负压，确保燃烧及烟气处理系统正常稳定运行，也可保护工作人员的人身安全，预防烫伤意外的发生。风机的轴承由冷却水冷却。引风机设检修支架，以保证可拆卸和运输。轴承应有专用密封防尘，应有适当措施检查润滑系统、现场温度计、温度变送器，报警信号能传到中央控制室。引风机可在就地或 DCS 启动或停止。引风机电机线圈中装有温度探测器，各相的温度值在 DCS 上显示，并设报警。

每一条烟气处理线配置一台引风机。引风机选型时，风机的最大风量满足除尘器设计流量下风量的 138％。根据烟气净化系统设备供货方要求，压头按正常运行工况计算压力损失的 120％ 考虑。

（8）烟道系统

烟气管道、管件包括从锅炉省煤器出口，经烟气处理设备到达烟囱各设备之间连接的所有附件。设置膨胀节，防止热膨胀引起烟管错位或施加给支撑件或设备额外作用力。所有的烟气系统的设备、烟管和膨胀节，都要求保温，确保外表面温度不高于 50℃。尽量减少烟道的弯曲部分，以便减小压力损失。烟道材质采用 Q235-A，由壁厚为 5.0mm 的钢板焊制。

（9）烟囱

烟气经引风机送至混凝土公共烟道送至 100m 高的集束烟囱排入大气。

（10）烟气处理系统设备列表

烟气处理系统设备见表 6-7。

烟气处理系统设备表 表 6-7

序号	设备名称	参数	台数	备注
1	布袋除尘器	烟气处理量 250km/h，除尘效率 99％，烟气压力<1600Pa	4	/
2	储气罐	$\phi1200$，$V=2m^3$，$P=0.8MPa$	8	/
3	钢灰库	$\phi8000$，$V=600m^3$，$P=0.8MPa$	1	/
4	脱硫塔	烟气处理量 250km³/h，脱硫效率 90％，烟气压力<1200Pa	4	一炉一塔
5	吸收循环塔	$\phi4800$，$h=27m$	1	3061 钢内衬
6	真空皮带泵	D06.3-900	2	
7	石灰石搅拌器	15kW	2	
8	脱销设备	烟气处理量 250km/h，脱销效率 50％，烟气阻力 0Pa	4	
9	尿素制备罐	不锈钢 5 厚，25m	2	
10	螺旋输送机	2.2kW	2	

3. 电力系统

（1）高压系统配置方案

在主厂房内由两路国家电网 10kV 线路引入供电电源，一备一用，主供容量 9000kVA，备用容量 5000kVA，采用计算机综合保护系统控制及备自投进行主供电源及备用电源的切换，母线采用单母线形式运行。变压器组配置形式为2台2500kVA，2台1000kVA，4台500kVA高压电机。

共配置12KYN12，2台进线柜、2台计量柜、8台10kV馈出柜。

（2）低压系统配置方案

低压系统负荷等级为二级，0.4kV侧总装机容量为4939kW，运行容量4721kW，备用容量218kW。采用TN-S系统供电形式。

（3）计量方式

本项目高压使用协议为高压自维协议，国家电网计量在高压侧计量，高压系统计量装置设置在高压计量柜中，计量等级为3级，采用专用计量互感器。不采用低压计量方式。

（4）安全自动装置

高压系统采用综合继电保护系统，采用两段式过电流保护。进线电压采用低电压备自投。

低压系统在框架式断路器上配置三段式过电流保护系统，负荷侧断路器采用两段式过电流保护，形成三级配电、两级保护。

4. 热工自控系统

（1）控制方式和控制值水平

锅炉及辅机设备采用就地、集中相结合的控制方式。在锅炉房二层锅炉的前部的前端设置锅炉控制室。锅炉控制室内设置DCS控制台，每台锅炉都有独自的操作台和DCS控制台与其对应。运行人员通过自动控制系统的操作员站队锅炉及辅机设备的运行情况进行监测、控制。DCS留有接口与脱硫除尘系统、在线监测系统、水处理系统等进行实时数据共享，在计算机上可浏览设备的工况。

DCS系统具备I/O插件热插拔功能，在进行I/O插件更换时，不用暂停系统工作。

（2）热工检测及控制

热工检测：采集工艺系统运行的各项参数、设备的运行状态、检测输入信号的正确性、数字滤波、非线性校正、运行参数、报警处理、历史数据存储和检索。所有计入后台的数字显示仪表的信号，都从现场仪表到DCS系统中。

自动调节：

1）根据锅炉出口温度、热水流量、室外温度、风煤比及预设的运行程序，调节旅拍给煤量及鼓风机风量、引风量、并以烟气含氧量自动校正达到经济燃烧的目的。

2）炉膛出口负压采用前馈PID控制，根据炉膛负压信号及鼓引风量自动调节引风量以保证炉膛负压的稳定。

（3）电气联锁及报警

鼓引风联锁：先启动引风机、后启动鼓风机，停止时相反。

自动停炉及报警：当锅炉出水温度大于设定温度时，自动停止鼓引风机的运行，系统设置延时功能。当锅炉水温超过125℃，出水压力超过1MPa，炉排及鼓引风、循环泵故障时系统发出声光报警。

5. 上煤除渣系统

（1）上煤系统

热源厂区域内设有干煤棚。燃煤由火车运至车站，再由汽车运输至热源厂内，经地磅计量后送至干煤棚贮存,其中,干煤棚建筑面积为 $5000m^2$,可存煤 25d。

热源厂运煤系统采用两段皮带机输煤方案,皮带系统详见图 6-8。燃煤由抓斗吊车送至受煤坑,用 1 号斜皮带输送机送到转运站,再由水平皮带输送机送至煤斗中,经犁式卸料器将煤卸入炉前贮煤仓,贮煤仓容积为 $180m^3$,贮煤时间约为 12h。

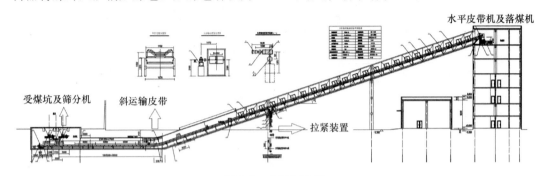

图 6-8 皮带系统图

辽中热源厂项目上煤系统采用的是 DTⅡ型通用固定型带式输送机,在系统上设置两套皮带系统互相备用,也可同时运行。每套系统均由振动筛分机、斜皮带、水平皮带、机架、驱动滚动、改向滚筒、承载托辊、回程托辊、张紧装置、清扫器及皮带秤、落煤机及电控系统等组成,每个系统输送量为 200t/h。在运煤系统中还设有磁铁分离器,电子皮带秤等附属设备。且设有自动连锁及声光信号保护系统。燃煤消耗量见表 6-8。

燃煤消耗量表 表 6-8

项目	单位	热源厂
小时耗煤量	t/h	49.98
日耗煤量	t/d	999.6
年耗煤量	t/a	115659.2

1)输送工艺简介

输送工艺流程见图 6-9。

图 6-9 输送工艺流程图

将粉碎至 $50\sim100mm$ 的煤送到受煤坑中经过振动筛分机将煤均匀分布在皮带上平均煤层厚度不超过 10cm,煤压在托辊上形成凹槽靠摩擦力通过机头带动皮带运输到落至平皮带,两侧散落的煤通过清扫器进行收集,下落的煤通过皮带秤监控皮带的运行速度并统计通过皮带的煤的重量进行统计,煤输送至各下煤斗入口处时,根据锅炉需要自动或手动控制落煤机将煤落至相应的下煤斗内,再经过分层给煤器均匀的铺设再炉排上。未落入受煤坑多余的煤落入尽头下方的回收平台。

2)控制工艺简介

本项目上煤工艺要求为间歇性上煤,将大量的煤囤积在煤斗中,因此驱动系统采用了软启动控制机头电机传动运行。

控制方式为连锁启动控制顺序见图
6-10。

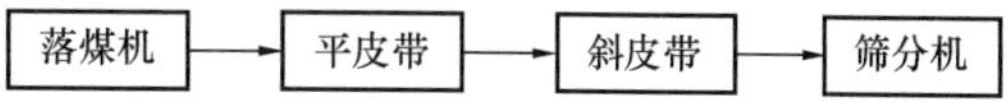

两套皮带启动控制顺序相同，若因故
障或其他原因停止，停止顺序为启动的逆顺序，保证系统的安全运行。

图 6-10 控制连锁启动顺序

3）设备技术参数简介

带式输送机技术参数见表 6-9。

带式输送机技术参数

表 6-9

输送机型号	DTⅡ（A）	输送带型号	EP-150
输送机带宽	800mm	输送带材质	EP 聚酯
输送量	200t/h	胶带厚度	4＋1.5
运行速度	1m/s	传动辊直径	630mm
提升角度	0°和45°	许用扭矩	20kN
电动机型号	Y225M-4	减速机型号	DCY315-40
电动机功率	30kW	减速机速比	$I＝40$

（2）除渣系统

辽中热源厂项目除渣系统采用的是 ZBC 型重型板链除渣机，在系统上为联合除渣即可，1号、2号锅炉共用1号水平除渣机及1号斜除渣机，3号、4号锅炉共用2号水平除渣机及斜除渣机，分别落入1号、2号除渣机也可同时运行。每套系统均由驱动机头、头瓦、联轴器、耐磨铸石、防砸板、刮板链条、除渣箱、从动装置、尾箱、悬挂式拉紧装置及电控系统等组成。

根据煤质资料和煤耗量可计算出灰渣量见表 6-10。

出灰渣量表

表 6-10

项目	单位	灰渣量	灰量	渣量
小时排渣量	t/h	11.2	2.24	8.96
日排渣量	t/d	224	44.8	179.2
年排渣量	t/a	27131.84	5426.37	21705.47

锅炉燃尽的炉渣直接落入炉下的重型框链除渣机内，与收集到的细灰一起将渣提升送入渣库，再由汽车运出厂外砖厂，综合利用。贮渣库总容积为 $500m^3$，贮渣时间为 1～2d，再由汽车运至厂外。

1）输送工艺简介

煤在炉排上进行充分燃烧后形成炉渣及渣灰，随着炉排的前进落入下渣口滚落至平渣机通过板链带动冷却的炉渣在机头处落入斜渣槽再由斜渣板链提升至斜渣机头落入渣仓内，渣仓内的渣通过鄂式阀门控制阀门的开启，当外部除渣车辆进入下渣口通道时启停阀门进行装车。

2）控制工艺简介

本项目除渣工艺要求为连续排渣，为合理的控制排渣量，避免因渣量过大导致渣池堆积，驱动系统采用变频控制系统控制机头电机传动运行。

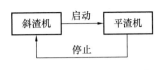

图 6-11 控制连锁启动顺序

控制方式为连锁启动控制方式，控制顺序如图 6-11 所示。

两套除渣机启动控制顺序相同，若因故障或其他原因停止，停止顺序启动的逆顺序，保证系统的安全运行。

3）设备技术参数简介

重链板式除渣机技术参数见表 6-11。

重链板式除渣机技术参数 表 6-11

除渣机型号	ZBC（1110）	电机型号	Y160L-4
输送量	15t/h	电机功率	15kW
机槽宽度	1110mm	减速机型号	XWE-128
机槽高度	1000mm	减速机速比	$I=289$
运行速度	4m/min	提升角度	0°或 25°
链条节距	300mm	链条材质	16Mn
刮板高度	120mm	铸石材质	辉绿岩

6. 热力站热交换系统

本项目根据供热站的供热面积划分成高中低三个区域，每套区域形成一套单独的换热系统，每个区域的热交换设备和水泵配套系统单独配置，均采用水-水热交换器，采用冷热水在板式换热器密封槽内对流行走充分换热，根据建筑物高度设置水泵的扬程为最高点水头损失的 1.2 倍，设计压力为 1.6MPa，二级网设计供水温度 65℃，二次网设计回水温度 50℃。

（1）换热站分类

本工程换热站按供热规模为 Ⅰ（5 万 m²）、Ⅱ（10 万 m²）、Ⅲ（15 万 m²）三种类型，具体分类见表新建换热站类型一览表 6-12。

新建换热站类型一览表 表 6-12

类型	换热站编号	数量（座）
Ⅰ型	1、2、6、9、11、14、16、18、20、22、23、36、37、38、40	15
Ⅱ型	3、4、5、8、12、17、21、24、26、27、30、31、32、33、34 35、41、42、44、45、47、48、49、50、51、52	26
Ⅲ型	7、10、13、15、19、25、28、29、39、43、46	11

（2）换热站内主要设备的选择

换热机组由公共管道、板式换热器、分布式变频控制系统、循环变频控制系统、补水变频控制系统、温度、压力信息采集系统、GPRS 信号传输系统、水箱、仪表等组成。

循环泵采用分布式变频控制系统控制一次网水量调节，二次网采用定压变频控制系统。补水泵采用变频定压补水，压力设定为系统压力，设置安全泄水阀，压力值为 1.2 倍系统压力。

管道大于 DN200 选用螺纹焊缝管，材质为 Q235B，管径小于 200mm，采用无缝钢管。系统最高点设置放气装置，最低点设置泄水装置。

1）换热器

本工程换热设备采用不等截面板式换热器，板片材料可选用 AISI304 或 316L，设计温度 150℃，设计压力 1.6MPa。不等截面板式换热器具有传热效率高、易清洗、占地面积小等特点。

2）水泵

换热站内循环水泵为节能型循环水泵，并配有相应的变频器。单台循环水泵总流量不应小于管网总设计流量，扬程不应小于流量条件下换热站内部阻力、供热管线沿程阻力和热用户资用压力之和。

换热站内补水泵同样配变频器，单台水泵流量按系统循环流量的 2% 选取，扬程按该系统最高点与补水泵出口高差再加 3～5m 扬程富余量选取。

3）自动软化水装置

本工程换热站内二级网补水采用市政自来水进行补充。为防止换热器结垢，对二级网补水进行软化处理。设计采用全自动钠离子交换软化水处理装置，处理后水中残余硬度≤0.03mmol/L（以 $1/2Ca^{2+}$、$1/2Mg^{2+}$ 计）。

4）除污器

换热站内一级网供水总管及二级网用户系统回水总管上设除污器，除污器规格按所在管道规格选取。

5）补水箱

补水箱为软化水补水箱，采用玻璃钢方形水箱，水箱的有效容积应按 15～30min 正常补水量考虑。为防止二次侧设备和管道系统的腐蚀，在软化水补水箱中加入磷酸钠，保证二次侧循环水为弱碱性。

6）一级网分布泵

本项目采用分布式变频供热方式，每个热力站设置一级网分布泵 2 台，一运一备。

7）热网及换热站土建设计

本工程新建 52 座换热站建筑面积为 11500m²，换热站采用钢筋混凝土框架结构。建筑平面布置按工艺要求确定，采用钢塑窗单层木门，内墙水泥白灰罩面，外墙面与周围环境协调处理，墙体采用砌块 50 号水泥砂浆砌筑，屋面采用苯板保温 $\delta=100mm$，防水采用 SBS 防水材料。换热站建筑形式为地上一层建筑。

建筑内热水采暖系统，按室温 16℃设计，供回水参数为 70℃/50℃。

① 土建设计采用数值如下：

基本风压：450N/m²。

基本雪压：300N/m²。

最大冻土深度：138cm。

② 抗震设计

根据《建筑抗震设计规范》（GB 50011—2010），本地区抗震设防烈度为六度，设计基本地震加速度值为 0.05g。

③ 地下构筑物

热水管网采用直埋有补偿敷设，管道应力集中部位的加强墩采用防水混凝土墩，沿线的各类检查井、阀门室、放气井、泄水井均采用钢筋混凝土结构。各种小室盖板（包括过路盖板）均按汽-20 标准考虑。换热站主要设备参考见表 6-13。

换热站主要设备参考一览表　　　　　　表 6-13

类型	板式换热器	台数	循环泵	台数	补水泵	台数	全自动离子交换器	套数	备注
Ⅰ型	HB050-45.5G-1.6/E 换热面积 45.5m²	2	$Q=240$t/h; $H=30$mH₂O; $N=30$kW	2	$Q=5.7$t/h; $H=28$mH₂O; $N=1.5$kW	2	HDZS-2750-B (产水能力 5t/h)	1	循环泵、补水泵一用一备
Ⅱ型	HB080-91G-1.6/E 换热面积 91m²	2	$Q=500$t/h; $H=32$mH₂O; $N=55$kW	2	$Q=12.5$t/h; $H=32$mH₂O; $N=3$kW	2	HDZS-2850-C (产水能力 12t/h)	1	循环泵、补水泵一用一备
Ⅲ型	HB080-136G-1.6/E 换热面积 136m²	2	$Q=750$t/h; $H=35$mH₂O; $N=95$kW	2	$Q=15$t/h; $H=29.6$mH₂O; $N=3$kW	2	HDZS-2900-A (产水能力 15t/h)	1	循环泵、补水泵一用一备

6.3　施工技术集成

6.3.1　锅炉安装施工技术

1. 技术概况

锅炉安装技术是由多个工序、工种组成的一个单位工程。其主要的施工为散件焊接、设备安装找正，锅炉砌筑及电控配套安装及调试、试验运行等几个主要部分。

辽中区 2 号热源厂集中供热工程，四台 70MW 热水锅炉安装工程，为散装锅炉的现场安装，是锅炉制造总装阶段，是保证锅炉质量及其良好运行的重要环节。此项工程工作量大，工艺复杂，质量控制部位多，技术要求高。

本工程中锅炉主机设备为 SHL70-1.6/130/70-AⅡ型热水锅炉。主要技术参数见表 6-14。

锅炉技术参数　　　　　　表 6-14

型号	SHL70-1.6/130/70-AⅡ
额定热功率	70MW
额定出水压力	1.6MPa
额定出口水温	150℃
额定进口水温	90℃
设计热效率	83.4%
炉膛辐射受热面积	486.7m²
对流排管受热面积	2339.6m²
空气预热器受热面积	1395.3m²
水压试验压力	2.0MPa
设计排烟温度	155.2℃
冷空气温度	20℃
热空气温度	135℃
设计煤种	Ⅱ类烟煤
锅炉本体总水阻力	0.095MPa

2. 工艺流程及施工方法

（1）施工顺序

开工前施工准备→基础检查→锅炉部件到场清点检验→钢架组合、安装→平台扶梯安装→锅筒、集箱安装→侧墙管排、炉顶排管、下降管等安装→尾排管安装→受压元件焊接→无损检测→空气预热器安装→锅炉本体水压试验→炉墙砌筑→锅炉漏风试验→烘、煮炉，严密性试验和安全阀调整→锅炉本体刷漆→锅炉 48h 试运行→本体竣工验收。

（2）基础验收

基础验收由建设单位，监理单位，土建施工单位及安装单位共同进行。复查锅炉基础纵横向中心线，标高点，基准点向安装单位进行移交，并检查基础外形有无裂缝、空洞、漏筋、检查尺寸、水平度、位置关系，其质量符合国标《工业锅炉安装工程及验收规范》（GB 50273—2009）要求见表，其检查结果应做记录留档。锅炉及其辅助设备基础的允许偏差见表 6-15。

锅炉及其辅助设备基础的允许偏差表 表 6-15

序号	项目		允许偏差（mm）
1	纵轴线和横轴线的坐标位置		±20
2	不同平面的标高（包括柱子基础面上的预埋钢板）		0，−20
3	平台外形尺寸		±20
	凸台上平面外形尺寸		0，−20
	凹穴尺寸		+20，0
4	平面水平度	每米	5
		全长	10
5	预埋地脚螺栓	标高（顶端）	+20，0
		中心距（在根部、顶部测量）	±2
6	预留地脚螺栓孔	中心位置	±10
		深度	+20，0
		孔壁铅垂度	10

1）基础放线

基础主要施工方法见表 6-16。

基础放线主要施工方法 表 6-16

序号	基础放线主要施工方法
1	放线以 DHL70-1.6/130/70-AⅡ型锅炉基础图为准
2	根据基础坐标位置分别用墨线弹出锅炉整体的三条线，并做出标记
3	纵向基准线：从炉前自炉后为中心线
4	横向基准线：前轴线
5	标高基准线：在基础附近的墙、柱子上做标记，标记间误差不超过 1mm

续表

序号	基础放线主要施工方法	
6	以纵、横基准线为准分别 弹出下列各线	钢架安装中心线及左、右柱中心线
		炉排中心线及边板中心线
		锅筒中心线
		附属设备安装中心线
7	以锅炉基础标高基准线为基准，分别测量其他设备支撑面的标高，确定基础凿低或是加垫铁	

2）检查记录

放线结束后，全面进行检查并做出记录。检查允差范围见表 6-17。

允差范围表 表 6-17

序号	允差范围
1	基础各中心线间误差为 ±1mm
2	各基础相应对角线误差为 5mm
3	炉墙外缘轮廓不得超出基础边缘或跨越伸缩缝

注意事项：放线时遇有障碍物时，要按外推平行线的方法进行；注意防止对角线相等；防止标记不清、位置不妥，易于被后续工序掩盖。

（3）炉排安装

根据制造厂的产品说明书及制造大样图进行安装，要求如下：

1）根据设备清单及设备图纸进行到场设备进场验收。

2）组装时，应保证其横向和纵向的自由膨胀。主动轴、从动轴和炉排横向的膨胀方向应一致。

3）左右支架墙板间对应的高度偏差不应超过 3mm，并应在组装过程中取前、中、后 3 点检查。前后轴水平都偏差不应大于 1/1000。

4）左右支架墙板见跨距偏差 ΔL，当墙板跨距 $L \leqslant 5mm$ 时不得超过 3mm，当 $L > 5m$ 时，不得超过 5mm，可在前中后取 3 处测量。

5）左右辆车支架墙板上平面对角线长度差，当左右侧支架墙板距离 $l < 5m$ 时，不应超过 4mm，当 $l > 5m$ 时不应超过 8mm。两侧支架墙板平面对角线长度差见图 6-12。

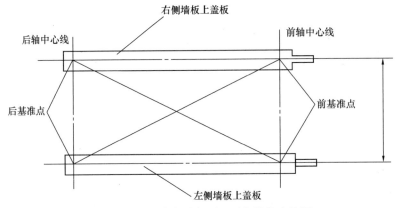

图 6-12 两侧支架墙板平面对角线长度差图

6）导轨应在同一平面，相邻两导轨上表面高度偏差不应超过 2mm，任意两导轨上表面高度偏差不应该超过 3mm，相邻导轨间距 L 的偏差 ΔL 不应超过 2mm。导轨高度偏差和间距偏差见图 6-13。

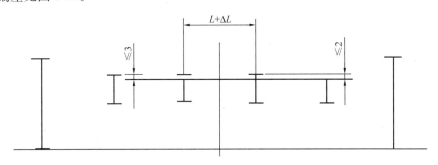

图 6-13 导轨高度偏差和间距偏差图

7）各链条与轴线中点见的距离 a、b 的偏差不应超过 2mm。

8）前梁、后梁、中间梁的高度可用托架上的垫板调节，调节后的高度偏差 Δh $<$ 2mm。

9）组装后的外观与尺寸检验及机械冷动态试验应逐台进行。

检查结果：

炉排表面应平整，炉排片间的间隙应均匀，侧密封间间隙和热膨胀间隙应符合图样要求，各挡板开启应灵活。

10）炉排及减速机安装后应加加炉排专用齿轮油 N46 号机械油（约 1000kg）保养及调试，对链条炉试验的时间不应小于 4h。

（4）钢架、梯子、平台安装

1）钢架构件的校正

钢架在安装前，应检查各构件在运输和保管过程中产生的变形，偏差超过规定时，应予校正。

2）校正的方法

不重要的单件型钢构件采用火燃调直法，加热温度应低于 800℃，防止过热脱碳。重要的构件应在冷态下进行调直，组合构件一面变形时，应将变形件单体分离校正，校正合格后，再进行组焊。

3）安装顺序

检查校正-立柱安装-横梁安装-托架安装-平台安装-扶梯安装-栏杆安装。

4）钢架吊装

采用大型吊车分片吊装方案，基本步骤为：

① 先将炉左侧 1 号、2 号立柱用梁 5 号、6 号、7 号各一件组合一起用 130t 汽车吊吊装到位，吊装半径约为 25m。再将 3 号、4 号立柱用中间所有梁组合一起用 130t 汽车吊吊装到位，吊装半径约为 35m。

② 再将右侧 1 号、2 号立柱用中间所有梁组合一起用 130t 汽车吊吊装到位，吊装半径约为 20m。再将 3 号、4 号立柱中间所有梁组合一起用 130t 履带式吊车吊装到位，吊装半径约为 25m。

③ 每一排钢架就位后都将先用封绳封好，最后吊装中间各联系梁，就位一件，找正一件。

④ 构件应就位一件，找正一件，不允许在未找正好的构件上进行下道工序的安装工作，以免造成安装后无法纠正的错误。

各构件找正内容及顺序一般应符合表 6-18。

各构件找正内容及顺序表　　　　　　　　　　　　表 6-18

序号	内容
1	立柱柱脚中心线对准基础画线中心，可以利用柱脚和基础十字中心线对齐的办法检查
2	根据基准标高测量各立柱标高，并用垫铁调整。垫铁不得超过三块，垫铁之间应焊接
3	立柱倾斜度应在两个垂直平面内的上中下三点用线坠测量，通过改变临时固定风绳拉力的方法来调整
4	相邻立柱间在上中下三个位置用钢卷尺测量中心距离
5	各立柱间再上下两个平面测量对角线
6	横梁安装前应先在立柱上测出标高，画好线，并测量立柱连接处的间距和横梁本身长度。预先割除多余长度。安装时，对准立柱上的画线，并用垫铁检查水平度。临时用螺栓或电焊均可

钢架结构的焊接，应按一定顺序分散焊接：

① 先把立柱底板和垫铁以及预埋件焊牢。有预留钢筋的应予恢复并和柱子焊牢固。

② 钢架焊接应对称分层进行，防止焊接变形。

③ 焊缝高度应符合图纸要求。

④ 钢架安装完毕后误差值应符合检查的标准和规定，并作好记录，会同甲方代表办理验收记录。

散装钢架的偏差检查方法及标准见表 6-19。

散装钢架的偏差检查方法及标准表　　　　　　　　表 6-19

项次	项　目	偏差不超过（mm）	检测方法
1	各柱子的位置偏差	±5	找好基准，用钢卷尺测量各柱间距
2	任意两柱子间距离偏差（宜取正偏差）	间距的 1/1000 且不大于 10	找好基准，用钢卷尺测量各柱间距
3	柱子上的 1m 标高线与标高线基准点的高度差	±2	以支承锅筒的任一根柱子为基准，用水准仪或 U 形管测定其他柱子
4	各柱子相互间标高差	3	用水准仪或 U 形管测定柱子标高
5	柱子的垂直高度	高度的 1/1000 且不大于 10	—
6	各位子间在垂直面内两对角线的长度差	长度的 1/1000 且不大于 10	在每柱子的两端测量
7	各柱子相应两对角线的长度差	长度的 1.5/1000 且不大于 15	在柱脚 1m 标高和柱头处测量
8	支承锅筒的梁的标高	0～5	
9	支承锅筒的梁的水平度	长度的 1/1000 且不大于 3	
10	其他梁的标高	3	

5）本体焊接

① 焊接工艺参数的确定：

按照图纸明确各种管子接口焊接参数，管口与各集箱、锅筒、焊接形式和参数。

② 管子对口焊接操作技术要点：

A. 对口焊接前阅读相应焊接工艺指导书。

B. 点焊、电焊前预先调试好电流，然后检查对口符合要求后方框中施焊；点焊点数可焊两点，对称点焊，焊点两端应成缓坡形，以保证焊接质量。

C. 焊接：管子直径在 $DN159$ 以下（含 $DN159$）将采用全氩弧式焊接，以保证焊缝焊透。

D. 管子直径在 $DN159$ 以上我们将采用第一层亚弧焊接打底，以保证焊缝焊透，而后手工电弧焊盖面。

③ 锅筒集箱与管子焊接：焊接这种焊缝时，易产生未焊透，单边和咬边主要缺陷；可根据管壁厚薄来调节焊条角度，电弧要偏向于厚度大的一边。

④ 多层和多道焊时，应注意控制层间温度。

6）锅炉钢结构焊接

① 锅炉钢结构焊接工艺主要为锅炉钢架柱、梁及平台梯子的焊接，焊接接口形式主要有对接、角接、搭接等几种接斗形式，其材质均为 Q235-A，选择焊接规范为：

A. 焊条采用 E4303 酸性焊条，焊条直径有 $\phi2.5$、$\phi3.2$、$\phi4.0$。

B. 焊机采用交流焊机或直流焊机。

C. 焊接电流见表 6-20。

焊接电流表　　　　　　　　　　　　　　　　　　　表 6-20

焊条直径（mm）	2.5	3.2	4.0
焊接电流（A）	65～85	90～140	160～200

② 施焊时易采用氩弧焊，弧长 2～4mm。

（5）空气预热器安装

1）划线：按图纸设计要求，以钢架 1m 标高线为基准向上量取相应的数值，作为安装标高。以预热器四角柱中心线为基准分别划出各级预热器管箱安装定位线。

2）管箱吊装：各级管箱在吊装就位时要注意先后顺序，应尽量避免重复运输和二次搬运，要依次吊装就位，并找平找正，同时，注意管箱的上下方向不得装反。

3）管箱找正：管箱找正时要以两侧管壁为基准，均匀分布下管板制造误差，与所划定位线误差不大于 ±3mm。

4）膨胀密封件安装中据现场实际情况能预制的尽可能预制焊接中要严格把关，确保焊接质量。

5）烟道、接头连通罩施工中要注意先后顺序，吊装时从上至下，焊接时从里到外，不要漏焊。门孔密封要严密。

6）管式空预器安装结束后，与冷热风道同时进行风压试验，应无泄漏，在锅炉机组启动前，还应进行一次全面检查，管内不得有杂物、尘土。

7）整体安装完毕后与炉本体一同做漏风试验。

8）管式空气预热器安装允许偏差见表 6-21。

管式空气预热器安装允许偏差　　　　　　　　　表 6-21

序号	检查项目	允许偏差（mm）
1	支承框架上部水平度	3
2	支承框架标高	±10
3	管箱垂直度	5
4	管箱中心线与框架立柱中心线间的距离	±5
5	相邻管箱的中间管板标高	±5

9）空预器各部分的连接焊缝均要保证其强度和密封性。安完后由鼓风机打入带有白色粉末的空气进行检验。

10）安装时要严格按图纸施工，对于有些膨胀接头，图纸标的尺寸是冷拉后的长度，所以，在安装前应先冷拉 10mm。

11）所有上中下侧管箱，在同管箱的上下管板钻孔时一定要测准同钻，保证管子安装时管口准确无误。

12）斜连通箱、连通箱均为装配件，两件连接时，左右两边需填 3mm 厚扁钢（Q235-A.F）焊牢，保证周围的密封性。

13）上中管箱与托板间沿其周围垫 10mm 厚的石棉橡胶板。

14）防磨套管现场根据图纸尺寸定，装入各级空预器管子的上端。

15）烟道连通接头与型钢之间，型钢与钢板之间要焊接严密。

16）空预器安装完毕，其外表面要覆盖一层 80mm 的绝缘材料。

（6）省煤器安装

省煤器是锅利用锅炉尾部烟气热量加热锅炉给水的热交换设备，位于锅炉尾部垂直烟道中，由许多并列的蛇形管和进出口联箱组成。省煤器拼装及安装见图 6-14 和图 6-15。

图 6-14　省煤器蛇形管组装

图 6-15　省煤器安装及焊接

1）安装前的准备工作

根据图纸清点省煤器蛇形管，对缺陷超差者要做好标记，等待处理。组装前，应进行单片水压试验（视工程情况在锅炉厂或施工现场进行）。试验压力以图纸要求为准，做好试验记录。试验合格后用压缩空气吹净蛇形管内积水。

省煤器蛇形管组装前，必须进行通球试验，试验用球应采用钢球，且必须编号和严格管理（必须专人负责），不得将球遗留在管内；通球后应做好可靠的封闭措施，并作好记录；通球球径根据《电力建设施工及验收技术规范》（DJ 57—1979）受热面通球球径表来选择，通球试验检查管子的畅通和弯头处截面的变形情况，每排通球管子必须做好通球记录，并办理签证。

省煤器蛇形管组装前如需校正时，校管平台应牢固，其平整度不大于 5mm，放线尺寸偏差不大于 1mm；在校管平台上按图纸进行放样，对管排外形尺寸与图纸不符之处进行校正。

合金钢部件加热时，加热温度一般应控制在钢材临界温度 A_{c1} 以下。

把省煤器支撑结构按图纸尺寸安装好。

根据图纸把省煤器集箱固定好。

2）省煤器蛇形管的组装

在省煤器立柱 Z1 右-Z2 右柱之间顶梁左右方向伸一根电动葫芦用的工字钢并安装好 2t 电动葫芦。用汽车吊将下部省煤器管排吊至在立柱 Z1 右-Z2 右之间的地面上，再用 2t 电动葫芦将每组吊装就位（每组省煤器管排 0.25t），并用 2t 链条葫芦固定好省煤器管排，并进行焊接，每吊一组均按此方法进行固定，直至吊完所有管排为止。省煤器安装顺序为低温段-中温段-高温段从下往上进行施工。省煤器蛇形管采取单片吊装组焊。蛇形管排正式就位对接前，先将支撑梁、集箱找正固定，再沿宽度方向安装两排（两边各一排，若组件较宽，正中部还可装一排）蛇形管作为基准管。基准蛇形管安装中，应仔细检查蛇形管与集箱管头对接情况和集箱中心距蛇形管端部的偏差，待将基准蛇形管的尺寸、位置、平整度、垂直度等调整到符合图纸要求固定后，再与集箱对接。

以基准蛇形管排为依据，按编号顺序，将其余蛇形管依次一一就位。组合其他蛇形管的过程中应经常检查、测量与基准蛇形管的偏差，并及时调整。

由于蛇形管数量和种类较多，管头弯曲及长短尺寸不同，在组合中要防止弄乱、用错装错。

配合管排的组合，将管夹的下端与下部空心梁焊牢。为了使管夹的下端能与空心梁顺利焊接，组合蛇形管时，不能将管片的次序和搭配弄错，要尽量使管夹上端平齐，若管夹长短不一，应先保证上端平齐，管夹的下端垫以适当厚度的垫片（必须保证蛇形管与集箱管头对接，不得出现错口、折口现象）。

蛇形管全部焊接完成后，应对整个组件作一次外形尺寸复核，对管排的齐整，再进行一次调整，避免由于蛇形管的不整齐而影响烟气通道。

中温段、高温段省煤器管排安装同上。

省煤器组合安装时严格控制偏差及省煤器安装质量要求见表6-22。

省煤器安装质量要求

表 6-22

序号	检查项目	允许误差（mm）
1	省煤器组件宽度偏差	±5
2	省煤器组件对角线偏差	10

续表

序号	检查项目	允许误差（mm）
3	联箱中心距蛇形管弯头端部长度	±10
4	组件边管垂直度	±5
5	边缘管与炉墙间隙	符合图纸
6	集箱标高偏差 集箱纵横水平度偏差 集箱纵横中心线与炉中心线距离偏差	±5 ≤3 ±5
7	防磨装置	符合图纸、焊接牢固，平整不影响热膨胀
8	焊接	符合《电力建设施工及验收技术规范》 （DJ 57—1979）焊接篇

对装有防磨罩的蛇形管的安装。防磨罩应在蛇形管组合之前装好，并应正确地留出接头处的膨胀间隙。直段防磨罩焊接时一端焊接，另一端不焊接。弯头护板安装尺寸应严格按图纸要求焊接，以免造成烟气偏流。

3）省煤器管排焊接

焊接接头的形式应按照设计文件的规定选用，焊缝坡口应按照设计图纸加工。无规定时，焊接接头形式和焊缝坡口尺寸应按照能保证焊接质量、填充金属量少、减少焊接应力和变形、改善劳动条件、便于操作、适应无损探伤要求等原则选用。

焊件下料与坡口加工应符合下列要求：

① 焊件下料和坡口制备宜采用机械加工方法。

② 如采用热加工方法下料，切口部分应留有机械加工余量，以便去除淬硬层及过热金属。

③ 焊件经下料和坡口加工后应按下列要求进行检查，合格后方可组对。

A. 淬硬倾向较大的钢材，如经过热加工方法下料和坡口制备，加工后要经表面检验合格。

B. 坡口及边缘 20mm 内母材无裂纹、重皮、破损及毛刺等缺陷。

C. 管口端面应与设备中心线垂直。

④ 焊口组对

焊件在组对前应将坡口表面及附近母材（内外壁）的油、漆、垢、锈清理干净，直至发出金属光泽。清理范围如下：

A. 对接接头，坡口每侧为 10～15mm。

B. 角接接头，焊脚尺寸 K 值＋10mm。

⑤ 焊件组对时应做到内壁齐平。如有错口，其错口值应符合下列要求：

A. 对接单面焊的局部错口值不得超过壁厚的 10%，且不大于 1mm。

B. 对接双面焊的局部错口值不得超过焊件厚度的 10%，且不大于 3mm。

不同厚度焊件对口时，较厚的管壁削成 15°的斜坡，而且在对口部位厚度相同。

焊件组对的对口间隙与所用焊接方法相适应并符合焊接评定的规定。

严格执行焊接工艺指导书的规范及要求。严禁在被焊工件表面引燃电弧、试验电流或随意焊接临时支撑物。

（7）锅炉附件及表计安装

锅炉附件安装主要是按照本锅炉设备、仪表、阀门图纸安装一次阀门，压力表，测温计等。

对所安装的各类阀门预先清点数量，并对照图纸检查参数是否符合，检查质量合格证是否齐全，检查所用密封垫，螺栓是否符合要求，而后再进行安装（其水压试验与本体同时进行）。所用安全阀、压力表必须有相应检验部门出具的调整定压报告和校验书。

1）安全阀安装

① 蒸发量大于 0.5t/h 的锅炉，安装两个以上的安全阀（不包括省煤器的安全阀），并应使其中一个先动作，即安全阀的启动压力等于使用时的工作压力加 0.02MPa；另一个则加 0.04MPa 后动作。

② 安全阀应垂直地安装在锅筒、各有关部件集箱的最高位置。在安全阀与锅筒或集箱间严禁安装阀门和取用热源的引出管。

③ 安全阀总排气能力必须大于锅炉最大连续蒸发量，但不得使锅炉内的蒸汽压力超过设计压力的 1.1 倍。

④ 在安全阀上应安装排气管，并将管直通室外，并应有足够截面积保证排气的畅通。排气管底部应安装泄水管，接至安全地点。排气管与泄水管上均不得安装阀门。

⑤ 几个安全阀共用一根引出管时，短管的流通截面积应不小于全部安全阀截面积的 1.25 倍。

⑥ 安全阀经过校验后，应加锁或铅封。严禁在安装中加重物、移动重锤、将阀芯卡死等手段任意提高安全阀的开启压力或使其失效。

2）压力表安装

① 压力表的盘面直径应不小于 100mm，应安装在保证司炉工人能看清楚压力指示值的地方。并使其免受高温、振动和冰冻。

② 压力表盘刻度极限值应等于工作压力的 2 倍为妥。

③ 压力表必须安装存水弯管，存水弯用钢管时其内径不应小于 10mm，用铜管时其内径不应小于 6mm。压力表和存水弯管之间应装有旋塞，以便吹洗管路，卸换压力表。

④ 压力表安装前进行校验，然后铅封。并在盘面上划出红线标示工作压力。

3）排污装置安装

① 在锅筒及每组水冷壁下集箱的最低处，应装排污阀；在每组省煤器的最低处设放水阀。

② 蒸发量大于等于 1t/h 或工作压力大于等于 0.7MPa 的锅炉，排污管上应安装两个串联的排污阀。排污阀的公称直径为 20～65mm。卧式火管锅炉上排污阀不得小于 40mm。排污阀宜用闸阀。

③ 每台锅炉均应安装独立的排污管，要尽量少设弯头，接至排污膨胀箱或安全地点，保证排污畅通。

④ 几台锅炉的定期排污合用一个总排污管时，必须设有安全措施。

（8）水压试验

1）水压试验前的准备工作

① 试压前，应检查锅炉承压部件的安装是否全部安装完毕。

② 检查是否有堵塞或盲板不当之处，清理锅炉内部。

③ 上水升压、放水、放气系统是否全部装好，试压用压力表和阀门附件是否安装齐全，至少要有 2 支压力表，精度等级不低于 1.6 级，表盘量程为试验压力的 1.5～3 倍。

④ 装备好试压用水源，水质为干净的自来水，水温在 20℃以上。水压试验环境温度应 5；配备人员、分工检查，作好记录。

2）试验步骤

① 水压试验压力为额定工作压力的（$P+0.4$）即：$1.6+0.4=2.0$MPa。

② 加水速度不宜过快，当锅炉充满水后，最高点排放空气阀门不排气时，将放气阀门关闭。

③ 升压应缓慢，升压速度为 0.25MPa/分钟。当升至 0.3～0.4MPa 时，应进行一次全面检查，对人孔、手孔、法兰螺栓处的泄露，可拧紧螺栓；如有严重漏水，应立即停止水压试验，检修后再重新进行挤压。

④ 当压力升至工作压力时，停止升压，全面检查，如无异常现象升至试验压力，保压 20min 后，降至工作压力，进行检查，达到下列条件为合格。

⑤ 再试验压力下 20min 内压力不下降。

⑥ 受压元件金属壁和焊缝上无水珠和水雾。

⑦ 水压试验合格后，应办理水压试验会签记录；锅炉内的水设专人放水将系统内的水全部排出。

3）注意事项

① 在试压过程中，应停止在现场内与试验无关的一切工作。

② 放水时，要打开顶部阀门进气，排水时速度不宜过快（0.25MPa/min），保证系统内的水全部排空。

③ 水压试验时，压力超过 0.4MPa 以后，不准再进行拧紧螺栓和补漏工作。

④ 焊缝的补焊，不许带水作业，补焊应焊透，不得堆焊；关键部位的焊缝泄露严重时应铲除原有焊缝，重新焊接。

（9）漏风试验、烘炉、煮炉、严密性试验和试运行

1）漏风试验

漏风试验应具备下列条件：

引风机、送风机经单机调试试运转应符合下列要求：

① 烟道、风道及其附属设备的连接处和炉膛等处的人孔、洞、门等，应封闭严密。

② 再循环风机应与烟道接通，其进出口风门开关应灵活，开闭指示应正确。

③ 喷嘴、风门操作应灵活，开闭指示应，正确。

④ 锅炉本体的炉墙、灰渣井的密封应严密，炉膛风压表应调校并符合要求。

⑤ 空气预热器、冷风道、烟风道等内部应清理干净、无异物，其人孔、试验孔应封闭严密。

冷热风系统的漏风试验，应符合下列要求：

① 启动送风机，应使该系统维持 30～40mm 水柱的正压，并应在送风入口撒入白粉或烟雾剂。

② 检查系统的各缝隙、接头等处，应无白粉或烟雾泄漏。

注：冷热风系统由送风机、吸送风设备、空气预热器、风管等组成。

炉膛及各尾部受热面烟道、除尘器至引风机入口漏风试验，应符合下列要求：

① 启动引风机，微开引风机调节挡板，应使系统维持 30～40mm 水柱的负压，并应用蜡烛火焰、烟气靠近各接缝处进行检查。

② 接缝处的蜡烛火焰、烟气不应被吸偏摆。

③ 漏风试验发现的漏风缺陷，应在漏风处做好标记，并应作好记录；漏风 缺陷应按下列方法处理：

A. 焊缝处漏风时，用磨光机或扁铲除去缺陷后，应重新补焊。

B. 法兰处漏风时，松开螺栓填塞耐火纤维毡后，应重新紧固。

C. 炉门、孔处漏风时，应将拼接处修磨平整，并应在密封槽内装好密封材料；4 炉墙漏风时，应将漏风部分拆除后重新砌筑，并应按设计规定控制砖缝，应用耐火灰浆将砖缝填实，并用耐火纤维填料将膨胀缝填塞紧密。

D. 钢结构处漏风时，应用耐火纤维毡等耐火密封料填塞严密。

2）烘炉

烘炉前，应制订烘炉方案，烘炉应具备下列条件：

① 锅炉及其水处理、汽水、排污、输煤、除渣、送风、除尘、照明、循 环冷却水等系统均应经试运转，且符合随机技术文件规定。

② 炉体砌筑和绝热层施工后，其炉体漏风试验应符合要求。

③ 安设的烘炉所需用的热工和电气仪表均应调试，且应符合要求。

④ 锅炉给水应符合国家标准《工业锅炉水质》（GB/T 1576—2018）的有关规定。

⑤ 锅筒和集箱上的膨胀指示器，在冷状态下应调整到零位。

⑥ 炉墙上应设置测温点或灰浆取样点。

⑦ 应具有烘炉升温曲线图。

⑧ 设备、风道、烟道、灰道、阀门及挡板应标明介质流动方向、开启方向和开度指示。

⑨ 炉内、外及各通道应全部清理完毕。

⑩ 耐火浇注料的养护，应符合国家标准《工业炉砌筑工程施工与验收规范》（GB 50211—2014）的有关规定，砌体应自然干燥。

⑪ 烘炉可采用火焰或蒸汽。有水冷壁的各种类型的锅炉宜采用蒸汽烘炉链条炉排烘炉的燃料，不应有铁钉等金属杂物。

⑫ 火焰烘炉应符合下列规定：

A. 火焰应集中在炉膛中央，烘炉初期宜采用文火烘焙，初期以后的火势应均匀，并应逐日缓慢加大。

B. 炉排在烘炉过程中应定期转动。

C. 烘炉烟气温升应在热器后或相应位置进行测定；其温升应符合下列要求：

a. 重型炉墙第一天温升不宜大于 50℃，以后温升不宜大于 20℃/d，后期烟温不应大于 220℃。

b. 砖砌轻型炉墙温升不应大于 80℃/d，后期烟温不应大于 160℃。

c. 耐火浇注料炉墙温升不应大于 10℃/h，后期烟温不应大于 160℃，在最高温度范围内的持续时间不应少于 24h。

d. 当炉墙特别潮湿时，应适当减慢温升速度，并应延长烘炉时间。

e. 全耐火陶瓷纤维保温的轻型炉墙，可不进行烘炉，但其粘结剂采用热硬性粘接料时，锅炉投入运行前应按其规定进行加热。

⑬ 锅炉经烘炉后，应符合下列规定：

A. 当采用炉墙灰浆试样法时，应在燃烧室两侧墙的中部炉排上方 1.5～2m 处，或燃烧器上方 1～1.5m 处和过热器两侧墙的中部，取黏土砖、外墙砖的丁字的交叉缝处的灰浆样品各 50g 测定，其含水率应小于 2.5%。

B. 当采用测温法时，在燃烧室两侧墙的中部炉排上方 1.5～2m 处，或燃烧器上方 1～1.5m 处，测定外墙砖墙外表面向内 100mm 处的温度，其温度应达到 50℃，并维持 48h；或测定过热器两侧墙黏土砖与绝热层接合处的温度，其温度应达到 100℃，并维持 48h。

3）煮炉及试运行

煮炉主要目的是清除锅炉内部的杂质和油垢，煮炉时锅炉内需加入适当的药品，使炉水成为碱性炉水，以去掉油垢等杂物。

① 煮炉可采用碳酸钠（Na_2CO_3）或含水磷酸三钠（$Na_3PO_4 \cdot 12H_2O$）等药品，其用量以锅炉水容积 $1m^3$ 时，前者为 6kg，后者为 3kg。

② 煮炉所用上述药物应配制成浓度为 20% 的均匀溶液，不得将固体药品直接加入锅炉。

③ 关闭全部人孔与手孔，主出水阀门。把配好的药物溶液通过加药管路送入锅炉，开启一只安全阀让锅筒内空气有向外排出的通道。

④ 将已处理的水注入锅炉内，进水温度一般不高于 40℃，让锅内充满水，待到安全阀排出水时关闭安全阀，过 10min 后再开启安全阀一次，排出锅内可能积存的空气，并检查锅炉的人孔、手孔盖、法兰接合面及排污阀等是否有漏水现象，如有漏水应拧紧螺栓。

⑤ 加药时，炉水应在低水位。煮炉时，药液不得进入过热器内。

⑥ 煮炉时间宜为 48～72h。煮炉的最后 24h 宜使压力保持在额定工作压力的 75%；当在较低压力下煮炉时，应适当地延长煮炉时间。煮炉至取样炉水的水质变清澈时应停止煮炉。

⑦ 煮炉期间，应定期从锅筒和水冷壁下集箱取水样，进行水质分析，当炉水碱度低于 45mol/L 时，应补充加药。

⑧ 煮炉结束后，应交替进行上水和排污，并应在水质达到运行标准后停炉排水，冲洗锅筒内部和曾与药液接触过的阀门、清除锅筒和集箱内的沉积物，排污阀应无堵塞现象。

⑨ 锅炉经煮炉后，应符合下列要求：

A. 锅筒和集箱内壁应无油垢。

B. 擦去锅筒和集箱内壁的附着物后金属表面应无锈斑。

4）严密性试验机整机运行

锅炉升压至 0.3～0.4MPa，对锅炉本体内的法兰、人孔、手孔和其他连接螺栓进行一次热态下的紧固，锅炉压力升至额定工作压力时，对各人孔、手孔、阀门、法兰和填料等处 无泄漏现象，锅筒、集箱、管路和支架等的热膨胀确保无异常。锅炉的点火程序控制、炉膛熄火报警和保护装置应灵敏安全阀经最终调整后，带负荷正常连续试运行48h。根据工期计划和热网热运行的要求，整机试验应进行120h。

6.3.2 水平定向钻施工技术

1. 技术概况

（1）基本概况

由于2号管网施工顶管处施工作业面小，无法开挖作业坑。因此顶管施工改为定向转施工。

辽中区2号热源厂集中供热工程热力管网工程，敷设距离长，穿越城镇、农田、水渠、省级城市干道，施工过程中总计需要有9处定向钻施工，其中，8处穿越城市公路，1处穿越乌伯牛水渠。定向钻工程概况见表6-23。

定向钻工程概况　　　　　　　　　　　　　　表6-23

管线段	定向钻位置	定向钻长度（m）	管道管径	深度（管顶距离地面/河底）
热源厂出口0点—茨榆坨镇F点	茨榆大街	70	DN400	5m
热源厂出口0点—工业园区南线	迎宾路	80	DN400	5m
工业园区北线—滨河新城热网	沈西大道	90	DN800	5m
	潘乌线	58	DN800	5m
茨榆坨北线	小小线	60	DN400	5m
茨榆坨南线	沈辽路	96	DN300	5m
	小小线	60	DN300	5m
工业园区北线—滨水新城热网	乌伯牛水渠	300	DN800	5m
惠涌段干线与北五路交汇处-商业街-老城区东线	106省道	60	DN800	5m

注：1. 现场定向钻施工由于业主并未提供准确的地下障碍物情况及定向钻处的地勘报告，参考厂内的地质条件进行施工方案编制。

2. 地下障碍物情况由施工单位到现场附近查找施工地附近的井室标识及询问当地各政府部分。

3. 地下障碍物主要内容有：地下各类管线，电力电缆及通信电缆，军用与民用光纤。

管道敷设路径图见图6-16。

（2）定向钻技术概况

根据辽中当地的土质情况、业主提供的工期要求及施工场地实际情况。施工拟采用水平定向钻施工。

水平定向钻技术是在不开挖地表面的条件下，使用水平定向钻设备、通过定位仪器导向，从地表定向钻孔、扩孔和拉管，在不同的深度和地层铺设地下管线的施工方法。它广泛应用于供水、热力、电力、天然气、石油等管线铺设施工中，它适用于沙土、黏土、卵石等地况，我国大部分非硬岩地区都可施工。它具有施工作业面小、施工速度快、施工精度高、成本低等优点。

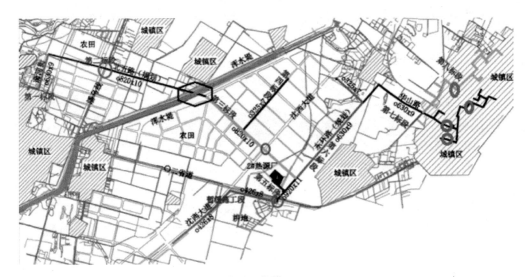

图 6-16　管道敷设路径图

（注：六角形为乌伯牛水渠，椭圆为跨路定向钻施工部位。）

使用水平定向钻机进行管线穿越施工，一般分为两个阶段：第一阶段是按照设计曲线准确钻一个导向孔，利用比钻杆外径略大的箭咀式小钻头打导向孔，钻杆从地面钻入，地面仪器接收由地下钻头内传送器发出的消息，控制钻头的方向和深度，钻成准确的定位导向孔。第二阶段是将导向孔进行扩孔，回扩时搅碎孔内原状土，要将孔内土搅拌形成塑性泥浆，在清孔时借助于机具的挤压，在孔壁上形成光滑的一层护壁泥皮，用以平衡孔道内的压力，最终形成稳定光滑的安管通道。进行回扩时并将产品管线沿着扩大了的导向孔回拖到导向孔中，完成管线穿越工作。

2. 工艺流程及施工方法

（1）施工流程

整体施工流程如图 6-17 所示。

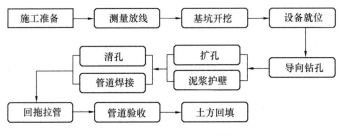

图 6-17　整体施工流程图

定向钻施工流程如图 6-18 所示。

（2）既有管线探测

1）既有地下管线探测，宜遵循下列程序：搜集资料→现场踏勘→实地调查→地下管线图绘制→报告书编写→成果验收。

2）既有地下管线探测的范围应不小于穿越路由两侧 5m，并查明既有地下管线的性质、类型及所在的地下空间位置。

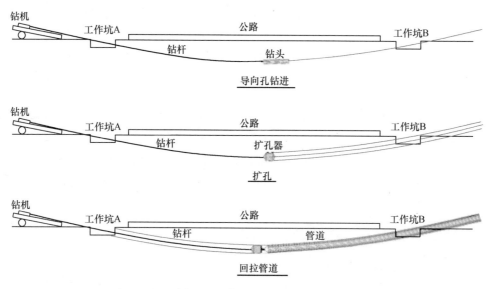

图 6-18　定向钻施工流程图

3）既有地下管线探测后，应通过地面标志物、检查井、闸门井、手口井等进行复核。轨迹预设步骤：

① 根据现场踏勘，查实原有已铺设管线的管径、走向、深度后，设计此次穿越轨迹。

② 调整钻机角度入钻，基本入钻角度在百分比 24%（度数 13.5°），此数据是根据 1% 斜度传感器，根据此角度进行深度提前预测进行控向。

③ 钻机配套钻杆规格为 $\phi89mm\times6m$，每根钻杆弯曲度调整量为 7%。

④ 向工作准备完成后在起始终点挖掘工作坑，以便变换扩孔钻具和拆卸导向钻头。

（3）测量放线

1）由现场工程技术人员组织放线小组，根据穿越管线中心线和出土点施工场地条件确定预制管道中心线，测定施工作业带占地边线，设置控制桩，并将中心桩移至边线上，撒灰于管中心线和边线。当管道沿线与地下构筑物或其他既有管线交叉时，应在交叉范围做明显标志。

2）测量放线完成后填写测量放线记录表。

3）采用挖掘机随地形将作业带内的树木、沟坎、坡坎等扫平，以保证施工作业机械能正常行走。

4）修整作业带时尽可能少地破坏地表、地貌，保护现场环境。

5）测量结束后，完成"三通一平"工作即把钻机定位好，准备下钻。

（4）设备进场、组装调试

1）定向钻机设备安装应符合下列条件：

① 设备应安装在生产管中心线延伸的起始位置，钻机距工作坑距离大约 18m。

② 调整机架方位应符合设计钻孔轴线。

③ 按设计入土角调整机架倾斜角度。

④ 钻机定位后，应用锚杆锚固，锚杆从钻机前端固定板圆孔处插入。土层坚硬且干燥可适用直锚杆；土层松散可采用混凝土基础锚杆锚固定位。

2）导向系统配置应根据机型、穿越障碍物类型、探测深度及现场测量条件等选用，使用前应符合以下要求：

① 操作人员应熟悉仪器性能、适用范围、操作方法。

② 导向仪应定期进行计量鉴定。施工前尚应进行现场校准，合格后方能使用。

（5）钻导向孔

导向孔的施工主要依据设计轨迹，采用导向钻头内的探头盒发射一定频率的电磁波传到地表。地面导向仪收到信号，使用它可以随时测出钻头地下位置、深度、顶角、钻具面向角等基本参数。导向仪是导向钻进的眼睛，它能使操作人员能够及时、精确地掌握钻进情况，随时调整钻进参数，确保钻机按预定的轨迹完成导向孔，从而达到准确铺管的目的。

1）导向孔施工步骤：

① 探头装入探头盒。

② 导向钻头连接钻杆。

③ 转动钻杆测试探头发射是否正常。

④ 回转钻进 2m 左右。

⑤ 开始按照造斜轨迹进行钻进。

⑥ 完成直孔段钻进。

⑦ 按照造斜轨迹进行上漂钻进。

⑧ 导向孔完成。

2）造斜段钻进：

造斜钻进，就是充分利用导向钻头的造斜原理，使钻孔实际轨迹尽可能接近钻孔设计轨迹。实际中不可避免地会发生偏离设计轨迹情况，一般采用以深度控制为主，顶角控制为辅的方法纠正钻孔偏差。

造斜的目的是使钻机达到造斜终点时其坡度和倾斜度均符合设计钻孔轨迹的要求。

3）本工程导向孔施工应注意事项：

① 确定入土点与出土点的位置和深度。

② 做好测量放线工作。

按照设计要求，做好拟定穿越管线的测量放线工作，放线时要做好放线基准点的确认工作，并使钻机、入土点、出土点在同一直线上。

③ 掌握穿越段地层特性

导向孔施工前，应对穿越的地层进行了解，以掌握其工程地质特性，保证钻孔施工时技术参数的合理性。

④ 导向孔施工时，要保证导航员与钻机操作人员的协调一致。

⑤ 导向孔钻进时，要随时掌握导向孔实际轨迹线，以使导向孔轨迹与设计轨迹之间偏差在设计要求的范围内，发现偏差超标要及时纠正。

⑥ 合理使用泥浆作冲洗液，确保钻孔成型及钻具的安全。

⑦ 选用优质的碱性电池，以保证导向仪有足够的工作时间，确保导向孔施工时一次性完成。

此次导向曲率半径≥1500D，供水与回水管距按照设计要求。导向控制应在过渡段进行深度调整和角度变化调整，在有效水平段进行角度和偏差控制及修正，每米的角度变化不应超过 0.12°。水平定向钻先导孔轨迹参数见表 6-24。

水平定向钻先导孔轨迹参数　　　　　　　　　　　　　　表 6-24

管材类型	入土角 (°)	出土角 (°)	曲率半径		
			$D_i < 400mm$	$400mm \leqslant D_i < 800mm$	$D_i \geqslant 800mm$
塑料管	8～30	4～20	不应小于 1200 倍钻杆外径	不应小于 $250D_i$	不应小于 $300D_i$
钢管	8～18	4～12	宜大于 $1500D_i$ 且不应小于 $1200D_i$		

各工况下最小覆盖层厚度见表 6-25。

各工况下最小覆盖层厚度　　　　　　　　　　　　　　表 6-25

项目	最小覆土厚度
城市道路	与路面垂直净距大于 1.5m
公路	与路面垂直净距大于 1.8m；路基坡角地面以下大于 1.2m
高等级公路	与路面垂直净距大于 2.5m；路基坡角地面以下大于 1.5m
铁路	路基坡角地表下 5m；路堑地形轨定下 3m；零点断面轨顶下 6m
地面建筑	根据基础结构类型，经计算后确定

（6）扩孔

1）施工步骤

① 卸下导向钻头，换上反扩钻头及分动器。

② 分动器后连接钻杆。

③ 扩孔。

④ 反扩钻头到达钻头工作坑后卸下反扩钻头及分动器，将前后钻杆连接起来。

⑤ 按照扩孔级次重复施工步骤，直至最终孔径。

2）扩孔顺序按级别进行逐级扩孔，最后一级达到所拖管径的 1.3 倍，以保证供暖管线顺利回拖。

管道扩孔尺寸见表 6-26。

管道扩孔尺寸表　　　　　　　　　　　　　　表 6-26

管道外径 D_i（mm）	最终扩孔直径（mm）
<200	$D_i + 100$
200～600	$D_i (1.2～1.5)$
>600	$D_i + (300～400)$

3）扩孔过程中，操作人员必须掌握孔内钻具的动态状况，认真观察仪表所反映的回转力参数值，对扩孔中出现的异常情况一定要分析其原因，以免碰到地下管线或不明障碍物，在未查明原因之前，不得强行施工。

4）为保证扩孔顺利进行，在扩孔过程中采用大水泵量，快打慢拉，使钻头与扩孔时破碎的土块充分搅拌，形成泥浆流出孔外。

5）扩孔要按级次进行，从小到大，不得跨径扩孔。

6）选择专用膨润土合理调制泥浆，根据施工实际情况，随时调整泥浆稠度，保证扩孔顺利进行。

7）保证孔内顺畅，利于拖管。

（7）管线回拖

回拖应在所有扩孔程序实施完后，确保成孔条件完好，钻机稳定完好，引管沟深度、长度、角度适应所拖钢管防护措施，摆放得当具备所有条件，方能进行拖管。

1）最后一径反扩钻头到达取钻头工作坑后，使分动器与反扩钻头脱离，卸下反扩钻头，将钻杆连接起来。

2）将待拖管沿中心线置于滚动支架上，以便保护管道防腐层不被刮坏并减小拉管摩擦力，有利于拉管。

3）将拖管头前与钻杆后与待拖管连接，随钻杆的回拖管道慢慢进入孔内。本工程采取二接一焊接完成，一次回拉拖管一半时再次焊接、探伤、防腐。其时间为 4～6h，其间为了保护孔壁需要连续孔内注浆，以保证二次拖管顺利注意两端工作坑泥浆的流动情况，控制好回拖速度，记录下钻机的扭矩，回拖速度，回拖拉力，确保顺利回拖。

4）卸下拖管头。

扩孔钻具见图 6-19。

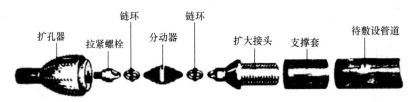

图 6-19　扩孔钻具组合示意图

（8）泥浆配制

1）根据现场土质情况，保护所拖管线不受损坏，使用淡化合物加膨润土配制泥浆，不增添化学性强的添加剂，泥浆的调整值在 pH8～pH10 范围之内。

2）使用泥浆的作用是保护孔壁、悬浮携带钻屑、稳固孔内结构、润滑冷却钻具、使流动性增强以免发生塌孔产生内锁。

6.3.3　烟囱施工技术

1. 技术概况

烟囱筒身施工，是利用金属竖井架，提升式工作台，提升式和交替移置式模板等施工设备来完成。

竖井架由 1200×1200 单孔井架组成，采用∠75×8 等边角钢做立杆。立杆连接用的杆件采用∠75×8 等边角钢，用螺栓连接固定。井架底座坐落在基础混凝土底板上。

操作平台由内、外承重钢圈、辐射钢梁连接支撑，再安方木、铺木板、栏杆、安全挡板、安全网及内外吊架。然后用链式起重机将操作平台挂设在竖井架上。

外模板采用提升钢模板，内模采用移置式定型模板，并配以一定数量的梯形或三角形异型模板。内模准备两套，与提升式外模配合施工。整体操作平台采用移挂手压式起重机进行提升。

2. 工艺流程及施工方法

(1) 工艺流程

平整场地→测量定位→挖土→垫层→基础→回填→井架，操作平台组装→筒身施工→内衬施工→避雷→信号平台及爬梯→基础内施工→散水→技术竣工。

(2) 烟囱筒身采用有井架提升式模板的施工方法

筒身钢筋混凝土的施工，是利用金属竖井架，提升式工作台，提升式和交替移置式模板等施工设备来完成。提升式模板的施工程序与方法如下：

1) 竖井架及操作平台组装

烟囱垂直运输采用单孔内井架。材料、钢筋、混凝土等由罐笼运送。

2) 竖井架的安装

① 竖井架由 1200×1200 单孔井架组成，采用∠75×8 等边角钢做立杆。立杆连接用的杆件采用∠63×6 等边角钢，用螺栓连接固定。井架底座坐落在基础混凝土底板上。混凝土底板上预埋件固定井架底座及滑轮等。

② 竖井架首次安装高度可为 15m 左右。以便于安装链式起重机，悬挂操作平台、吊架、罐笼及其他垂直运输设施。当筒身施工时，为使竖井架保持稳定每隔 10m 在筒壁内衬的环形悬壁处，用刚性连接将竖井架与混凝土筒壁相拉连。

③ 为便于烟囱筒壁施工，加快施工速度，减少交叉作业，接高竖井架的工作应在施工间隙集中力量分次进行，可分 3～4 次接至施工所需要的标高。

④ 竖井架每接高一次，应用经纬仪对竖井架的两个方向作一次垂直找正。使偏差控制在筒身允许偏差的范围内。使井架、操作平台与筒壁之间的距离基本相等。同时，对竖井架应经常加强检查，当发现垂直偏差增大，应随时进行调整。

⑤ 井架耸立在高空，为避免雷击，应在下部埋设临时接地装置，可以利用烟囱永久地极。

⑥ 井架安装同时，附属滑道管、施工爬梯、上和下滑轮、料斗罐笼、上料拔杆等均随之安装，以满足施工要求。

3) 操作平台的安装

① 操作平台正式安装前应进行一次预安装，检查其各部件数量、质量和装配情况，然后将各部件分类依次编号，以备安装。

② 操作平台安装顺序应按其编号依次进行，先安内、外承重钢圈、辐射钢梁、内钢圈选用 [12，外钢圈选用 [12，辐射梁选用 [12，连接支撑，再安方木、铺木板、栏杆、安全挡板、安全网及内外吊架。然后用链式起重机将操作平台挂设在竖井架上。

③ 链式起重机与竖井架夹角一般为 $30° \sim 40°$。

4) 手压式起重机荷载计算（手扳葫芦）

烟囱施工时保证操作平台正常起降的手压式起重机数量，由下列荷载组合后进行计算。

计算荷载包括：

① 模板系统，操作平台系统自重为：74kN。

② 施工荷载：29kN。

③ 风荷载：46.6kN（设计风荷载：0.60kN/m²）。

代入式中：①＋②＋③

$$74kN＋29kN＋46.6kN＝149.6（kN）$$

④ 垂直运输设备提升时的额定附加荷载；取平台上重量之和的 1.3 倍数（动荷载）

荷载组合：149.6kN×1.3＝194.48（kN）

因此手压式起重机的数量按下式确定：

$$n＝N/P$$

式中：N——总组合荷载 194.48（kN）；

　　　P——单个手压式起重机的计算承载力 30（kN）（按额定承载力的 2/5 计算）；

　　　n——手压式起重机的数量。

代入公式：$n＝194.48/12≈16.2$（台）

按辐射梁设计 10 组，选用 HSS-3 型手压式起重机数量为 16 台。

5）筒身模板的安装

外模板采用提升模板，内模采用移置式模板，本方案采用一套外模与两套内模相配合施工。

6）提升式外模板的安装

提升式外模板安装前，先将外模板分型编号，然后按安装系统图要求进行安装，以保证筒壁设计坡度。

① 外模板安装时，首先安设外模板的吊钩。开始阶段，因外模距操作平台外钢圈非常近，可将吊钩安装在外模板的内侧。待施工几节后，即可将吊钩安装在外模板的外侧，以便操作。

② 吊钩安装在连接支撑上，每根连接支撑安装一套。每套吊钩有三个部分，水平调径丝杆，两端分别穿设于两个吊杆上，吊杆挂设于连接支撑上。

③ 两吊杆的上端各装有一个滑轮，可在连接支撑上前后滚动。其中一个吊杆装有制动螺丝，可与连接支撑固定；另一个吊杆下部设有挂钩，用来悬挂外模板。当转动调径丝杆时，即可使外模板沿烟囱直径方向作径向移动。为使调径丝杆灵活，应涂上润滑油。

④ 按要求将外模板全部挂于挂钩之上后，除末端模板外，其他相邻模板均用螺丝连接。由于烟囱有一定的收分。因此，随筒身增高，烟囱直径亦逐渐缩小，外模板的周长也相应缩小。因此，需不断地调整模板，达到收分要求。

⑤ 外模板二次组装时应对竖向缝隙与下接错开 1/2，看齐且美观。

⑥ 本方案采用铅锤测中法。操作时在井架中心测定模板半径的标高位置上，安装一个吊中心线的专用工具——中线架。吊线下挂 50kg 铅锤，用以校核中心点位置。

⑦ 当烟囱中心测定后，便进行外模半径测定和紧固工作。半径测定需每提升一次外模，便进行一次测定。测定前需选准备一根优质松木制作的标尺，断面可用 40mm×40mm，长度为烟囱筒壁的最大半径，将相应各标高的烟囱半径数据精确地刻划在标尺上，每测定一次外模半径，即对标尺相应数据进行一次校核，并将其多余长度锯掉。操作时，标尺内端应对准中心，再调节外模的调径丝杆，使之径向移动。当其内表面而与标尺外端接触时，即为设计半径，如此逐块测定，直至完毕。

⑧ 在外模半径测定的同时，应将相邻模板之间的连接螺丝逐个拧紧。当半径测定完

毕后，即将末端模板处的螺杆均匀地予以紧固，使全圆周上的外模板紧固成为一整体，再将末端模板处左右相邻模板上的螺杆紧固。

⑨ 为使新浇混凝土筒壁符合设计要求的外形，并避免浇筑混凝土时模板底部产生漏浆现象。在外模板的外侧还需箍以七道 $\phi 9 \sim 11$ 钢丝绳。用链式起重机予以紧固，最下一道钢丝绳应位于模板与筒壁混凝土搭接处根部，且钢丝绳与每块模板之间加入木楔。木楔的楔紧固程度应掌握适当，注意不要施力过大，以免压坏混凝土或使模板变形。若加入木楔后模板下部边缘与混凝土之间仍有缝隙，予以堵严。同时，可将末端模板与左右相邻模板上的螺杆再作一次紧固。

⑩ 外模紧固完毕后，再复查一次外模半径。

⑪ 模板组装完将外模板收分缝隙处应用胶带粘贴，防止漏浆。

7）移置式内模板的安装

① 内模采用交替移置式定型模板，并配以一定数量的梯形或三角形异型模板。内模准备两套，与提升式外模配合施工。

② 第一节内模安装可与钢筋绑扎交叉进行。一般在筒壁钢筋绑完 1/2 时，便可以在绑扎完钢筋区段内安装内模板。

③ 第一节内模安装在基础表面上，为了保证模板上口水平，并便于拆模及防止浇筑混凝土时混凝土砂浆从模板底部流出，因此在安装内模前，可沿基础圆周混凝土面上设置一圈垫板，垫板用 50mm 厚木板按设计半径分段做成弧形。拆除时先将木板拆除，则内模便可拆掉。

④ 内模板安装在已固定好的木垫板上，第一块内模板安装好后，即可分别向左右两侧依次安装。梯形、三角形模板安装，应根据需要在圆周上均匀配置。

⑤ 安装时模板之连接部分应相互重叠，其上端的连接板也要互相连接。在组装模板时，上端每块模板配置一根木方支撑，模板下端每隔一块模板配置一根木方支撑。支撑一端将模板顶紧，并以螺丝与模板固定；另一端与竖井架固定。待全部安装好后，用 $\phi 16$ 圆钢嵌置于内模板外侧的四列扁钢凹槽内予以紧固。

⑥ 在每列凹槽内配置两根钢筋，长度一般为 5m，其接头部位应接触严密，且每个凹槽内的上、下两根钢筋接头应错开。

⑦ 烟囱筒身底部壁厚，半径大，模板所承受混凝土侧压力亦较大，为防止胀模，保持筒壁外形，在每层内模板里侧应增加两道横向木方与支撑木方形成交叉连接，加强对支撑木方的加固。

⑧ 为使内外模板之间距离符合设计要求，可用小截面短方木或用 $\phi 25$ 钢筋支设于内模板的上口，每块模板支设一根，其长度等于该部位烟囱筒壁壁厚，当混凝土浇至内模上缘时，取出。

⑨ 第二节内模安装可与第二节钢筋绑扎交叉进行。

⑩ 内模组合安装后，用圆钢紧固。由于烟囱直径逐渐缩小，内模板周边长度也随之缩小。紧固圆钢长度也要相应收缩，多余之长度可用钢锯随时切割掉。安装内模板时的木方支撑和保持筒壁设计厚度的支设同第一节模板安装。

（3）筒身钢筋工程

1）烟囱筒壁为双层配筋，环向钢筋应配在纵向钢筋的外侧，内外两层钢筋之间设拉接筋，环向钢筋的混凝土保护层厚度为 30mm。

2）竖向钢筋的接头 Φ25 以上采用对接焊，以下采用绑扎搭接，搭接长度为 $50d$。环向钢筋全部采用搭接绑扎，接头相互错开，同一位置处接头相隔三排钢筋，相邻接头间距不小于 1000mm。

3）内外侧竖向钢筋用 $\phi8$ 拉筋拉结，采用梅花形布置。

4）第一节钢筋的绑扎工作在外模半径调整后进行。钢筋由上料拔杆从地面吊运至操作平台上。

5）在筒壁钢筋的绑扎中保护层控制是一大关键。为了控制钢筋保护层，通常采用标准筋。标准筋为一整圈长钢筋，按其相应标高的理论计算长度下料，并固定于筒壁应绑扎钢筋节次之上部。作为该节水平环筋绑扎周长的依据，又可对垂直竖筋起固定作用。

6）当操作平台提升一定高度时，标准环筋应收缩调整成相应标高处的理论周长。固定在相应标高位置上。如此循环，直至筒壁到顶。

7）烟囱筒身的钢筋配置比较简单，由垂直竖筋和水平环筋组成，其绑扎顺序一般是先竖筋后环筋。竖筋与基础或下节筒壁伸出钢筋相接，其焊接接头在同一水平截面上一般为筒壁全圆周钢筋总数的 25%。因此，设计常常将其分为四组配置。每根竖筋长度常按筒壁施工节次高度的倍数计算，一般可取 5m 加钢筋接头搭接长度。

8）竖筋绑扎完后即可绑扎环筋。一般 Φ18 以上钢筋先按设计要求加工成弧形，Φ16 以下的钢筋则在绑扎时随时弯曲即可。在同一竖直截面上环筋的绑扎接头数一般亦不超过其总数的 25%。因此环筋的配制与绑扎应符合上述要求。

9）第二节钢筋的绑扎可在第一节混凝土浇筑完即可进行，此时混凝土尚未初凝。在焊接上部垂直竖筋时，为避免扰动下部混凝土，可先在其下部绑扎两圈环形水平钢筋。

10）筒壁施工中随着高度的增加，其直径和周长逐渐减少，故垂直竖筋的根数也应在筒壁全圆周上均匀减少。

11）为防止伸出操作平台上部垂直钢筋因操作或风力而扰动下部混凝土，通常在操作平台上部适当高度临时绑扎一圈环形水平筋，且每隔一定距离用直钢筋与竖井架相连，以增加稳定性。

12）在钢筋绑扎同时，随即绑好保护层垫块，待钢筋和垫块全部绑完后，需对保护层作一次检查调整，以符合设计要求及施工规范要求。

13）根据设计要求，避雷针下筒壁内的钢筋全部接头均为焊接，下端与基础环壁外表面的预埋件锚筋焊接。

烟囱顶部的环形避雷带与避雷针之间应焊接。钢梯上部与环形避雷带之间用 Φ12 钢筋焊接，钢梯下端与预埋件 M-6 之间用 Φ12 钢筋焊接。M-6 的锚筋与作为避雷引下线的纵向钢筋焊接。钢平台与钢爬梯之间用 Φ12 钢筋焊接。所有焊接的搭接焊缝长度均不得小于 100，$h_f=6$。防雷装置安装完毕后，需进行接地电阻实测，其实测值不得大于 10Ω。防雷装置的全部材料及零部件均应热镀锌，外露的焊接点均刷氧化乙烯防腐涂料两道。

（4）筒身混凝土的浇筑和养护

1）筒身混凝土浇筑前必须检查核对预埋铁件、沉降观测标、倾斜观测标、测温孔、取样孔、电气预留孔洞的标高及位置是否正确，确认后准予浇筑混凝土。

2）浇筑第一节混凝土时，应先用清水冲洗，湿润基层。并以与混凝土灰砂比相同的水泥砂浆接槎。混凝土浇筑时可分两组进行。即从一点开始沿圆周向相反方向进行汇合一点，然后再从汇合点开始反向进行，如此反复。浇筑时要求下料均匀，分层进行。

3）浇筑振捣每层厚度一般控制在250～300mm。保护筒壁模板内混凝土循序增高，防止模板变形。捣固时可采取人工捣固与机械捣固相结合的方法。振捣时要快插慢拔，快插是为了防止先将表面混凝土振实而与下面混凝土发生分层、离析现象。慢拔是为了使混凝土能填满振捣棒抽出时所造成的空洞。

4）在振捣过程中，宜将振捣棒上下略为抽动，以使上下振捣均匀。混凝土分层浇灌时，每层混凝土厚度不超过振动棒长的1.25倍；在振捣上一层时，应插入下层5～10cm，以消除两层之间的接缝。再振捣上层混凝土时，要在下层混凝土初凝之前进行。

5）每插一点要掌握好振捣时间，过短不易振实，过长可能引起混凝土产生离析现象，一般每点振捣时间为20～30s，以混凝土表面成水平且不再显著下沉，不再出现气泡，表面泛出灰浆为准。更不要接触模板与钢筋。浇筑后的混凝土应比模板上沿稍低，以减轻上一节混凝土接槎时的漏浆现象。

6）振动棒插点要均匀排列，每次移动位置的距离应不小于振动棒作用半径的1.5倍。一般振动棒的作用半径为30～40cm。振动棒使用时距离模板不大于振动棒作用半径的0.7倍，在混凝土浇筑过程中，应按规范要求与规定制取试块，以备检验混凝土强度。

7）混凝土浇完拆模后，即可进行修复和养护。修复采用抛光机打磨水平施工缝，确保混凝土表面平整度，提高宏观效果。

混凝土养护可涂刷混凝土养生液，或采用稀释后的水玻璃水溶液使混凝土表面结合成一层薄膜，混凝土表面与空气隔绝，封闭混凝土中的水分不再被蒸发而完成水化作用，达到养生的目的，用量1kg/m²。

（5）移挂手压式起重机及提升操作平台

1）移挂手压式起重机的工作，可以在混凝土养护时间内进行，它是为提升操作平台和外模做准备。移挂操作需逐个对称进行。先将手压式起重机的钢丝绳放松至最大长度，然后将钢丝绳上端移挂到井架上，手压式起重机的两个挂钩分别与上、下两钢丝绳扣挂好并拉紧，即完成一个手压起重机的上移。如此逐个上移，直至完成。

2）移挂时内外两圈手压式起重机的上移应分组进行。当两个起重机同时开始移挂时，内圈的一组向左，外圈的一组向右，以保护操作平台平稳。

3）移挂还可以采用替换移挂方法，即准备两个手压式起重机和两根钢绳扣。先挂好上挂钩，再松开原有的起重机，直接将备有的起重机的下挂钩与操作平台上的钢丝绳扣相挂连。如此依法进行，完成内外圈手压式起重机的替换移挂工作。此种方法起重机脱空时间短，对保持操作平台稳定有利，是一种安全的操作方法。

4）提升操作平台及外模先要做好下列工作：松解箍在外模板下端的钢丝绳并取下木楔；松开末端模模板处的紧固螺丝；转动外模的调径丝杆，使外模板脱离筒壁30～50mm，测定外模板提升后的施工高度，并标注在垂直竖筋上，将操作平台上的照明线、电话线、信号线等放松到所需要的高度。

5）准备工作就绪后，即开始提升，提升时每人操作一个起重机，在统一指挥下，同时拉动倒链，使操作平台缓慢均衡地上升。在提升过程中应注意其他对象挂在平台上，保持操作平台平稳。

6）操作平台提升完后随即复核外模板上缘与前一节筒壁混凝土面的距离，使之满足安装内模板的高度，且外模下缘应低于前一节筒壁混凝土面 250mm。

7）由于烟囱筒身逐渐缩小，因此随操作平台上升，应将其靠近筒壁内侧的铺板依次拆下，并铺设于个各操作台相应位置。同时，将外模板内侧重新涂刷一层隔离剂，并进行测定中心及半径工作，开始上一节筒壁施工的循环作业。

（6）烟囱内衬及隔热层施工

待烟囱主体施工完成后插入烟囱内衬砌筑施工，提前组织材料检验及进场验收工作，首先安装内部砌筑施工平台，烟囱底部用砂浆找平后进行耐酸砖砌筑，烟囱内壁先涂抹 OM 涂料，涂 3m 高，后填充珍珠岩泡沫板（温度缝 80mm），填充 1.25m 高，待温度缝施工完成后砌筑内衬墙体，每层砌筑 1.25m 高，底部 30m 为 240mm 厚砖墙，上部 70m 为 120mm 厚砖墙，砌筑采用耐酸耐火胶泥，灰缝不得大于 3mm，砂浆饱满度，不能＜80％。烟囱一共分为九层牛腿（牛腿跟主体结构同时进行施工），耐火耐酸砖均砌筑在牛腿上。由下至上逐步砌筑到顶后进行内衬操作平台拆除。

1）烟囱内衬全高采用 MU10 耐火耐酸砖及 M10 耐酸砂浆砌筑，垂直及水平砂浆尺寸应严格控制。

2）内衬施工采用吊盘作为砌筑操作平台，砌筑操作平台随砌筑高度上升。吊盘选用槽钢角钢制作。上铺红松木板，以钢丝绳牵引。为防止吊盘倾斜，必须设安全卡扣。

3）内衬砌筑在筒身环形悬臂牛腿上，应分层砌筑。内衬厚度为 1 砖时，应用顶砖砌筑，互相交错 1/4 砖，内衬厚度为 1/2 砖时，就应用顺砖砌筑，互相交错半砖。隔热层采用膨胀水泥珍珠岩制品填充。

4）内衬砌筑前应将烟囱环形悬壁上杂物除干净，并洒水湿润，再用砂浆抹平，其水平偏差不超过 20mm，以使第一层砖体平整。内衬砌筑宜采用刮浆法。灰缝必须饱满。砌体灰浆饱满度水平缝不低于 80％。内衬砌筑不宜留槎。

5）随着操作平台的提升和筒壁直径的不断缩小，平台之边缘逐渐与筒壁接近，故需不断拆除边缘钢板，割短边缘梁，直至拆下边缘之承重钢圈以满足施工需要，因此，在制作时充分考虑安全系数，确保施工安全。如此不断进行，直至内衬至顶。

6）在内衬砌筑中由于操作平台不断提升，竖井架与混凝土筒壁间的柔性连接器及内部保护棚随时拆除，待平台提升过此标高后，立即恢复，确保施工安全。

隔热层随内衬同时完成。

（7）爬梯及钢平台施工

1）严格按照设计要求及钢结构焊接规范施工，钢平台及钢梯等外露的金属表面未镀锌的钢构件，均应经除锈后涂刷 J52 乙烯防腐漆，低面漆、中面漆各两遍。

镀锌件的焊接部位及其他构件的现场连接件处，在安装后，按上述要求补刷一遍。

2）为保证预埋暗榫位置准确，将横向暗榫焊在扁钢上与钢筋固定，暗榫的垂直度必须找准。

3）钢平台安装，利用设备外吊挂，待埋件露出后人员站在外吊挂上安装钢平台。爬梯安装利用外上料小吊安装。

（8）竖井架及操作平台的拆除

当筒身、内衬、金属结构及避雷装置等全部施工完毕后，便可进行施工设备的拆除工作，其顺序与方法如下：

1) 拆除内外模板，当混凝土养护完成后，开始进行模板的拆除工作，先拆除内模板，拆下后置于工作台上，再由吊笼运至地面。外模板在拆除前，先从工作台上系挂尼龙绳，并与模板栓结牢固，然后拆卸紧固钢丝绳，连接螺丝，松脱吊钩，将模板提升至工作台上，再由吊笼运至地面。

2) 拆除工作台，首先按预埋好的埋件搭设临时工作台，将工作台降落至临时工作台上，按顺序进行拆除工作，拆除完毕，再将临时工作台拆掉。由工作台上拆下的各种构件，应及时进行清理和维修，并分类清点堆放或装箱作妥善保管，以备下次使用。

3) 拆除施工竖井架。竖井架之拆除工作可分段进行，通常以每 10m 高度作为一节，自上而下顺序进行，拆下的竖井架杆件，由吊笼运至地面。为此需先将卷扬机的上部起重滑轮向下移动 10m。

4) 拆除时工人站在预先铺设好的脚手板上，系好安全带，按着安装时相反的顺序，先斜拉，横拉竖杆，依次拆下，用尼龙绳系挂装入吊笼运至地面。如此循序渐进，第一节拆除完毕后，将起重滑轮向下方再移置 10m，继续进行第二节之拆除工作，直至竖井架全部拆除。

5) 拆除隔离保护棚。在筒身内部搭设的保护棚，可随竖井架之拆除工作同时拆下，拆下的材料由吊笼运至地面。

6) 竖井架与操作平台拆除前应向操作人员进行详细的安全交底。拆除时，现场必须有专人进行安全监护，形成一套完整的有效的指挥系统。做到忙而不乱，有条有序，发现问题及时处理，确保安全。

(9) 烟囱外表航标漆施工

从筒首顶部外表面涂刷 45m 红白航标漆，涂刷前筒壁混凝土表面必须干燥，清扫灰尘，修补混凝土表面缺陷。

(10) 烟囱中心及标高控制和沉降观测

1) 在土方工程施工前，应根据烟囱的中心处标定出中心点。待挖土达到设计深度后，应再次定出中心点。在浇筑基础底版混凝土时，在中心位置埋设一块铁板，待基础拆模后，利用地面上的控制桩，用"+"字交会法把中心点测到铁板上，并作出记号，此时的中心点，就成为烟囱的中心控制桩。中心桩用 $\delta = 3mm$ 铁板焊制一个 $300mm \times 300mm \times 200mm$ 铁盒，盒上设有活动盖子，以防砂、石、灰浆等掉下而损坏中心点。在筒壁施工中，用线坠作为找中及筒壁模板找中用具，线锥用 5mm 钢丝绳拴住。

2) 标高的控制：可在第一次提模起始点给一个标高，作为基础标高，然后用钢尺找测绳直接丈量到施工平台井架的辐射架上，用油漆做标志，每隔 10m 复核一次。沉降观测：筒壁施工时的标高 -0.05～1.0m 处，按设计要求沿圆可设置沉降观测点。每施工 30m，做沉降观测一次，筒身施工完成后，沉降观测仍应继续进行，其观测时间的间隔，可视沉降值的大小而定，开始时，间距时间短一些（10d 或半月）以后逐渐延长间隔时间，直至沉降基本稳定为止。